人工智能导论

李铮 黄源 蒋文豪 ◉ 主编
涂旭东 刘源 吴文灵 ◉ 副主编

INTRODUCTION TO
ARTIFICIAL INTELLIGENCE

人民邮电出版社
北 京

图书在版编目（ＣＩＰ）数据

人工智能导论 / 李铮，黄源，蒋文豪主编. -- 北京：
人民邮电出版社，2021.5
人工智能技术系列教材
ISBN 978-7-115-56043-8

Ⅰ．①人… Ⅱ．①李… ②黄… ③蒋… Ⅲ．①人工智
能－高等学校－教材 Ⅳ．①TP18

中国版本图书馆CIP数据核字(2021)第035776号

内 容 提 要

本书主要讲述人工智能的基础知识与基础理论，并通过大量的人工智能应用帮助读者快速了解人工智能相关技术。本书共 10 章，分别为人工智能概述、人工智能基础知识、机器学习、深度学习、计算机视觉、自然语言处理、知识图谱、人工智能技术应用场景、智能机器人和人工智能的挑战与未来。本书内容丰富，讲解细致，注重技术发展变化。

本书既可作为高校大数据专业、云计算专业、人工智能技术专业、信息管理专业、计算机网络专业的教材，又可作为人工智能与大数据爱好者的参考书。

◆ 主　　编　李　铮　黄　源　蒋文豪
　　副主编　涂旭东　刘　源　吴文灵
　　责任编辑　初美呈
　　责任印制　王　郁　彭志环
◆ 人民邮电出版社出版发行　　北京市丰台区成寿寺路 11 号
　　邮编　100164　　电子邮件　315@ptpress.com.cn
　　网址　https://www.ptpress.com.cn
　　北京天宇星印刷厂印刷
◆ 开本：787×1092　1/16
　　印张：13.25　　　　　　　2021 年 5 月第 1 版
　　字数：295 千字　　　　　2025 年 9 月北京第 11 次印刷

定价：49.80 元

读者服务热线：(010)81055256　印装质量热线：(010)81055316
反盗版热线：(010)81055315

前言 PREFACE

当今世界，全球数据量爆发式增长，大数据技术发展日新月异，对经济社会发展产生了非常深远的影响。以人工智能、大数据为代表的现代信息技术与人类生产生活高度融合。发展智能制造，抢占全球未来产业制高点，已成为各国共识。

本书全面贯彻党的二十大精神，以社会主义核心价值观为引领，加强基础研究、发扬斗争精神，为建成教育强国、科技强国、人才强国、文化强国添砖加瓦。本书内容以社会以"理论-实际应用"结合的方式深入地讲解了人工智能的基础知识和实现的基本技术，在内容设计上既有上课时教师的讲述部分，又有大量的典型案例，能够极大地激发学生在课堂上的学习积极性与主动创造性，让学生在课堂上跟上教师的思维，从而学到更多有用的知识和技能。

本书特色如下。

（1）全面而又深入浅出地介绍了人工智能的基础知识和实现的基本技术。

（2）教学案例丰富，包含了配套的教学课件、习题答案等多种教学资源。

（3）紧跟时代潮流，注重技术变化。

（4）编写本书的教师都具有多年的教学经验，全书知识点讲解重难点突出，能够激发学生的学习热情。

本书建议学时为 48 学时，具体分布如下表所示。

章序	章名	建议学时
1	人工智能概述	4
2	人工智能基础知识	4
3	机器学习	8
4	深度学习	8
5	计算机视觉	4
6	自然语言处理	4
7	知识图谱	4
8	人工智能技术应用场景	4
9	智能机器人	4
10	人工智能的挑战与未来	4

本书由重庆邮电大学的李铮以及重庆航天职业技术学院的黄源、蒋文豪担任主编，重庆医药高等专科学校的涂旭东及重庆航天职业技术学院的刘源、吴文灵担任副主编。其中，蒋文豪编写了第 3 章、第 4 章、第 5 章和第 7 章；黄源编写了第 1 章、第 2 章、第 8 章和第 9 章；涂旭东编写了第 6 章；李铮、吴文灵和刘源共同编写了第 10 章。重庆航天职业技术学院的徐受蓉教授对书中内容进行了一定的审阅。全书由黄源负责统稿工作。

　　本书是校企合作共同编写的成果,在编写本书的过程中,编者得到了中国电信金融行业信息化应用(重庆)基地总经理助理杨琛的大力支持,在此表示感谢。

　　在编写本书的过程中,编者参阅了大量的相关资料,在此一并表示感谢!

　　由于编者水平有限,书中难免出现疏漏之处,衷心希望广大读者批评指正,读者有意见或建议可发送电子邮件到2103069667@qq.com。

编　者

2023 年 5 月

重庆

目录 CONTENTS

第1章

第2章

第 3 章

机器学习 34

第 4 章

深度学习 62

第 5 章

计算机视觉 ……………………………………………………………… 83

第 6 章

第 7 章

知识图谱 ··· 128

第 8 章

人工智能技术应用场景 ··· 151

第 9 章

第 10 章

第1章

人工智能概述

01

【本章导读】

人工智能自诞生以来，在短短几十年的时间里取得了巨大的进展。本章主要介绍人工智能的基础知识，以帮助读者初步了解人工智能，加快实现高水平科技自立自强。

【本章要点】

① 人工智能的定义
② 人工智能的分类
③ 人工智能的起源和发展
④ 人工智能的研究内容

⑤ 人工智能领域的著名专家和代表性人物
⑥ 人工智能研究的主要学派
⑦ 人工智能的应用

1.1　人工智能简介

自 1956 年诞生以来，人工智能研究已经取得了许多令人兴奋的成果，并在多个领域得到了广泛的应用，极大地改变了人们的社会生活。本节将对人工智能的概念作简单的介绍。

1.1.1　人工智能的定义

人工智能（Artificial Intelligence，AI）是研究、开发用于模拟、延伸和扩展人的智能的理论、方法、技术及应用系统的一门新的技术科学。

关于人工智能的定义较多，目前采用较多的是斯图亚特·罗素（Stuart Russell）与彼得·诺维格（Peter Norvig）在《人工智能：一种现代的方法》一书中的定义。他们认为人工智能是关于"智能主体（Intelligent Agent）的研究与设计"的学问，而"智能主体是指一个可以观察周遭环境并做出行动以达致目标的系统"。这一定义既强调人工智能可以通过感知环境做出主动反应，又强调人工智能所做出的反应必须满足目标，同时，不再强调人工智能对人类思维方式或人类总结的思维法则的模仿。

从根本上讲，人工智能是研究使计算机模拟人类的某些思维过程和智能行为（如学习、推理、思考、规划等）的学科，主要包括计算机实现智能的原理、制造类似于人脑智能的计算机，使计

1.1　人工智能的定义

算机能实现更高层次的应用。此外，人工智能还涉及心理学、哲学和语言学等学科，可以说几乎涉及了自然科学和社会科学的所有学科，其范围已远远超出了计算机科学的范畴。

1.1.2　人工智能的特点

人工智能经历了 60 多年的发展，现在已进入 AI 2.0 阶段，主要具备这样几个特征：一是从人工知识表达到大数据驱动的知识学习技术；二是从分类型处理的多媒体数据转向跨媒体的认知、学习、推理；三是从追求智能机器到高水平的人机、脑机相互协同融合；四是从聚焦个体智能到基于互联网和大数据的群体智能；五是从拟人化的机器人转向更加广阔的智能自主系统，如工业4.0 时代的智能工厂、智能无人机等产品。

1.1.3　人工智能的分类

人工智能可分为 3 类：弱人工智能（Weak AI）、强人工智能（Strong AI）与超人工智能（Artificial Super Intelligence，ASI）。

弱人工智能就是利用现有的智能化技术，来改善经济社会发展所需的一些技术条件，也指完成单一任务的智能。例如，曾经战胜世界围棋冠军的人工智能阿尔法围棋（AlphaGo）就是一个典型的弱人工智能，尽管它很厉害，但它只会下围棋；又如，苹果公司的语音助手 Siri，它只能执行有限的预设功能，并且不具备智力或自我意识，它只是一个相对复杂的弱人工智能。

1.2　人工智能的分类

强人工智能则是综合的，在各方面都能和人类比肩的人工智能，人类能干的脑力活它都能干，非常接近于人类的智能，但还需要脑科学的突破才能实现强人工智能。

哲学家、牛津大学人类未来研究所创始人尼克·波斯特洛姆（Nick Bostrom）把超人工智能定义为"在几乎所有领域都大大超过人类认知表现的任何智力"。首先，超人工智能能实现与人类智能等同的功能，即可以像人类智能实现生物上的进化一样，对自身进行重编程和改进，也就是"递归自我改进功能"；其次，尼克·波斯特洛姆还提到，"生物神经元的工作峰值速度约为 200 Hz，比现代微处理器（约 2 GHz）慢了整整 7 个数量级"，同时，"神经元在轴突上 120 m/s 的传输速度也远远低于计算机的通信速度"。这使得超人工智能的思考速度和自我改进速度将远远超过人类，人类作为生物的生理限制将统统不适用于超人工智能。

图 1-1 所示为弱人工智能机器人。

图 1-1　弱人工智能机器人

1.2 人工智能的起源与发展

1.3 人工智能的
起源与发展

人工智能作为一门学科，经历了兴起、形成和发展等多个阶段，本节将简单地介绍人工智能的起源和发展过程。

1.2.1 人工智能的历史

人工智能的发展经历了 4 个阶段。

1. 人工智能的兴起

1950 年，一位名叫马文·明斯基（Marvin Minsky，后被称为"人工智能之父"）的学生与他的同学邓恩·埃德蒙（Dean Edmunds）一起，建造了世界上第一台神经网络计算机，被看作人工智能的一个起点。同样是在 1950 年，被称为"计算机之父"的艾伦·图灵（Alan Turing）提出了一个举世瞩目的思想实验——图灵测试，按照图灵的设想，如果一台机器能够与人类开展对话而不能被辨别出机器身份，那么这台机器就具有智能。同样是这一年，艾伦·图灵还大胆预言了真正具备智能的机器的可行性。

1956 年，在由达特茅斯学院举办的一次会议上，计算机专家约翰·麦卡锡（John McCarthy）提出了"人工智能"一词。后来，这被人们看作人工智能正式诞生的标志。就在这次会议后不久，约翰·麦卡锡从达特茅斯学院搬到了麻省理工学院。同年，马文·明斯基也搬到了这里，之后两人共同创建了世界上第一座人工智能实验室——MIT AI 实验室。值得注意的是，达特茅斯会议正式确立了人工智能这一术语，并且开始从学术角度对人工智能展开了严肃而专业的研究。在此之后不久，最早的一批人工智能学者和技术开始涌现。

1964 年，首台聊天机器人诞生。MIT AI 实验室的约瑟夫·魏岑鲍姆（Joseph Weizenbaum）教授开发了 ELIZA 聊天机器人，实现了计算机与人通过文本的交流。这是人工智能研究的一个重要方向。

1968 年，首台人工智能机器人诞生。国际斯坦福研究所（SRI）研发的机器人 Shakey 能够自主感知、分析环境、规划行动并执行任务，这种机器人拥有类似人的感觉，如触觉、听觉等。

2. 人工智能的低谷

20 世纪 70 年代，人工智能进入了一段痛苦而艰难的岁月。由于科研人员在人工智能的研究中对项目难度预估不足，不仅导致与美国国防高级研究计划署的合作计划失败，还让人工智能的前景蒙上了一层阴影。与此同时，社会舆论的压力也开始慢慢压向人工智能研究，导致很多研究经费被转移到了其他项目上。

当时，人工智能面临的技术瓶颈主要在 3 个方面：第一，计算机性能不足，导致早期很多程序无法在人工智能领域得到应用；第二，问题的复杂性，早期人工智能程序主要用于解决特定的问题，因为特定的问题对象少、复杂性低，可一旦问题复杂度上升，程序就立刻不堪重负；第三，数据量严重不足，当时不可能找到足够大的数据库来支撑程序进行深度学习，这很容易导致机器无法读取足够量的数据进行智能化。

因此，人工智能项目停滞不前，而 1973 年，英国数学家詹姆斯·赖特希尔（James Lighthill）编写了针对英国人工智能研究状况的报告，批评了人工智能在实现"宏伟目标"上的失败。由此，人工智能遭遇了长达多年的科研深渊。

3. 人工智能的崛起与第二次低谷

1980 年，卡内基梅隆大学为数字设备公司设计了一套名为 XCON 的"专家系统"。专家系统是一种采用人工智能程序的系统，可以简单地理解为"知识库+推理机"的组合。同时，XCON 是一套具有完整专业知识和经验的计算机智能系统，这套系统在 1986 年之前每年为公司节省了超过 4 000 美元的经费。这种商业模式诞生后，衍生出了 Symbolics、Lisp Machines 和 IntelliCorp、Aion 等一系列硬件、软件公司。

不过，在仅仅 7 年之后，这个曾经轰动一时的人工智能系统就宣告退出历史舞台。到 1987 年时，苹果和 IBM 公司生产的台式机性能都超过了 Symbolics 等厂商生产的通用计算机。从此，专家系统风光不再。

4. 人工智能的再次崛起

从 20 世纪 90 年代中期开始，由于网络技术特别是互联网的发展，人工智能开始由单个智能主体研究转向基于网络环境下的分布式人工智能研究。其不但研究基于同一目标的分布式问题求解，而且研究多个智能主体的多目标问题求解，从而使得人工智能面向实用。此外，随着人工智能技术尤其是神经网络技术的逐步发展，以及人们对人工智能开始抱有客观、理性的认知，人工智能技术开始进入平稳发展时期。

1995 年，发明家理查德·华莱士（Richard Wallace）开发了聊天机器人——人工语言互联网计算机实体（Artificial Linguistic Internet Computer Entity，ALICE），在其中加入了自然语言，并抽取了数千个数据点，最终创造出类似人工智能的系统。

1997 年 5 月 11 日，IBM 开发的计算机系统"深蓝"战胜了国际象棋世界冠军，在公众领域引发了现象级的 AI 话题讨论。这是人工智能发展的一个重要里程碑。

2000 年，本田公司制造了"阿西莫"机器人，它可以表现出与人类相似的某些特性，并拥有基本的智能水平。它是最早的具备双足行走能力的类人型机器人。

2006 年，杰弗里·辛顿（Geoffrey Hinton）在《科学》杂志发表论文，标志着神经网络的深度学习领域取得突破，人类又一次看到机器赶超人类的希望，这也是标志性的技术进步。

2011 年，由 IBM 开发的人工智能程序"沃森"（Watson）参加了一档智力问答节目并战胜了两位人类冠军。沃森存储了 2 亿页数据，能够将与问题相关的关键词从看似相关的答案中抽取出来。这一人工智能程序已被 IBM 广泛应用于医疗诊断领域。

2016 年和 2017 年，AlphaGo 多次战胜围棋冠军。AlphaGo 是由 Google DeepMind 开发的人工智能围棋程序，具有自我学习能力。它能够搜集大量围棋对弈数据和名人棋谱，学习并模仿人类下棋。图 1-2 所示为 AlphaGo 标识。

图 1-2 AlphaGo 标识

2017 年，深度学习成为热门研究方向。AlphaGo Zero（第四代 AlphaGo）在无任何数据输入的情况下，自学围棋 3 天后便以 100∶0 横扫了第二代 AlphaGo Lee，学习 40 天后又战胜了在人类高手看来不可企及的第三代 AlphaGo Master。

尽管人工智能研究与应用取得了不少成果，但是离全面推广应用还有很大的距离，还有许多问题有待解决，且需要与多学科的研究专家共同合作。未来人工智能的研究方向主要有人工智能理论、机器学习模型和理论、不精确知识表示及其推理、常识知识及其推理、人工思维模型、智能人机接口、多智能主体系统、知识发现与知识获取、人工智能应用基础等。

1.2.2　我国的人工智能发展现状

我国人工智能技术攻关和产业应用虽然起步较晚，但是在国家多项政策和科研基金的支持与鼓励下，近年来发展势头迅猛。在我国政府的高度重视下，人工智能已上升为国家战略。《新一代人工智能发展规划》提出"到 2030 年，使中国成为世界主要人工智能创新中心"。目前，我国在基础研究方面已经拥有人工智能研发队伍和国家重点实验室等设施齐全的研发机构，并先后设立了各种与人工智能相关的研究课题，研发产出的数量和质量也有了很大提升，已取得许多突出成果。

伴随着人工智能研究热潮，我国人工智能产业化应用也蓬勃发展。智能产品和应用大量涌现，人工智能产品在医疗、商业、通信、城市管理等方面得到了快速应用。

2017 年 7 月 5 日，百度首次发布人工智能开放平台的整体战略、技术和解决方案。这也是百度 AI 技术首次整体亮相。其中，对话式人工智能系统可让用户以自然语言对话的交互方式实现诸多功能；Apollo 自动驾驶技术平台可帮助汽车行业及自动驾驶领域的合作伙伴快速搭建一套属于自己的完整的自动驾驶系统，是全球领先的自动驾驶生态。

2017 年 8 月 3 日，腾讯公司正式发布了人工智能医学影像产品——腾讯觅影。同时，其宣布成立人工智能医学影像联合实验室。

2017 年 10 月 11 日，阿里巴巴首席技术官张建锋宣布成立全球研究院——达摩院。达摩院的成立，代表着阿里巴巴正式迈入全球人工智能等前沿科技的研发行列。

此外，科大讯飞在智能语音技术上处于国际领先水平；依图科技搭建了全球首个十亿级人像对比系统，在 2017 年美国国家标准与技术研究院组织的人脸识别技术测试中，成为第一个获得冠军的中国团队。

尽管我国多项技术处于世界领先地位，创新创业也日益活跃，但是整体水平与发达国家仍有较大差距。从细分的研究领域来看，最受国际人工智能人才青睐的领域为机器学习、数据挖掘和模式识别，中国人工智能人才则倾向投入遗传算法、神经网络和故障诊断方面，从技术领域来看，中国人工智能企业的应用技术更集中于视觉和语音，基础硬件占比偏小，而在核心算法及关键设备、高精尖零部件、技术工业、工业设计、大型智能系统、大规模应用系统以及基础平台等方面，我国与发达国家的差距还较为明显。

值得关注的是，目前我国已经具备人工智能产业发展的基础条件，未来十年内都将是人工智能技术加速普及的爆发期。人工智能专用芯片有望成为下一个爆发点，智能语音产业链已经逐渐成形，产业规模大幅提升。此外，人工智能具有显著的溢出效应，将带动其他相关技术的持续进步，助推传统产业转型升级和战略性新兴产业整体性突破。

1.3　人工智能的研究内容

人工智能学科有着十分广泛和极其丰富的研究内容。不同的人工智能研究者从不同的角度对人工智能的研究内容进行了分类。例如，基于脑功能模拟、基于不同认知观、基于应用领域和应用系统、基于系统结构和支撑环境等。下面综合介绍一些得到诸多学者认同并具有普遍意义的人工智能研究的基本内容。

1.4　人工智能的
研究内容

1.3.1　认知建模

人类的认知过程是非常复杂的，作为研究人类感知和思维信息处理过程的一门学科，认知科学（或称思维科学）要研究人类在认知过程中是如何进行信息加工的。认知科学是人工智能的重要理论基础，涉及非常广泛的研究课题，除了美国心理学家浩斯顿（Houston）提出的知觉、记忆、思考、学习、语言、想象、创造、注意和问题求解等关联活动外，还会受到环境、社会和文化背景等方面的影响。人工智能不仅要研究逻辑思维，还要深入研究形象思维和灵感思维，使人工智能具有更坚实的理论基础，为智能系统的开发提供新思想和新途径。

1.3.2　知识表示

知识表示、推理和知识应用是传统人工智能的三大核心研究内容。其中，知识表示是基础，推理实现问题求解，而知识应用是目的。知识表示是人工智能的一个重要研究课题，应用人工智能技术解决实际问题，就涉及各类知识的表示方法，它需要把人类知识概念化、形式化或模型化，常见的就是运用符号知识、算法和状态图等来描述待解决的问题。从逻辑上看，知识表示是一组描述事物的约定，可以看作将人类知识表示成机器能处理的数据结构。在人工智能应用中，知识表示是数据结构和控制结构及解释过程的结合，涉及计算机程序中存储信息的数据结构设计，并对这些数据结构进行智能推理演变的过程。目前，在人工智能中常见的 6 种知识表示有状态空间表示、问题归约表示、谓词逻辑表示、语义网络表示、框架表示以及过程表示。

1.3.3 知识应用

人工智能能否获得广泛应用是衡量和检验其生命力的重要标志。20 世纪 70 年代，正是专家系统的广泛应用使人工智能走出低谷，获得快速发展。后来的机器学习和近年来的自然语言理解应用研究取得重大进展，又促进了人工智能的进一步发展。当然，应用领域的发展离不开知识表示和推理等基础理论以及基本技术的进步。

1.3.4 推理

人类智力的优越性表现在人能思考、判断和决策。思维是人类在感性认识的基础上形成的理性认识，是通过分析和综合过程来实现的，而人类思维中的分析综合过程则产生了质变，在一般的分析和综合基础上，产生了抽象和概括、比较和分类、系统化和具体化等一系列新的、高级的、复杂的思维能力，在头脑中运用概念做出判断和推理。要使机器具有智能，就必须使其具有推理的功能。推理是由一个或几个已知的判断推出另一个新判断的一种思维形式，即从已有事实推出新的事实的过程。在形式逻辑中，推理由前提（已知判断）、结论（被推出的判断）和推理形式（前提和结论之间的联系方式）组成。以符号逻辑为基础的人工智能，是以逻辑思维和推理为主要内容的。传统的形式化推理技术，是以经典的谓词逻辑（即演绎推理）为基础的，广泛应用于早期的问题求解和定理证明中，但随着人工智能研究的不断深入，人们在研究中碰到的许多复杂问题不能用严格的演绎推理来解决，因而对非单调逻辑推理等方式的研究正迅速发展起来，已成为人工智能的重要研究内容之一。

1.3.5 机器感知

机器感知就是使机器具有类似于人的感觉，包括视觉、听觉、触觉、嗅觉、痛觉、接近感和速度感等。其中，最重要的和应用最广的是机器视觉（计算机视觉）和机器听觉。机器视觉要能够识别与理解文字、图像、场景以至人的身份等；机器听觉要能够识别与理解声音和语言等。机器感知是机器获取外部信息的基本途径，要使机器具有感知能力，就要为它安装上各种传感器。机器视觉和机器听觉已催生了人工智能的两个研究领域——模式识别和自然语言理解或自然语言处理。实际上，随着这两个研究领域的进展，它们已逐步发展成为相对独立的学科。

1.3.6 机器思维

机器思维，顾名思义，即在机器的"脑子"中进行的动态活动，也就是计算机软件中动态地处理信息的算法。利用机器感知的信息、认知模型、知识表示和推理可以有目标地处理感知信息和智能系统内部的信息，从而针对特定场景给出合适的判断，制定适宜的策略。人们平时接触到的路径规划、预测、控制等都属于机器思维的范畴。

1.3.7 机器学习

学习是人类具有的一种重要智能行为。机器学习就是使机器（计算机）具有学习新知识和新技术，并在实践中不断改进和完善的能力；其目的是让机器能够像人类一样具备学习能力，能够感知世界、认知世界和改造世界。机器学习能够使机器自动获取知识，通过书本等文献资料、与人交谈或观察环境进行学习。因此，机器学习研究的就是如何让机器在与人类、环境交互的过程中自发地学习新的知识，或者利用人类已有的文献、数据、资料进行知识学习。目前，人工智能研究和应用最广泛的内容就是机器学习，具体内容包括深度学习、强化学习等。

1.3.8 机器行为

机器行为是人工智能中最有趣、最新兴的领域之一。机器行为系指智能系统（计算机、机器人）具有的表达能力和行动能力，如对话、描写，以及移动、行走、操作和抓取物体等能力，它是一个利用行为科学来理解人工智能代理行为的领域。行为科学可以补充传统的解释方法，开发新的方法来帮助人们理解和解释人工智能的行为。研究机器的拟人行为是人工智能的高难度任务，随着人类和人工智能之间的互动变得越来越复杂，机器行为可能会在实现下一个层次的混合智能方面发挥关键作用。

1.4 人工智能领域的著名专家与代表性人物

在人工智能的发展历程中，涌现出了诸多该领域的杰出科学家。本节主要介绍人工智能领域的著名专家和代表性人物。

1.5 人工智能领域的著名专家与代表性人物

1.4.1 艾伦·图灵

艾伦·图灵，英国数学家、逻辑学家，被称为计算机科学之父、人工智能之父。1950 年，他提出了著名的"图灵测试"，为人工智能的发展奠定了哲学基准。1966 年，美国计算机协会以他的名字命名了"图灵奖"，专门表彰、奖励那些对计算机事业做出重要贡献的人。图灵曾经预言，在 20 世纪末，一定会有计算机通过"图灵测试"。而在 2015 年 11 月，《科学》杂志封面刊登了一篇重磅研究——人工智能终于能像人类一样学习，并通过了图灵测试。

1.4.2 斯图尔特·罗素

斯图尔特·罗素（Stuart Russell），世界经济论坛（World Economic Forum，WEF）人工智能

委员会副主席、加州大学伯克利分校人工智能中心创始人。他是最早和斯蒂芬·霍金（Stephen Hawking）等人发表了署名文章号召大家警惕人工智能可能带来的威胁的人，也是剑桥大学生存风险研究中心（Centre for the Study of Existential Risk）的创立成员，他编写的《人工智能：一种现代的方法》是 100 多个国家的约 1 200 所大学的教材。

1.4.3 斯蒂芬·霍金

斯蒂芬·霍金，著名物理学家，被誉为继阿尔伯特·爱因斯坦（Albert Einstein）之后最杰出的理论物理学家。他曾经指出：强大的人工智能的崛起，要么是人类历史上最好的事，要么是最糟的。对于其好坏仍无法确定，但是人类应竭尽所能，确保其未来发展对人类及环境有利。关于人工智能和人类的文明发展，斯蒂芬·霍金认为，在不久的将来，人类或许会被人工智能所取代，也就是说，人工智能或许会使人类灭绝。

1.4.4 贾斯汀·卡塞尔

贾斯汀·卡塞尔（Justine Cassell），卡耐基梅隆大学计算机学院副院长、WEF 计算机全球未来理事会前主席，连续 6 年在达沃斯世界经济论坛担任演讲人，Yahoo-CMU 未来私人助手研究项目负责人之一。她在人工智能领域地位很高，被赞誉为"人工智能女王"。贾斯汀·卡塞尔是人形对话代理的发明人，其研究在业界影响深远，最著名的研究成果就是在 WEF 上展出的社会感知机器人助理 SARA。

1.4.5 约翰·麦卡锡

约翰·麦卡锡（John McCarthy），于 1956 年达特茅斯会议上提出了"人工智能"的概念，没有他，就没有后来的人工智能研究。约翰·麦卡锡教授曾在麻省理工学院、达特茅斯学院、普林斯顿大学和斯坦福大学工作过，是斯坦福大学的荣誉教授。为了表彰他在人工智能领域做出的贡献，其于 1971 年获得了图灵奖。他所获得的其他奖项包括数学、统计和计算科学领域的国家科学奖，计算机和认知科学领域的本杰明·富兰克林奖。

1.4.6 吴恩达

吴恩达，华裔美国人，斯坦福大学计算机科学系和电子工程系副教授，人工智能实验室主任，也是在线教育平台 Coursera 的创始人。他创建了谷歌的 Brain AI 研究部门，专注于深度学习技术。在斯坦福大学，他牵头的项目包括斯坦福人工智能机器人（STAIR）的开发，以及利用单一二维照片生成三维数字模型的算法。2013 年，吴恩达入选《时代》杂志年度百大全球最具影响力人物榜单，成为 16 位科技界代表之一。

1.4.7 德米什·哈萨比斯

德米什·哈萨比斯（Demis Hassabis）是 DeepMind 的联合创始人，这家英国人工智能创业公司于 2014 年被谷歌收购。DeepMind 最著名的项目是轰动一时的围棋人工智能 AlphaGo，它是首个击败人类围棋大师的计算机程序。在取得这一突破之前，最强大的围棋人工智能只能达到人类业余选手的水平。DeepMind 团队最新的一项研究成果是可微分神经计算机（Differentiable Neural Computer，DNC），这或许意味着人们离自我觉醒的机器人又近了一步。

1.5　人工智能研究的主要学派

从 1956 年正式提出人工智能的概念算起，人工智能研究的发展已有 60 多年的历史。这期间，不同学科背景的学者对人工智能做出了各自的理解，提出了不同的观点，由此产生了不同的学术流派。其中，对人工智能研究影响较大的主要有符号主义（Symbolism）、连接主义（Connectionism）和行为主义（Actionism）三大学派。

1.6　人工智能研究
的主要学派

1.5.1　符号主义

符号主义是一种基于逻辑推理的智能模拟方法，又称为逻辑主义（Logicism）、心理学派（Psychologism）或计算机学派（Computerism），其原理主要为物理符号系统假设和有限合理性原理，长期以来，一直在人工智能研究中处于主导地位。

符号主义学派认为人工智能源于数学逻辑。数学逻辑从 19 世纪末起就获得迅速发展，到 20 世纪 30 年代开始用于描述智能行为。计算机出现后，人们又在计算机上实现了逻辑演绎系统。该学派认为人类认知和思维的基本单元是符号，而认知过程就是在符号表示上的一种运算。符号主义致力于用计算机的符号操作来模拟人的认知过程，其实质就是模拟人类的抽象逻辑思维，通过研究人类认知系统的功能机理，用某种符号来描述人类的认知过程，并把这种符号输入到能处理符号的计算机中，从而模拟人类的认知过程，实现人工智能。

1.5.2　连接主义

连接主义又称为仿生学派（Bionicsism）或生理学派（Physiologism），是一种基于神经网络及网络间的连接机制与学习算法的智能模拟方法。这一学派认为人工智能源于仿生学，特别是人脑模型的研究。

连接主义学派从神经生理学和认知科学的研究成果出发，把人的智能归结为人脑的高层活动的结果，强调智能活动是由大量简单的单元通过复杂的相互连接后并行运行的结果。其典型代表技术为人工神经网络。

1.5.3　行为主义

行为主义又称进化主义（Evolutionism）或控制论学派（Cyberneticsism），是一种基于"感知-行动"的行为智能模拟方法。

行为主义最早来源于 20 世纪初的一个心理学流派，认为行为是有机体用以适应环境变化的各种身体反应的组合，它的理论目标在于预见和控制行为。诺伯特·维纳（Norbert Wiener）和沃伦·麦洛克（Warren McCulloch）等人提出的控制论和自组织系统以及钱学森等人提出的工程控制论和生物控制论，影响了许多领域。控制论把神经系统的工作原理与信息理论、控制理论、逻辑以及计算机联系起来，早期的研究工作重点是模拟人在控制过程中的智能行为和作用，对自寻优、自适应、自校正、自镇定、自组织和自学习等控制论系统进行研究，并展开"控制动物"的研究。

到 20 世纪 60～70 年代，上述这些控制论系统的研究取得了一定进展，20 世纪 80 年代人们成功研发了智能控制和智能机器人系统。

人工智能研究进程中的这三大学派推动了人工智能的发展。符号主义认为认知过程在本质上就是一种符号处理过程，人类思维过程总可以用某种符号来进行描述，其研究是以静态、顺序、串行的数字计算模型来处理智能，寻求知识的符号表征和计算，它的特点是自上而下；而连接主义则是模拟发生在人类神经系统中的认知过程，提供一种完全不同于符号处理模型的认知神经研究范式，主张认知是相互连接的神经元的相互作用；行为主义与前两者均不相同，认为智能是系统与环境的交互行为，是对外界复杂环境的一种适应。这些理论与范式在实践之中都形成了自己特有的问题解决方法体系，并在不同时期都有成功的实践范例。就解决问题而言，符号主义有从定理机器证明、归结方法到非单调推理理论等一系列成果，而连接主义有归纳学习，行为主义有反馈控制模式及广义遗传算法等成果。它们在人工智能的发展中始终保持着一种经验积累及实践选择的证伪状态。

1.6　人工智能的应用

当前，几乎所有的科学与技术的分支都在使用人工智能领域所提供的理论和技术，下面简单列举一些其中最重要和最具代表性的应用。

1.7　人工智能的应用

1.6.1　专家系统

与传统的计算机程序相比，专家系统是以知识为中心，注重知识本身而不是确定的算法。专家系统所要解决的是复杂而专门的问题。对于这些问题，人们还没有精确的描述和严格的分析，因而其一般没有解法，而且经常要在不确定或不精确的信息基础上做出判断，需要专家的理论知识和实际经验。标准的计算机程序能精确地区分出每一个任务应该如何完成；而专家系统则是告诉计算机要做什么，而不是区分要如何完成，这是两者最大的区别。另外，专家系统突出了知识的价值，大大减少了知识传授和应用的代价，使专家的知识迅速变成社会的财富。再者，专家系统采用的是人工智能的原理和技术，如符号表示、符号推理、启发式搜索等，与一般的数据处理系统不同。专家系统是目前人工智能中最活跃、最有成效的一个研究领域，它是一种具有特定领域的大量知识与经验的程序系统。人类专家由于具有丰富的知识，所以才能有优异的解决问题的能力，那么计算机程序如果能体现和应用这些知识，也应该能解决人类专家所能解决的问题，而且能帮助人类专家发现推理过程中出现的差错。在矿物勘测、化学分析、规划和医学诊断方面，这一设想已成为现实，专家系统已经达到了人类专家的水平。成功的案例如下：PROSPECTOR系统发现了一个钼矿沉积，价值超过 1 亿美元；DENDRL 系统的性能已超过一般专家的水平，可供数百人在化学结构分析方面的使用；MY CIN 系统可以对血液传染病的诊断治疗方案提供咨询意见，经正式诊断确认，它对患有细菌血液病、脑膜炎方面的诊断和提供治疗方案的能力已超过了这方面的专家。

图 1-3 所示为专家系统结构。

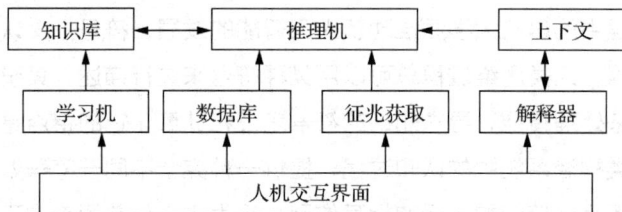

图 1-3 专家系统结构

1.6.2 自然语言处理

自然语言处理是人工智能早期的研究领域之一，也是一个极为重要的领域，主要包括人机对话和机器翻译两大任务，是一门融语言学、计算机科学、数学于一体的科学。由于以艾弗拉姆·乔姆斯基（Avram Chomsky）为代表的新一代语言学派的贡献和计算机技术的发展，自然语言理解领域正在变得越来越热门，目前该领域的主要课题是让计算机系统以主题和对话情境为基础，结合大量的常识，生成和理解自然语言，显然，这是一个极其复杂的编码和解码问题。

1.6.3 博弈

博弈，指对抗的学问，起源于下棋。让计算机学会下棋是人们使机器具有智能的最早尝试。早在 1956 年，人工智能的先驱之一——亚瑟·塞缪尔（Arthur Samuel）就研制出跳棋程序，这个程序能够从棋谱中进行学习，并能从实战中总结经验。事实上，对于跳棋、象棋、五子棋以及围棋等博弈游戏，其过程完全可用一棵博弈树来表示，利用最基本的状态空间搜索技术来找到一条必胜的下棋路线。另外，现有的计算机下棋程序以传统的状态空间搜索技术为基础，通过一些启发式算法对棋局中间状态获胜的可能性进行估计，并以此来决定下一步该怎么走。这一方法可以大大减少对状态空间的存储和搜索，从而为现代高性能计算机战胜国际一流下棋高手进一步铺平道路。

1.6.4　搜索

在下棋或思考问题或寻求迷宫出口时，人们总要搜寻解决问题的原理，这就需要对之进行专门的研究。搜索，是指为了达到某一目标，而连续进行找寻的过程，它是人工智能研究的核心内容之一。早期的人工智能研究成果如通用问题求解系统、几何定理证明、博弈等都是围绕着如何有效搜索，以获得满意的问题求解进行的。搜索有两种基本方式：一种是盲目搜索，即不考虑给定问题的具体知识，而根据事先确定的某种固定顺序来调用操作规则，盲目搜索技术主要有深度优先搜索、广度优先搜索；另一种是启发式搜索，即考虑问题可应用的知识，动态地优先调用操作规则，从而让搜索变得更快。因此，启发式搜索是搜索技术中的重点。

1.6.5　感知问题

感知问题是人工智能的一个经典研究课题，涉及神经生理学、视觉心理学、物理学、化学等学科领域，具体包括计算机视觉和声音处理等。例如，计算机视觉研究如何对由视觉传感器（如摄像机）获得的外部世界的景物和信息进行分析和理解，也就是如何使计算机"看见"周围的东西；而声音处理则是研究如何使计算机"听见"讲话的声音，对语音信息等进行分析和理解。因此，感知问题的关键是必须把数量巨大的感知数据以一种易于处理的精练的方式进行简练、有效的表征和描述。

1.6.6　模式识别

模式识别就是使计算机通过数学方法来研究模式的自动处理和判读。这里把环境与客体统称为"模式"。随着计算机技术的发展，人类有可能研究复杂的信息处理过程，其过程的一个重要形式是生命体对环境及客体的识别。模式识别以图像处理与计算机视觉、语音语言信息处理、脑网络组、类脑智能等为主要研究方向，研究人类模式识别的机理以及有效的计算方法。它与人工智能、图像处理的研究有交叉关系，例如，自适应或自组织的模式识别系统包含人工智能的学习机制，人工智能研究的景物理解、自然语言理解也包含模式识别问题；又如，模式识别中的预处理和特征抽取环节应用了图像处理的技术，图像处理中的图像分析也应用了模式识别的技术。

1.6.7　机器人学

机器人学是人工智能研究的又一个重要的应用领域，促进了许多人工智能思想的发展，由它衍生而来的一些技术可用来模拟现实世界的状态，描述从一种状态到另一种状态的变化过程，而且对于规划如何产生动作序列以及监督规划执行提供了较好的帮助。随着人工智能技术的不断发展，机器人的应用范围也越来越广，已开始走向第三产业，如商业中心、办公室自动化等。目前，机器人学的研究方向主要是研制智能机器人，智能机器人将极大地扩展机器人的应用领域。智能机器人本身能够认识工作环境、工作对象及其状态，根据人类给予的指令和自身的知识，独立决定工作方式，由操作机构和移动机构实现任务，并能适应工作环境的变化。但目前的机器人离人们心目中的能够做各种家务、任劳任怨，还会揣摩主人心思的所谓"机器仆人"的目标相去甚远，因为机器人所表现的智能行为都是由人预先编好的程序决定的，机器人只会做人类指定它做的事。人的创造性、随机应变、当机立断等特性都难以在机器人身上体现出来。因此，要想使机器人融入人类的生活，目前看来还是比较遥远的事情。

图 1-4 所示为智能机器人。

图 1-4　智能机器人

1.7　小结

（1）人工智能是研究、开发用于模拟、延伸和扩展人的智能的理论、方法、技术及应用系统的一门新的技术科学。

（2）人工智能学科有着十分广泛和极其丰富的研究内容，不同的人工智能研究者从不同的角度对人工智能的研究内容进行了分类。

（3）对人工智能研究影响较大的主要有符号主义、连接主义和行为主义三大学派。

（4）人工智能的应用领域十分广泛，从专家系统、自然语言处理、模式识别到机器人学都有人工智能的身影。

1.8　习题

（1）简述人工智能的历史及其发展过程。

（2）简述人工智能的分类。

（3）简述人工智能的主要学派。

（4）简述人工智能的应用。

第2章

人工智能基础知识

02

【本章导读】

人工智能技术的发展与数学以及大数据技术密不可分。本章主要介绍人工智能的数学基础以及人工智能所需要的大数据知识，加强基础研究。

【本章要点】

① 人工智能的数学基础
② 人工智能的常用工具
③ 数据采集技术

④ 数据存储技术
⑤ 数据清洗技术
⑥ 数据分析技术

2.1 人工智能的数学基础

人工智能实际上是一个将数学、算法理论和工程实践紧密结合的领域。人工智能背后就是各种算法，也就是数学、概率论、统计学、各种数学理论的体现。因此，学习人工智能必须要掌握基本的数学知识。

2.1 人工智能的数学基础

2.1.1 微积分

微积分又称为"初等数学分析"，它是一门纯粹的数学理论，也是现代数学的基础，在商学、科学和工程学领域有广泛的应用，主要用来解决那些仅依靠代数学和几何学不能有效解决的问题。

从发展历史上看，微积分理论由许多科学家和数学家共同努力才得以完善，而艾萨克·牛顿（Isaac Newton）和戈特弗里德·莱布尼茨（Gottfried Leibniz）被认为共同创立了微积分学。他们分别从不同角度和问题进行描述，前者的出发点是力学，而后者的出发点是几何；前者偏向于不定积分，而后者偏向于定积分。戈特弗里德·莱布尼茨创造的微积分符号更为优秀，被沿用至今。

从内容上看，微积分包括微分和积分，其中微分学是关于函数局部变化率的学问，主要就是利用极限思维求斜率（求导数），是关于变化速率的理论；而积分学则为定义和计算面积等数据提供了一套通用的思路和方法，是数学分析的重要概念之一。

在人工智能中，几乎所有的机器学习算法在训练或者预测时都是求解最优化问题，因此都需要依赖于微积分来求解函数的极值，而模型中某些函数的选取也有数学性质上的考量。因此，对于机器学习而言，微积分的主要作用如下。

（1）求解函数的极值。

（2）分析函数的性质。

2.1.2　线性代数

线性代数研究的是向量空间以及将一个向量空间映射到另一个向量空间的函数。在人工智能中，线性代数是计算的根本，因为所有的数据都是以矩阵的形式存在的，任何一步操作都是在进行矩阵相乘、相加等。事实上，线性代数不仅是人工智能的基础，更是现代数学和以现代数学作为主要分析方法的众多学科的基础，从量子力学到图像处理都离不开向量和矩阵。而在向量和矩阵背后，线性代数的核心意义在于提供了一个看待世界的抽象视角：万事万物都可以被抽象成某种特征的组合，并在由预制规则定义的框架之下以静态和动态的方式加以观察。

线性代数的本质在于将具体的事物抽象为数学对象，并描述其静态和动态的特性；而向量的实质是 n 维线性空间中的静止点；线性变换则描述了向量或者作为参考系的坐标系的变化，可以用矩阵表示；矩阵的特征值和特征向量描述了变化的速度与方向。

例如，在机器学习领域中，人们可使用线性代数中的矩阵和向量空间运算来进行分类、回归、聚类等机器学习任务。常见的方法是使用线性回归模型对数据进行预测与分析，或者使用高斯过滤器进行对数据进行分类。

又例如，在深度学习领域中，随着深度学习模型的不断迭代，模型的规模和复杂度也在不断增加，这对计算资源和计算机内存提出了更高的要求。为了解决这一问题，人们常常使用矩阵分解技术来加速计算。具体做法是将模型参数分割成多个矩阵，并将每个矩阵分配到不同的 GPU 上进行计算，这样可以提高计算效率和内存利用率。

再例如，在自然语言处理领域中，人们可使用线性代数中的向量空间运算来进行文本分类、情感分析等任务。常见的方法是使用词袋模型对文本进行分类，或者使用主题模型进行情感分析。

线性代数在人工智能领域的主要应用有搜索引擎的排名、线性规划、纠错码、信号分析、面部识别、量子计算等。

2.1.3　概率论与数理统计

概率论与数理统计是研究人工智能、机器学习领域的理论基础。概率论是研究随机现象数量规律的数学分支，是一门研究事情发生的可能性的学问。而数理统计以概率论为基础，研究大量随机现象的统计规律性。

虽然数理统计以概率论为理论基础，但是两者之间存在方法上的本质区别。概率论研究的前提是随机变量的分布已知，根据已知的分布来分析随机变量的特质与规律；而数理统计的研究对象则是未知分布的随机变量，研究方法是对随机变量进行独立重复的观察，根据得到的观察结果对原始分布做出推断。

由于概率与统计源于生活与生产，又能有效地应用于生活与生产，且应用面十分广泛，因此除了可以应用于解决人们生活中的各类问题外，在前沿的人工智能领域同样有着重要的作用。例如，机器学习除了处理不确定量之外，也需处理随机量，而不确定性和随机性可能来自多个方面，从而可以使用概率论来量化不确定性；又如，在人工智能算法中无论是对于数据的处理还是分析，数据的拟合还是决策等，概率与统计都可以为其提供重要的支持。

2.1.4 最优化理论

最优化理论是关于系统的最优设计、最优控制、最优管理问题的理论与方法。最优化就是在一定的约束条件下，使系统具有所期待的最优功能的组织过程，是从众多可能的选择中做出最优选择，使系统的目标函数在约束条件下达到最大或最小。现代优化理论及方法是在 20 世纪 40 年代发展起来的，随着研究的进行，其理论和方法愈来愈多，如线性规划、非线性规划、动态规划、排队论、对策论、决策论、博弈论等。

从本质上讲，人工智能的目标就是最优化——在复杂环境与多体交互中做出最优决策。几乎所有的人工智能问题最后都会归结为一个优化问题的求解，因而最优化理论同样是研究人工智能必备的基础知识。最优化理论研究的问题是判定给定目标函数的最大值（最小值）是否存在，并找到令目标函数取得最大值（最小值）时的数值。如果把给定的目标函数看作一座山脉，那么最优化的过程就是判断顶峰的位置并找到到达顶峰路径的过程。

2.1.5 形式逻辑

形式逻辑是研究人的认识知性阶段思维规律的学说，狭义指演绎逻辑，广义上还包括归纳逻辑。形式逻辑的思维规律也是思维形式和思维内容的统一，形式逻辑靠概念、判断、推理（主要包括归纳推理与演绎推理）来反映事物的实质。

而早在人工智能的褴褓期，约翰·麦卡锡、赫伯特·西蒙、马文·闵斯基等图灵奖得主的共同愿望就是让"具备抽象思考能力的程序解释合成的物质如何能够拥有人类的心智"。通俗地说，理想的人工智能应该具有抽象意义上的学习、推理与归纳能力，其通用性将远远强于解决国际象棋或者围棋等具体问题的算法。

因此，如果将认知过程定义为对符号的逻辑运算，人工智能的基础就是形式逻辑。而谓词逻辑是知识表示的主要方法，因此谓词逻辑系统可以实现具有自动推理能力的人工智能。

2.2 人工智能的常用工具

人工智能的学习与应用离不开各种工具。本节主要介绍人工智能学习中常用的几种开源工具（框架）。

2.2.1　TensorFlow

TensorFlow 是谷歌出品的开源人工智能工具,它提供了一个使用数据流图进行数值计算的库。在结构上,TensorFlow 拥有多层级结构,可部署于各类服务器、PC 终端和网页,且支持图形处理器（Graphics Processing Unit, GPU）和张量处理器（Tensor Processing Unit, TPU）高性能数值计算,因而被广泛应用于谷歌内部的产品开发和各领域的科学研究。此外,TensorFlow 具有强大的灵活性、真正的可移植性、自动微分功能,并支持 Python 和 C++。

2.2.2　Mahout

Mahout 是 Apache 软件基金会旗下的一个开源项目,提供了一些可扩展的机器学习领域经典算法的实现,旨在帮助开发人员更方便快捷地创建智能应用程序。Mahout 包含许多实现方式,如聚类、分类、推荐过滤、频繁子项挖掘等,通过使用 Apache Hadoop 库,Mahout 可以有效地扩展到云中。Mahout 有 3 个主要特性:一个构建可扩展算法的编程环境,像 Spark 和 H2O 一样的预制算法工具和一个名为 Samsara 的矢量数学实验环境。目前使用 Mahout 的公司包括 Adobe、埃森哲咨询公司、Foursquare、英特尔、领英、Twitter、雅虎等。

2.2.3　Torch

Torch 是一个用于科学和数值的开源机器学习库,主要采用 C 作为编程语言,它基于 Lua 的库,通过提供大量的算法而深入学习研究,提高了效率和速度。Torch 有一个强大的 n 维数组,可以方便地进行切片和索引等操作。除此之外,它提供了线性代数程序和神经网络模型。

2.2.4　Spark MLlib

Spark MLlib 是 Spark 的机器学习库,旨在简化机器学习的工程实践工作,并方便扩展到更大规模。其由一些通用的学习算法和工具组成,包括分类、回归、聚类、协同过滤、降维等,同时包括底层的优化原语和高层的管道 API。其可采用 Java、Scala、Python、R 作为编程语言,可以轻松插入 Hadoop 工作流程,并且能够以极快的速度处理海量数据。

2.2.5　Keras

Keras 是一个由 Python 编写的开源人工神经网络库,可以作为人工智能工具的高阶应用程序接口,进行深度学习模型的设计、调试、评估、应用和可视化。Keras 支持现代人工智能领域的主流算法,包括前馈结构和递归结构的神经网络,也可以通过封装参与构建统计学习模型。在硬件和开发环境方面,Keras 支持多操作系统下的多 GPU 并行计算,可以根据后台设置转化为 TensorFlow、Microsoft-CNTK 等系统下的组件。

2.2.6　CNTK

CNTK 是微软出品的开源深度学习工具包，支持在 CPU 和 GPU 上运行。CNTK 的所有 API 均基于 C++设计，保证了速度和可用性。此外，CNTK 提供了很多先进算法的实现，因此预测精度高。CNTK 还提供了基于 C++、C#和 Python 的接口，方便应用。

2.3　数据采集

数据采集是人工智能与大数据应用的基础，研究人工智能离不开大数据的支撑，而数据采集是大数据分析的前提。本节主要介绍数据采集的基本知识。

2.3.1　数据采集的概念

大数据开启了一个大规模生产、分享和应用数据的时代，它给技术和商业带来了巨大的变化。大数据技术，就是从各种类型的数据中快速获得有价值的信息的技术。

数据采集作为大数据生命周期的第一个环节，是指通过传感器、摄像头、射频识别（Radio Frequency Identification，RFID）数据以及互联网等方式获取各种结构化、半结构化与非结构化的数据。其中，结构化数据常指存储关系在数据库中的数据，非结构化数据常指不规则或不完整的数据，而半结构化数据常指有一定的结构与一致性约束，但在本质上不存在关系的数据。目前，电商企业中 80%的数据都是非结构化数据，并且这些数据的量每年都在不断增长。

2.3.2　数据采集的常见方法

区别于小数据采集，大数据采集不再仅仅使用问卷调查、信息系统的数据库取得结构化数据。大数据的数据来源有很多，主要包括使用网络爬虫获取的网页文本数据、使用日志收集器收集的日志数据、从关系型数据库中获得的数据和由传感器收集到的时空数据等。而对于获取到的图像和语音数据，则需要通过技术处理才能使其变成大数据分析所需要的数据。

1．日志数据采集

许多公司的平台每天会产生大量的日志（一般为流式数据），处理这些日志需要特定的日志系统。因此，日志采集系统的主要工作就是收集业务日志数据，供离线和在线的分析系统使用。这种大数据采集方式可以高效地收集、聚合和移动大量的日志数据，并且能提供可靠的容错性能。高可用性、高可靠性和可扩展性是日志采集系统的基本特征。目前常用的开源日志采集平台有 Apache Flume、Fluentd、Logstash、Chukwa、Scribe 及 Splunk Forwarder 等，这些采集平台大部分采用的是分布式架构，能满足每秒数百兆位的日志数据采集和传输需求。图 2-1 所示为 Fluentd 采集平台。

2．网络数据采集

网络数据采集是指利用互联网搜索引擎技术实现有针对性、行业性、精准性的数据抓取，并按照一定规则和筛选标准进行数据归类，形成数据库文件的一个过程。目前网络数据采集采用的技术基本上是利用垂直搜索引擎技术的网络爬虫（或数据采集机器人）、分词系统、任务与索引系统等技术进行综合运用而成的，并且随着互联网技术的发展和网络海量信息的增长，对信息进行获取与分拣的需求会越来越大。目前常用的网络爬虫系统有 Apache Nutch、Crawler4j、Scrapy 等。采用多个系统并行抓取数据能充分利用计算机的计算资源和存储能力，大大提高系统抓取数据的能力，同时大大降低了开发人员的开发速率，使得开发人员可以很快地完成一个数据系统的开发。

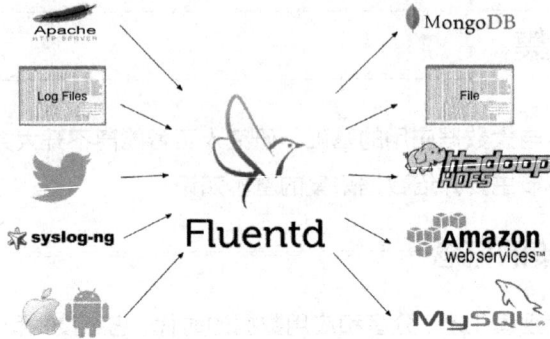

图 2-1　Fluentd 采集平台

此外，网络数据采集支持图片、音频、视频等文件或附件的采集，其中附件与正文可以自动关联。除了网络中包含的内容之外，对于网络流量的采集可以使用 DPI 或 DFI 等带宽管理技术进行处理。

图 2-2 所示为网络爬虫的作用，图 2-3 所示为网络爬虫的数据采集过程。

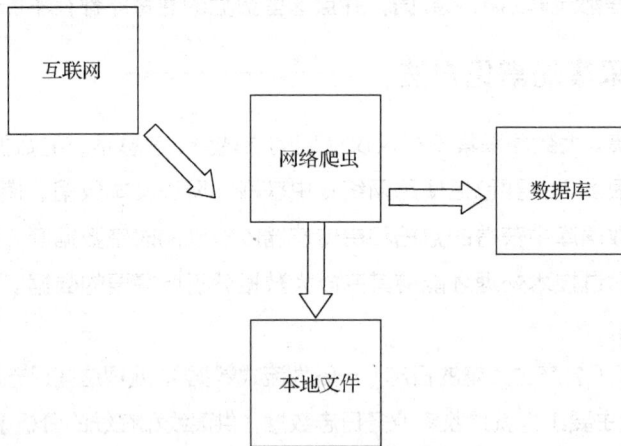

图 2-2　网络爬虫的作用

图 2-3　网络爬虫的数据采集过程

3．数据库采集

数据库采集是将实时产生的数据以记录的形式直接写入企业的数据库，并使用特定的数据处理系统进行进一步分析。目前比较常见的数据库采集主要有 MySQL、Oracle、Redis、Bennyunn 以及 MongoDB 等。这种方法通常在采集端部署大量数据库，并对如何在这些数据库之间进行负载均衡和分片进行深入的思考和设计。

4. 其他数据采集方法

对于企业生产经营数据或学科研究数据等保密性要求较高的数据，可以通过与企业或研究机构合作，使用特定系统接口等相关方式采集数据，如 API 采集。API 即应用程序接口，是网站的管理者为了使用方便而编写的一类程序接口，该类接口可以屏蔽网站底层的复杂算法，而仅通过简单调用即可实现对数据的请求功能。目前主流的社交媒体平台（如新浪微博、百度贴吧以及 Facebook 等）均提供 API 服务，可以在其官网开放平台上获取相关示例文件。

2.4 数据存储

在人工智能时代，数据通常以 GB，甚至 TB 乃至 PB 作为存储的量级，因而与传统的数据存储方式差异较大。本节主要介绍数据存储的基本知识。

2.4.1 数据存储的概念

数据存储指将数量巨大，难于收集、处理、分析的数据集持久化到计算机中。由于大数据环境一定是海量的数据环境，并且增量有可能是海量的，因此大数据的存储和一般数据的存储有极大的差别，需要非常高性能、高吞吐率、大容量的基础设备。

此外，大数据不仅存储的数据量大，更重要的是人们可以从存储的数据间找到联系，从而能够对数据进行比对和分析，最终产生商业价值。

2.4.2 数据存储的方式

大数据的存储方式主要包括分布式存储、NoSQL 数据库、NewSQL 数据库以及云数据库 4 种。

1. 分布式存储

分布式存储包含多个自主的处理单元，通过计算机网络互连来协作完成分配的任务，其分而治之的策略能够更好地处理大规模数据分析问题。目前，分布式存储主要包括分布式文件系统（Hadoop Distributed File System，HDFS）和分布式键值系统。

分布式文件系统是一个有高容错性的系统，适用于批量处理，能够提供高吞吐量的数据访问，非常适合应用在大规模数据集上。HDFS 的设计特点如下。

（1）适合存储大数据文件，HDFS 非常适合 TB 量级的大文件及大量文件的存储。当数据文件只有几吉字节或几十吉字节时，依然用传统的方式进行存储。

（2）读取速度快，HDFS 会将一个完整的大文件平均分块并存储到不同计算器上，读取文件时可以同时从多个主机中读取不同区块的文件，效率比单主机读取要高得多。

（3）流式数据访问，一次写入多次读写，这种模式和传统方式不同，它不支持动态改变文件内容，而要求文件一次写入后再改变，或在文件末添加内容。

（4）成本低，HDFS 可以应用在普通计算机上，这种机制能够让一些公司用几十台廉价的计算机构建一个大数据集群。

（5）容错性强，HDFS 认为所有计算机都可能出错，为了避免由于某台主机失效而读取不到该主机的块文件，HDFS 将同一个文件块的副本分配到其他几台主机上，如果其中一台主机失效，则可以迅速找到另一块副本并读取文件。

分布式键值系统用于存储关系简单的半结构化数据。典型的分布式键值系统有 Amazon Dynamo，以及获得广泛关注和应用的对象存储（Object Storage）技术。

2. NoSQL 数据库

传统的关系型数据库采用关系模型作为数据的组织方式，但是随着大数据对数据存储要求的不断提高，在大数据存储中，之前常用的关系型数据库已经无法满足 Web 2.0 的需求。在这种情况下，NoSQL 应运而生。NoSQL 又叫作非关系型数据库，它是英文 "Not Only SQL" 的缩写，即 "不仅仅是 SQL"。NoSQL 一词最早出现于 1998 年，是卡洛·斯特罗齐（Carlo Strozzi）开发的一个轻量、开源、不提供 SQL 功能的非关系型数据库。与数据库管理系统相比，NoSQL 不使用 SQL 作为查询语言，其存储也不需要固定的表模式，因此用户操作 NoSQL 时通常会避免使用关系型数据库中的 "连接" 操作。NoSQL 一般具备水平可扩展的特性，可以支持超大规模数据存储，灵活的数据模型也可以很好地支持 Web 2.0 应用。典型的 NoSQL 包括以下几种：键值数据库、列族数据库、文档数据库和图形数据库。值得注意的是，NoSQL 也存在一些缺点，如缺乏较为扎实的数学理论基础，在查询复杂数据时性能不强；很难实现事务强一致性和数据完整性；技术尚不成熟，缺乏专业团队的技术支持，维护较为困难等。图 2-4 所示为图形数据库的连接关系。

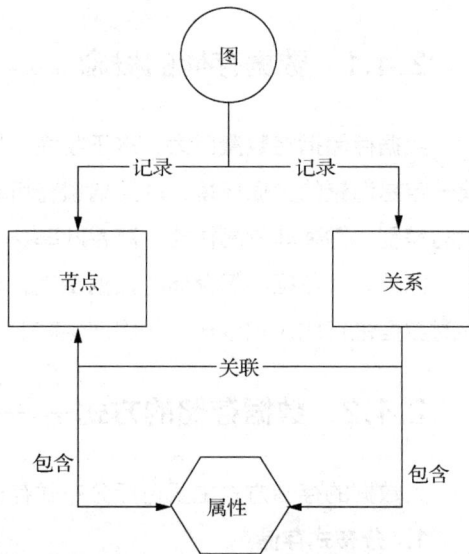

图 2-4　图形数据库的连接关系

3. NewSQL 数据库

NewSQL 数据库是指各种新的可扩展/高性能数据库，它是一种相对较新的形式，旨在使用现有的编程语言和以前不可用的技术来结合 SQL 和 NoSQL。这类数据库不仅具有 NoSQL 对海量数据的存储管理能力，还保持了传统数据库支持 ACID 和 SQL 等的特性。因此，NewSQL 也被定义为下一代数据库的发展方向。在技术上，相较于传统关系型数据库，NewSQL 更强调数据一致性，以更好地适应分布式数据库的应用；它取消了耗费资源的缓冲池，直接在内存中运行整个数据库，缩短了访问数据库的时间；此外，它摒弃了单线程服务的锁机制，通过使用冗余机器来实现复制和故障恢复，以取代原有的成本高昂的恢复操作。

4. 云数据库

云数据库是指被优化或部署到一个虚拟计算环境中的数据库，是在云计算的大背景下发展起来的一种新兴的共享基础架构的方法，它极大地增强了数据库的存储能力，消除了人员、硬件、软件的重复配置，让软、硬件升级变得更加容易。因此，云数据库具有高可扩展性、高可用性、采用多租形式和支持资源有效分发等特点，可以实现按需付费和按需扩展。图 2-5 所示为阿里云的云数据库服务。

云数据库 MongoDB 版	云数据库 POLARDB
三副本集和集群架构文本存储，数据可热迁移	满足高吞吐在线事务处理，兼容MySQL协议
云数据库 RDS SQL Server 版	数据管理DMS
企业许可授权，权限更为开放，引擎功能更为强大	免安装、免运维、即开即用、多种数据库类型统一管理
云数据库 RDS PostgreSQL 版	数据库备份DBS
源码优化，JSON兼容，GIS支持，易于使用扩展	为数据库提供连续数据保护、低成本的备份服务
云数据库 HBase 版	数据传输 DTS
PB级大数据存储，轻松满足百万QPS随机读写需求	支持数据迁移、数据同步及订阅的实时数据流服务
分析型数据库ADS	查看更多
高并发低延时的PB级实时数据仓，毫秒级的多维分析	了解云数据库 ApsaraDB 产品体系

图 2-5　阿里云的云数据库服务

2.5　数据清洗

数据量的不断剧增是大数据时代的显著特征，大数据必须经过清洗、分析、建模、可视化才能体现其潜在的价值。本节主要介绍数据清洗的有关知识。

2.5.1　数据清洗的概念

采集到的众多数据中总是存在着许多脏数据，即不完整、不规范、不准确的数据，数据清洗就是指把脏数据清洗干净，从而提高数据质量，具体操作包括检查数据一致性，处理无效值和缺失值等。在大数据项目的实际开发工作中，数据清洗通常占开发过程总时间的 50%～70%。

数据清洗（Data Cleansing/Data Cleaning/Data Scrubbing）可以有多种表述方式，其定义取决于具体的应用，在不同的应用领域中不完全相同。例如，在数据仓库环境下，数据清洗是抽取"转换"装载过程的一个重要部分，要考虑数据仓库的集成性与面向主题的需要（包括数据的清洗及结构转换）。而在机器学习领域中，数据清洗则被定义为对特征数据和标注数据进行处理，如样本采样、样本调权、异常点去除、特征归一化处理、特征变化、特征组合等。不过，现在业界一般认为，数据清洗指检测和去除数据集中的噪声数据与无关数据，处理遗漏数据，以及去除空白数据域和知识背景下的白噪声。

2.5.2　数据清洗的原理

数据清洗的原理如下：利用相关技术，如统计方法、数据挖掘方法、模式规则方法等将脏数据转换为满足数据质量要求的数据。按照实现方式与范围，数据清洗可分为手工清洗和自动清洗。

1．手工清洗

手工清洗是指人工对录入的数据进行清洗。这种方法较为简单，只要投入足够的人力、物力与财力，就能发现所有错误，但效率低下。在数据量大的情况下，手工清洗数据的操作几乎是不可能的。

2．自动清洗

自动清洗是指由计算机进行相应的数据清洗操作。这种方法能解决某个特定的问题，但不够灵活，特别是在清洗过程需要反复进行（一般来说，数据清洗一遍即可达到要求的情况很少）时，导致程序复杂，清洗过程发生变化时，工作量大，而且这种方法没有充分利用目前数据库提供的强大数据处理能力。

随着数据清洗技术的不断提升，在自动清洗中发展出了清洗算法与清洗规则来帮助用户完成清洗工作。清洗算法与清洗规则是根据相关的业务知识，应用相应的技术，如统计学、数据挖掘的方法，分析出数据源中数据的特点，并且进行相应的数据清洗。常见的清洗方式主要有两种：一种是发掘数据中存在的模式，并利用这些模式清理数据；另一种是基于数据的清洗模式，即根据预定义的清理规则，查找不匹配的记录，并清洗这些记录。数据清洗规则已经在业界被广泛利用，常见的数据清洗规则包括编辑规则、修复规则、Sherlock 规则和探测规则等。

图 2-6 所示为脏数据的识别，圆外的数据即为脏数据。

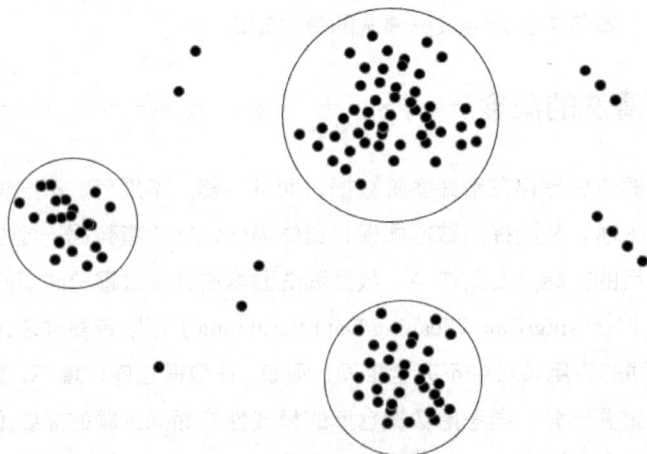

图 2-6　脏数据的识别

2.5.3　数据清洗的应用领域

目前，数据清洗主要应用于 3 个领域：数据仓库、数据挖掘和数据质量管理。

1. 数据清洗在数据仓库中的应用

在数据仓库领域，一般在几个数据库合并时或多个数据源进行集成时进行数据清洗。例如，几个数据库中都存在指代同一个实体的记录，则合并后的数据库中就会出现重复的记录。数据清洗过程就是把这些重复的记录识别出来并消除它们，也就是所说的合并清洗（Merge/Purge）问题。这个问题的实例可称作记录连接、语义集成、实例识别或对象标识问题。值得注意的是，数据清洗在数据仓库中的应用并不是简单地清洗合并记录，它还涉及数据的分解与重组。图 2-7 所示为数据清洗在数据仓库中的应用。

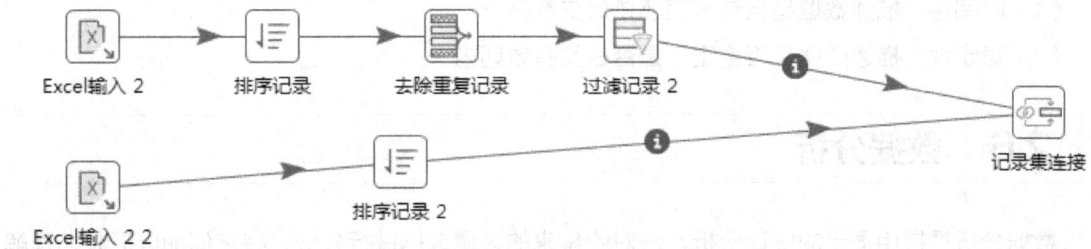

图 2-7　数据清洗在数据仓库中的应用

2. 数据清洗在数据挖掘中的应用

在数据挖掘领域，经常会遇到挖掘出来的特征数据存在各种异常的情况，如数据缺失、数据值异常等。对于这些情况，如果不加以处理，则会直接影响到最终挖掘模型建立后的使用效果，甚至是使得最终的模型失效，导致任务失败。因此，在数据挖掘过程中，数据清洗是第一个步骤，即对数据进行预处理。值得注意的是，各种不同的数据挖掘和数据仓库系统都是针对特定的应用领域进行数据清洗的，因此采用的方法和手段各不相同。

3. 数据清洗在数据质量管理中的应用

数据质量管理贯穿数据生命周期的全过程，在数据生命周期中，数据的获取和使用周期包括一系列活动，如评估、分析、调整、丢弃数据等。因此，数据质量管理覆盖了质量评估、数据去噪、数据监控、数据探查、数据清洗、数据诊断等方面。在此过程中，数据清洗为提高数据质量提供了重要的保障。

2.5.4　数据清洗的评估

数据清洗的评估实质上是对清洗后的数据质量进行评估，而数据质量的评估过程是一种通过测量和改善数据综合特征来优化数据价值的过程。数据质量的评估和方法研究的难点在于数据质量的含义、内容、分类、分级、评价指标等。

在进行数据质量评估时，要根据具体的评估需求对数据质量评价指标进行相应的取舍。但是，数据质量评估至少应该包含以下两方面的基本评价指标：数据可信性和数据可用性。

1. 数据可信性

数据可信性主要包括精确性、完整性、一致性、有效性、唯一性等指标。

（1）精确性：描述数据是否与其对应的客观实体的特征相一致。

（2）完整性：描述数据是否存在缺失记录或缺失字段。

（3）一致性：描述同一实体的同一属性的值在不同的系统中是否一致。

（4）有效性：描述数据是否满足用户定义的条件或在一定的阈值范围内。

（5）唯一性：描述数据是否存在重复记录。

2. 数据可用性

数据可用性主要包括时间性、稳定性等指标。

（1）时间性：描述数据是当前数据还是历史数据。

（2）稳定性：描述数据是否稳定，是否在其有效期内。

2.6 数据分析

数据分析是指用适当的统计分析方法对收集来的大量数据进行分析，将它们加以汇总和理解并消化，以求最大化地开发数据的功能，发挥数据的作用。本节主要介绍人工智能背景下的大数据分析。

2.6.1 大数据分析概述

大数据分析是大数据价值链中的一个重要环节，其目标是提取海量数据中的有价值的内容，找出内在的规律，从而帮助人们做出最正确的决策。广义的数据分析可分为统计分析和数据挖掘，它们处理数据的量级不同。统计分析一般针对样本数据，而数据挖掘则针对全体数据。

具体来讲，大数据分析的任务主要分为预测任务和描述任务两类。预测任务的目标是根据某些属性的值，预测另外一些特定属性的值。被预测的属性一般称为目标变量或因变量，被用来做预测的属性称为解释变量和自变量。描述任务的目标是导出概括数据中潜在联系的模式，包括相关、趋势、聚类、轨迹和异常等。描述性任务通常是探查性的，常常需要后处理技术来验证和解释结果，具体包括分类、回归、关联分析、聚类分析、推荐系统、异常检测、链接分析等。

2.6.2 大数据分析的主要类型

大数据分析主要包括描述性统计分析、探索性数据分析以及验证性数据分析等。

1. 描述性统计分析

描述性统计分析是指运用制表、分类、图形以及计算概括性数据来描述数据特征的各项活动。

描述性统计分析要对调查总体所有变量的有关数据进行统计性描述，主要包括数据的频数分析、集中趋势分析、离散程度分析、分布以及一些基本的统计图形。

2．探索性数据分析

探索性数据分析是一种分析数据集以概括其主要特征的方法，是对传统统计学假设检验手段的补充。它是对已有的数据（特别是调查或观察得来的原始数据）在尽量少的先验假定下进行探索，通过作图、制表、方程拟合、计算特征量等手段探索数据的结构和规律的一种数据分析方法。特别是在大数据时代，人们面对各种脏数据往往不知所措，不知道从哪里开始了解目前持有的数据时，探索性数据分析就非常有效。

3．验证性数据分析

验证性数据分析注重对数据模型和研究假设的验证，侧重于已有假设的证实或证伪。假设检验是根据数据样本所提供的证据，肯定或否定有关总体的声明。

2.6.3　数据挖掘

在大数据与人工智能领域，数据挖掘是极其重要的一种数据分析技术。

1．数据挖掘的概念

数据挖掘是指在大量的数据中挖掘出有用信息，通过分析来揭示数据之间有意义的联系、趋势和模式。数据挖掘是一门交叉学科，将人们对数据的应用从低层次的简单查询，提升到从数据中挖掘知识，提供决策支持。在需求推动下，不同领域的研究者对数据库技术、人工智能技术、数理统计、可视化技术、并行计算等方面的知识进行融合后，形成新的研究热点。

数据挖掘首先是搜集数据，数据越丰富越好，数据量越大越好，只有获得足够大量的高质量的数据，才能获得确定的判断，才能产生认知模型，这是从量变到质变的过程。由此产生经验，经验的积累就能产生有价值的判断。认知模型是渐进发展的模型，当认识深入以后，将产生更加抽象的模型与许多猜想，通过猜想再扩展模型，从而达到深度学习和深度挖掘。

数据挖掘可以分为两类：直接数据挖掘和间接数据挖掘。

（1）直接数据挖掘

直接数据挖掘的目标是利用可用的数据建立一个模型，利用这个模型对剩余的数据或对一个特定的变量进行描述。

（2）间接数据挖掘

间接数据挖掘的目标中没有选出某一具体的变量，也不是用模型进行描述，而是在所有的变量中建立起某种关系。

此外，在数据挖掘中，还应注意以下几点。

（1）数据源必须是真实的、大量的、含有噪声的、用户感兴趣的数据。

（2）挖掘知识的方法可以是数学的方法，也可以是非数学的方法；可以是演绎的方法，也可以是归纳的方法。

（3）挖掘的知识具有应用的价值，可以用于信息管理、查询优化、决策支持和过程控制等，还可以用于数据自身的维护。

2. 数据挖掘技术

数据挖掘技术就是指为了完成数据挖掘任务所需要的全部技术，是数据挖掘方法的集合。金融、零售等行业已广泛采用数据挖掘技术，以分析用户的可信度和购物偏好等。

数据挖掘方法众多。根据挖掘任务可将数据挖掘技术分为预测模型发现、聚类分析、分类与回归、关联分析、序列模式发现、依赖关系或依赖模型发现、异常和趋势发现、离群点检测等类型。根据挖掘对象可将数据挖掘技术分为关系型数据库、面向对象数据库、空间数据库、时态数据库、文本数据库、多媒体数据库、异质数据库以及遗产数据库等类型。根据挖掘方法可将数据挖掘技术分为机器学习方法、统计方法、神经网络方法和数据库方法等类型。在机器学习方法中，可细分为归纳学习方法（决策树、规则归纳等）、基于范例学习、遗传算法等；在统计方法中，可细分为回归分析（多元回归、自回归等）、判别分析（贝叶斯判别、Fisher 判别和非参数判别等）、聚类分析（系统聚类、动态聚类等）、探索性分析（主元分析法、相关分析法等）等；在神经网络方法中，可细分为前向神经网络（反向传播算法等）、自组织神经网络（自组织特征映射、竞争学习等）等；在数据库方法中，主要是多维数据分析或 OLAP 方法。此外，还有面向属性的归纳方法。

在当今大数据时代下，数据挖掘被应用到各种各样的领域中，成为高科技发展的热点技术。在软件开发、医疗卫生、金融、教育等方面都可以随处看到数据挖掘的应用，可以使用数据挖掘技术发现大数据内在的巨大价值。

（1）电子邮件系统中垃圾邮件的判断

在电子邮件系统中判断一封邮件是否属于垃圾邮件，这属于文本挖掘的范畴，通常会采用朴素贝叶斯的方法进行判别。其根据电子邮件中的词汇是否经常出现在垃圾邮件中进行判断。例如，当一份电子邮件的正文中包含"推广""广告""促销"等词汇时，该邮件被判定为垃圾邮件的概率将会比较大。

（2）金融领域中金融产品的推广营销

针对商业银行中的零售客户进行细分。首先，基于零售客户的特征变量（人口特征、资产特征、负债特征、结算特征），计算客户之间的距离。其次，按照距离的远近，把相似的客户聚集为一类，从而有效地细分客户。将全体客户划分为诸如理财偏好者、基金偏好者、活期偏好者、国债偏好者等。其目的在于识别不同的客户群体，并针对不同的客户群体精准地进行产品设计和推送，从而节约营销成本，提高营销效率。

（3）商品销售

啤酒尿布是一个经典的故事。美国大型连锁超市中存在一个非常有趣的现象，把尿布与啤酒这两种不相关的商品摆在一起，能够大幅度增加两者的销量。其原因在于，美国的女性通常全职在家照顾孩子，她们常常会嘱咐丈夫在下班回家的路上为孩子买尿布，而丈夫在买尿布的同时会顺便购买自己爱喝的啤酒。通过数据挖掘可以在数据中发现这种关联性，因此，将这两种商品并置可以大大提高关联销售量。

（4）疾病诊断

乳腺肿瘤是女性恶性肿瘤中最常见的肿瘤之一，影响了女性的身体和精神健康，甚至会威胁生命。20 世纪以来，全世界范围内乳腺癌的患病率均有所增加，特别是欧洲和北美地区，分别占女性恶性肿瘤发病率的第一位和第二位。在大数据时代下，医疗方面的数据呈现出数量大、类型多、处理方法复杂等特点，数据挖掘技术对这些问题的处理起到了至关重要的作用。例如，通过对乳腺肿瘤分析发现，乳腺肿瘤的特征可以由多个参数来表示。医院可通过对传统的反向传播（Back Propagation，BP）神经网络进行改进和发展而建立乳腺肿瘤的模型，并提高对早期乳腺肿瘤的诊断率。

2.6.4 数据可视化

数据可视化将各种数据用图形化的方式展示给人们，是人们理解数据、诠释数据的重要手段和途径。

1. 数据可视化的概念

数据可视化是关于数据视觉表现形式的科学技术研究，它为大数据分析提供了一种更加直观的挖掘、分析与展示的当代手段，从而让大数据更有意义，更贴近大多数人。因此，从本质上讲，数据可视化指通过帮助用户认知数据，进而发现这些数据所反映的实质。

与传统的立体建模之类的特殊技术方法相比，数据可视化所涵盖的技术方法要广泛得多，它是利用计算机图形学及图像处理技术，将数据转换为图形或图像形式显示到屏幕上，并进行交互处理的理论、方法和技术。它涉及计算机视觉、图像处理、计算机辅助设计、计算机图形学等多个领域，并逐渐成为一项研究数据表示、数据综合处理、决策分析等问题的综合技术。

2. 数据可视化的类型

随着对大数据可视化认识的不断加深，人们一般将数据可视化分为 3 种不同的类型：科学可视化、信息可视化和可视化分析。

（1）科学可视化

科学可视化是数据可视化中的一个应用领域，主要关注空间数据与三维现象的可视化，涉及气象学、生物学、物理学、农学等，重点在于对客观事物的体、面及光源等的逼真渲染。科学可视化是计算机图形学的一个子集，是计算机科学的一个分支。因此，科学可视化的目的主要是以图形方式说明数据，使科学家能够从数据中了解和分析规律。

（2）信息可视化

信息可视化是一个跨学科领域，旨在研究大规模非数值型信息资源的视觉呈现（如系统中的众多文件或者一行行的程序代码）。其通过图形图像方面的技术与方法，帮助人们理解和分析数据。信息可视化与科学可视化有所不同，科学可视化处理的数据具有天然几何结构（如磁感线、流体分布等），而信息可视化则侧重于抽象数据结构，如非结构化文本或者高维空间当中的点（这些点并不具有固有的二维或三维几何结构）。

（3）可视化分析

可视化分析是科学可视化与信息可视化领域发展的产物，侧重于借助交互式的用户界面，对数据进行分析与推理。可视化分析是一个多学科领域，它将新的计算和基于理论的工具及创新的交互技术与视觉表示相结合，以实现对信息的分析。

3．数据可视化的标准

数据可视化的标准通常包括实用性、完整性、真实性、艺术性以及交互性。

（1）实用性

衡量数据实用性的主要指标是要满足使用者的需求，需要清楚地了解这些数据是不是人们想要知道的、与他们切身相关的信息。例如，将气象数据可视化就是一个与人们切身相关的事情。因此，实用性是一个较为重要的评价标准，它是一个主观的指标，也是评价体系中不可忽略的一环。

（2）完整性

衡量数据完整性的重要指标是该可视化的数据应当能够纳入所有能帮助使用者理解数据的信息。其中包含要呈现的是什么样的数据，该数据有何背景，该数据来自何处，该数据是被谁使用的，需要起到什么样的作用和效果，想要看到什么样的结果，是针对一个活动的分析还是针对一个发展阶段的分析，是研究用户还是研究销量等。

（3）真实性

衡量数据真实性的主要指标是信息的准确度和是否有据可依。如果信息是能让人信服的、精确的，那么它的准确度就达标了，否则该数据的可视化工作不会令人信服。因此，在实际的使用中应当确保数据的真实性。

（4）艺术性

艺术性是指数据的可视化呈现应当具有艺术性，符合审美规则。不美观的可视化呈现无法吸引用户的注意力，美观的可视化呈现则可能会进一步引起用户的兴趣，给予用户良好的体验。有一些信息容易被用户遗漏或者遗忘，通过美观的创意设计，可视化能够给用户更强的视觉刺激，从而帮助用户对信息的提取。例如，在一个做对比的可视化中，让用户比较形状大小或者颜色深浅都是不明智的设计，相比之下，比较位置远近和长度更为一目了然。

（5）交互性

交互性是指实现用户与数据的交互，以方便用户控制数据。在数据可视化的实现中应多采用常规图表，并站在普通用户的角度，在系统中加入符合用户思考方式的交互操作，让大众可以真正地和数据对话，探寻数据对业务的价值。

4．数据可视化的应用

（1）金融可视化

在当今互联网金融行业的激烈竞争下，市场形势瞬息万变，金融行业面临着诸多挑战。通过引入数据可视化可以对企业各地日常业务动态进行实时掌控，对客户数量和借贷金额等数据进行有效监管，帮助企业实现数据实时监控，加强对市场的监督和管理；通过对核心数据进行多维度的分析和对比，可以指导公司科学调整运营策略，制定发展方向，不断提高公司风控管理能力和竞争力。图 2-8 所示为金融可视化的示例。

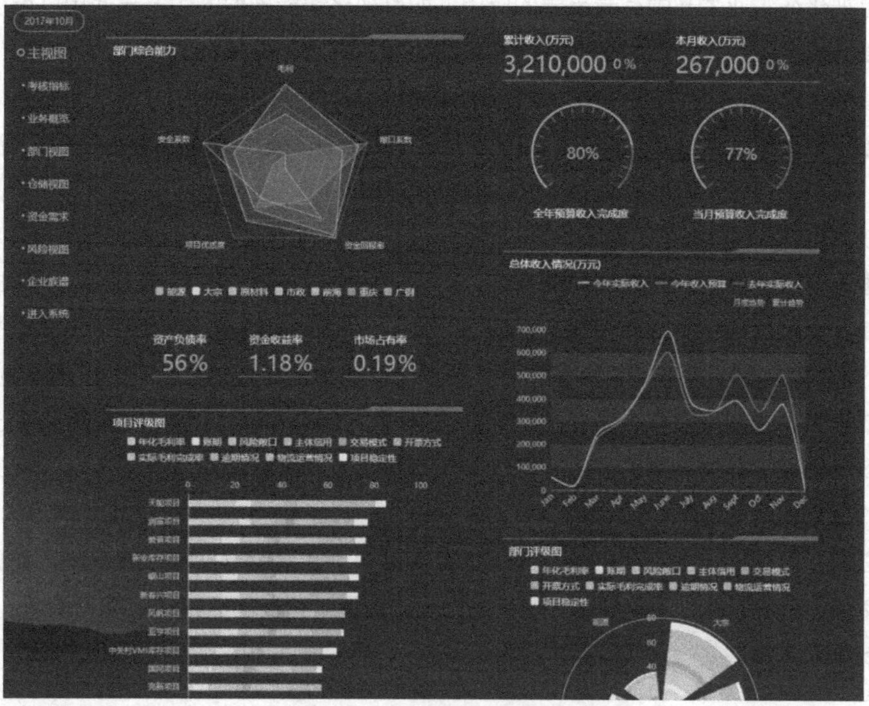

图 2-8　金融可视化的示例

（2）医疗可视化

数据可视化可以帮助医院对之前分散的、凌乱的数据加以整合，构建全新的医疗管理体系模型，帮助医院领导快速解决关注的问题，如一些门诊数据、用药数据、疾病数据等。此外，大数据可视化可以应用于诊断以及一些外科手术中的精确建模，通过建立三维图像以帮助医生确定是否进行外科手术或者进行何种手术。不仅如此，数据可视化还可以加强临床上对疾病预防、流行疾病防控等的预测和分析能力。图 2-9 所示为医疗可视化的示例。

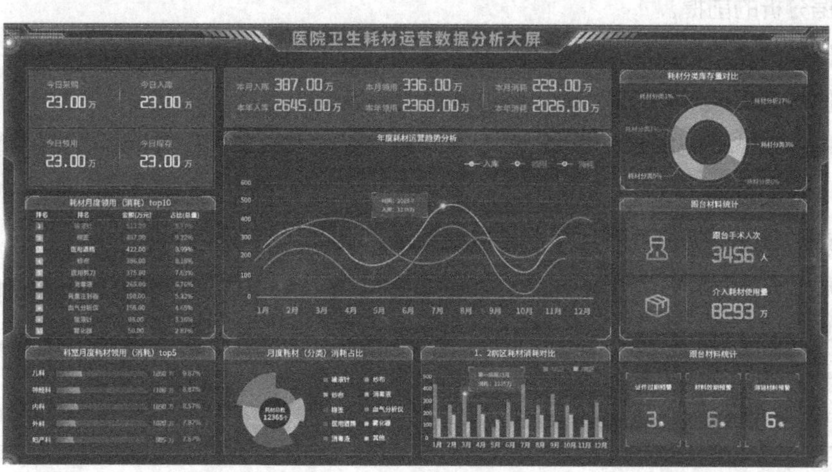

图 2-9　医疗可视化的示例

（3）工业可视化

数据可视化在工业生产中有着重要的应用，如可视化智能硬件的生产与使用。可视化智能硬件通过软硬件结合的方式，让设备拥有智能化的功能，并对硬件采集的数据进行可视化的呈现。因此，在智能化之后，硬件就具备了大数据的附加价值。随着可视化技术的不断发展，今后智能硬件将从可穿戴设备延伸到智能电视、智能家居、智能汽车、医疗健康、智能玩具、智能机器人、智能交通、智能教育等不同的领域。

（4）教育可视化

在我国对教育研究越来越重视的情况下，可视化教学也在逐渐替代传统的教学模式。可视化教学是指在计算机软件和多媒体资料的帮助下，将被感知、被认知、被想象、被推理的事物及其发展变化的形式和过程，用仿真化、模拟化、形象化及现实化的方式在教学过程中尽量表现出来。在可视化教学中，知识可视化能帮助学生更好地获取、存储、重组知识，并能将知识迁移到应用中，促进多元思维的养成，帮助学生更好地关注知识本身的联系和对本质的探求，减少由于教学方式带来的信息损耗，提高有效认知负荷。

除此之外，可视化技术还被广泛地应用于军事模拟、卫星运行监测、航班运行监测、气候天气、股票交易、交通监控、用电情况、城市基础设施建造、智能园区打造、现代旅游、安全生产、机器人控制等众多领域。

2.7 小结

（1）人工智能实际上是一个将数学、算法理论和工程实践紧密结合起来的领域。人工智能实际上就是算法，也就是微积分、概率论、统计学等各种数学理论的体现。

（2）人工智能的学习与应用离不开各种工具，如 Tensor Flow、Mahout、Torch、Spark MLlib、Keras 及 CNTK 等。

（3）数据采集是人工智能与大数据应用的基础，研究人工智能离不开大数据的支撑，而数据采集是大数据分析的前提。

（4）数据存储是将数量巨大且难于收集、处理、分析的数据集持久化到计算机中。在人工智能时代，存储的数据通常以 GB、TB 乃至 PB 作为量级。

（5）数据的不断剧增是大数据时代的显著特征，大数据必须经过清洗、分析、建模、可视化才能体现其潜在的价值。由于在采集到的众多数据中总是存在着许多脏数据，即不完整、不规范、不准确的数据，因此数据清洗就是指把脏数据清洗干净。

（6）数据分析是大数据价值链中的一个重要环节，其目标是提取海量数据中的有价值的内容，找出内在的规律，从而帮助人们做出最正确的决策。

2.8 习题

（1）简述人工智能中的常见数学基础知识。

（2）简述人工智能中的常见工具。

（3）简述数据采集的含义及特点。

（4）简述数据存储的特点。

（5）简述数据清洗的特点。

（6）简述数据分析的特点。

第3章
机器学习

【本章导读】

机器学习是人工智能研究领域中最重要的分支之一，它的应用遍及人工智能的各个领域。人工智能是新一轮科技革命和产业变革的重要驱动力量。本章主要介绍人工智能所需的各种机器学习基础知识。

【本章要点】

1. 机器学习
2. 监督学习
3. 无监督学习
4. 半监督学习
5. 迁移学习

6. 强化学习
7. 回归算法
8. 分类算法
9. 聚类算法
10. 降维算法

3.1 机器学习概述

机器学习作为一门多领域交叉学科，主要的研究对象是人工智能，专门研究计算机怎样模拟或实现人类的学习行为，以获取新的知识或技能，重新组织已有的知识结构，使之不断改善自身的性能。机器学习是人工智能的核心，是使计算机具有智能的根本途径。

3.1.1 机器学习简介

什么是机器学习？长期以来，其定义众多。1996 年，帕特·兰利（Pat Langley）定义机器学习如下："机器学习是一门人工智能科学，该领域的主要研究对象是人工智能，特别是如何在经验学习中改善具体算法的性能。"1997 年，汤姆·米切尔（Tom Mitchell）在 *Machine Learning* 中写道："机器学习是计算机算法的研究，并通过经验提高其自动进行改善。"2004 年，埃塞姆·阿

3.1 机器学习简介

培丁（Ethem Alpaydin）提出自己对机器学习的定义："机器学习是用数据或以往的经验，来优化计算机程序的性能标准。"机器学习的研究方法通常是根据生理学、认知科学等对人类学习机理的研究，建立模仿人类学习过程的计算模型或认识模型，发展各种学习理论和学习方法，研究通用

的学习算法并进行理论上的分析，建立面向任务的具有特定应用的学习系统。

机器学习是人工智能研究领域中最重要的分支之一。它是一门涉及多领域的交叉学科，包括高等数学、统计学、概率论、凸分析和逼近论等多门学科。机器学习的应用遍及人工智能的各个领域。机器学习主要使用归纳、综合而不是演绎的方法。

机器学习，通俗地讲就是让机器拥有学习的能力，从而改善系统自身的性能。对于机器而言，这里的"学习"指的是从数据中学习，从数据中产生模型的算法，即学习算法。有了学习算法，只要把经验数据提供给它，它就能够基于这些数据产生模型，在面对新的情况时，模型能够提供相应的判断，进行预测。机器学习实质上是基于数据集的，它通过对数据集进行研究，找出数据集中数据之间的联系和数据的真实含义。机器学习原理如图 3-1 所示。

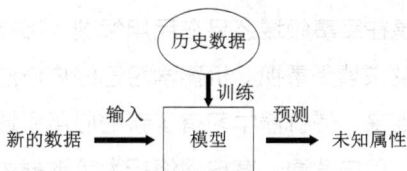

图 3-1　机器学习原理

3.1.2　机器学习的发展

机器学习的发展过程大体上可分为以下几个阶段。

第一个阶段是从 20 世纪 50 年代中叶到 20 世纪 60 年代中叶，这一时期机器学习处于萌芽时期。人们试图通过软件编程来操控计算机完成一系列的逻辑推理功能，进而使计算机具有一定程度上的类似于人类的思考能力。然而，这一时期计算机所推理的结果远远没有达到人们对机器学习的期望。通过进一步研究发现，只具有逻辑推理能力并不能使机器拥有智能。研究者们认为，使机器拥有智能的前提，必须是拥有大量的先验知识。

3.2　机器学习的
发展

第二个阶段是从 20 世纪 60 年代中叶到 20 世纪 80 年代中叶，被称为机器学习冷静期。人们试图利用自身思维提取出来的规则教会计算机执行决策行为，主流之一便是各式各样的专家系统。然而，这些系统总会面临"知识稀疏"的问题，即面对无穷无尽的知识与信息，人们无法总结万无一失的规律，因此让机器学习的设想自然地浮出水面。基于 20 世纪 50 年代对于神经网络的研究，人们开始研究如何让机器自主学习。

第三个阶段从 20 世纪 80 年代中叶开始，称为机器学习复兴期。由于这一时期互联网大数据及硬件 GPU 的出现，使得机器学习突破了瓶颈期。机器学习开始呈现爆发式的发展，成为一门独立的热门学科，并且被应用到各个领域中。各种机器学习算法不断涌现，而利用深层次神经网络的深度学习也得到了进一步发展。同时，机器学习的蓬勃发展促进了其他分支的诞生，如模式识别、数据挖掘、生物信息学和自动驾驶等。

机器学习综合应用了心理学、生物学和神经生理学以及数学、自动化和计算机科学，并形成了机器学习理论基础，同时结合各种学习方法取长补短，形成了集成学习系统。此外，机器学习与人工智能各种基础问题的统一观点正在形成，各种学习方法的应用范围不断扩大，并出现了商业化的机器学习产品，还积极开展了大量与机器学习有关的学术活动。

2010 年以来，谷歌、微软等国际互联网巨头加快了对机器学习的研究，并尝到了机器学习商业化带来的甜头，我国很多知名的公司纷纷效仿。阿里巴巴、淘宝为应对大数据时代带来的挑战，已经在其公司的产品中大量应用机器学习算法。百度、搜狗等已拥有能与谷歌竞争的搜索引擎，其产品早已融合了机器学习知识。可以说，最近这些年正是机器学习的黄金时代。

3.1.3　机器学习的应用前景

机器学习应用广泛，无论是在军事领域还是在民用领域，都有机器学习算法施展的机会。近年来，机器学习的研究与应用越来越受重视。机器学习已经广泛应用于语音识别、图像识别、数据挖掘等领域。大数据时代的到来，使机器学习有了新的应用领域，从设备维护、借贷申请、金融交易、医疗记录、广告点击、用户消费、客户网络行为等数据中发现有价值的信息已经成为其研究与应用的热点。

1.　数据分析与挖掘

"数据挖掘"和"数据分析"经常被同时提起，并在许多场合中被认为是可以相互替代的术语。关于数据挖掘和数据分析，现在已有多种文字不同但含义接近的定义，例如，数据挖掘是"识别出巨量数据中有效的、新颖的、潜在有用的、最终可理解的模式的过程"；数据分析则通常被定义为"指用适当的统计方法对收集来的大量第一手资料和第二手资料进行分析，以求最大化地开发数据资料的功能，发挥数据的作用，是为了提取有用信息和形成结论而对数据加以详细研究和概括总结的过程"。无论是数据分析还是数据挖掘，都是帮助人们收集数据、分析数据，使之成为信息，并做出判断，因此可以将这两项合称为"数据分析与挖掘"。

数据分析与挖掘技术是机器学习算法和数据存取技术的结合，利用机器学习提供的统计分析、知识发现等手段分析海量数据，同时利用数据存取机制实现数据的高效读写。机器学习在数据分析与挖掘领域中拥有无可取代的地位，2012 年的 Hadoop 进军机器学习领域就是一个很好的案例。

2.　模式识别

模式识别起源于工程领域，而机器学习起源于计算机科学，这两个不同学科的结合带来了模式识别领域的调整和发展。模式识别研究主要集中在两个方面：一是研究生物体（包括人）是如何感知对象的，属于认识科学的范畴；二是在给定的任务下，如何用计算机实现模式识别的理论和方法，这些是机器学习的长项，也是机器学习研究的内容之一。

模式识别的应用领域广泛，包括计算机视觉、医学图像分析、光学文字识别、自然语言处理、语音识别、手写识别、生物特征识别、文件分类、搜索引擎等，而这些领域也正是机器学习大展身手的舞台，因此模式识别与机器学习的关系越来越密切，以至于很多书籍将模式识别与机器学习综合在一本书中讲述。

3. 更广阔的领域

研究和应用机器学习的最终目标是全面模仿人类大脑,创造出拥有人类智慧的机器大脑。2012年,谷歌在人工智能领域发布了一个划时代的产品——人脑模拟软件,这个软件具有自我学习功能,可以通过观看视频学习识别动物、人以及其他事物。它模拟了脑细胞的相互交流,当有数据被送达这个神经网络的时候,不同神经元之间的关系就会发生改变,这也使得神经网络能够得到对某些特定数据的反应机制。据悉,这个网络现在已经学到了一些东西,谷歌将有望在多个领域使用这一新技术,最先获益的可能是语音识别。

与此同时,谷歌研制的自动驾驶汽车取得了突破性进展,于 2012 年 5 月获得了美国首个自动驾驶车辆许可证。自动驾驶汽车依靠人工智能、视觉计算、雷达、监控装置和全球定位系统协同合作,让计算机可以在没有任何人类主动操作的情况下,通过计算机自动安全地操作机动车辆。谷歌认为这将是一种"比人类更聪明的"汽车,不仅能预防交通事故,还能节省行驶时间、降低碳排放量。

2013 年,微软首席执行官高级顾问克雷格·蒙迪(Craig Mundie)在北京航空航天大学发表了"科技改变未来"的主题演讲,其在演讲中谈到了当今互联网科技的三大挑战:大数据、人工智能和人机互动。克雷格·蒙迪认为随着大数据时代的到来,人们的各种互动、设备、社交网络和传感器正在生成海量的数据,而机器学习可以更好地处理这些数据,挖掘其中的潜在价值。同时,其展示了微软研究院在机器学习方面的新产品——英语转汉语实时拟原声翻译,展现了微软在自然语言理解与处理方面的研究进展。

3.1.4 机器学习的未来

目前,智能机器已经深入到人类的工作和生活中。在民用领域中,将会出现能从医疗记录中学习的智能机器,它们能分析和获取治疗新疾病最有效的方法;随着智能家居的发展,未来在分析住户的用电模式、居住习惯后,可以打造动态家居,从而降低能源消耗、提高居住舒适度;个人智能助理可以跟踪分析用户的职业和生活细节,协助用户高效完成工作,享受健康生活。未来,这些都将有智能机器的功劳。

不久的将来,人类也许该思考:在未来的世界中,机器人将充当什么样的角色,会不会代替人类?人类与智能机器之间应该如何相处?

3.2 机器学习的分类

机器学习的思想并不复杂,它仅仅是对人类生活、学习过程的一个模拟,而在这个过程中,最关键的就是数据。任何通过数据训练的学习算法的相关研究都属于机器学习,如线性回归(Linear Regression)、决策树(Decision Trees)、随机森林(Random Forest)等,由此可见机器学习的算法非常多,本节将介绍最常用的机器学习的分类。

3.3 机器学习的分类

3.2.1　监督学习

监督学习是指利用一组已知类别的样本调整分类器的参数，使其达到所要求性能的过程，也称为监督训练或有教师学习。

1.　监督学习概述

监督学习是机器学习中的一种方法，可以由训练数据中学到或建立一个学习模型（Learning Model），并依此模型推测新的实例。训练数据是由输入物件（通常是向量）和预期输出所组成的。函数的输出可以是一个连续的值，该连续的值被称为回归分析，或者是预测的一个分类标签，该分类标签被称作分类。

监督学习表示机器学习的数据是带标记的，这些标记可以包括数据类别、数据属性及特征点位置等。具体实现过程是通过大量带有标记的数据来训练机器，机器将预测结果与期望结果进行比对；之后根据比对结果来修改模型中的参数，再一次输出预测结果；再将预测结果与期望结果进行比对，重复多次直至收敛，最终生成具有一定鲁棒性的模型来达到智能决策的能力。常见的监督学习有分类（Classification）和回归（Regression），分类是将一些实例数据分到合适的类别中，其预测结果是离散的；回归是将数据归到一条"线"上，即为离散数据生产拟合曲线，因此其预测结果是连续的。

图 3-2 所示为监督学习的数据集。例如，当要训练机器识别"狗"的图片时，需要先用大量狗的图片进行训练，再将预测结果与期望结果进行比对，从而判断该模型的好坏。

图 3-2　监督学习的数据集

2.　监督学习的应用

监督学习的应用非常广泛。例如，判断邮件是否为垃圾邮件时，首先用一些邮件及其标签（垃圾邮件或非垃圾邮件）建立训练模型，学习模型不断捕捉这些邮件与标签间的联系进行自我调整和完善，再发送给模型一些不带标签的新邮件，使该模型判断新邮件是否为垃圾邮件。

3.2.2　无监督学习

现实生活中常常会遇到这样的问题：缺乏足够的先验知识，因此难以人工标注类别或进行人工类别标注的成本太高。很自然的，人们希望计算机能代替人工完成这些工作，或至少提供一些帮助。根据类别未知（没有被标记）的训练样本解决模式识别中的各种问题，称为无监督学习。

1. 无监督学习概述

无监督学习的训练样本的标记信息是未知的，目标是通过对无标记训练样本的学习来揭示数据的内在性质及规律。无监督学习表示机器从无标记的数据中探索并推断出潜在的联系。常见的无监督学习有聚类（Clustering）和降维（Dimensionality Reduction）两种。

在聚类工作中，由于事先不知道数据类别，因此只能通过分析数据样本在特征空间中的分布，如基于密度或基于统计学概率模型，从而将不同数据分开，把相似数据聚为一类。降维是将数据的维度降低，例如，描述一个榴莲，若只考虑榴莲的色泽、裂痕、大小、外形、气味以及刺头 6 个属性，则这 6 个属性代表了榴莲对应数据的维度为 6。进一步考虑降维的工作，由于数据本身具有庞大的数量和各种属性特征，若对全部数据信息进行分析，则会增加数据训练的负担和存储空间。因此可以通过主成分分析等其他方法，考虑主要因素，舍弃次要因素，从而平衡数据分析的准确度与数据分析的效率。在实际应用中，可以通过一系列的转换将数据的维度降低，数据的降维过程如图 3-3 所示。

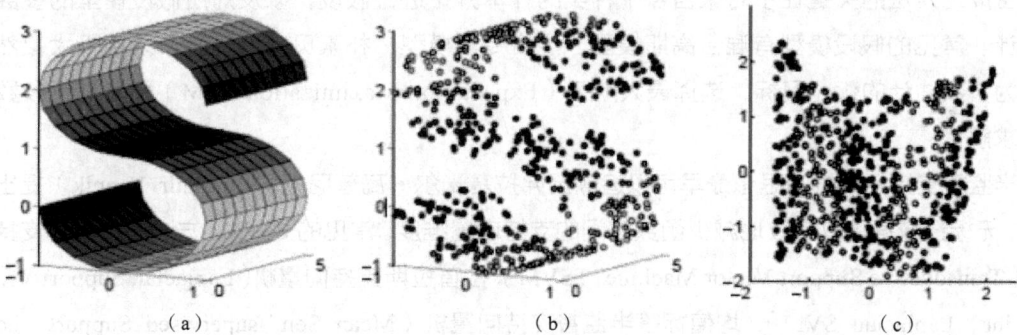

（a）　　　　　　　　　　　（b）　　　　　　　　　　　（c）

图 3-3　数据的降维过程

2. 无监督学习的应用

无监督学习常常被用于数据挖掘，用于在大量无标签数据中寻找信息。它的训练数据是无标签的，训练目标是能对观察值进行分类或者区分等。例如，无监督学习应该能在不给出任何额外提示的情况下，仅依据所有"猫"的图片的特征，将"猫"的图片从海量的图片中区分出来。

3. 监督学习与无监督学习的区别

（1）监督学习是一种目的明确的训练方式；而无监督学习是没有明确目的的训练方式。

（2）监督学习需要给数据打标签；而无监督学习不需要给数据打标签。

（3）监督学习由于目的明确，因此可以衡量效果；而无监督学习几乎无法衡量效果如何。

3.2.3 半监督学习

机器学习的核心是从数据中学习，从数据出发得到未知规律，利用规律对未来样本进行预测和分析。基于数据的机器学习包括监督学习、无监督学习以及半监督学习。监督学习需要大量已标记类别的训练样本来保证其良好的性能；无监督学习不使用先验信息，利用无标签样本的特征分布规律，使得相似样本聚到一起，但模型准确性难以保证。

随着大数据的发展，数据库中的数据呈现指数增长，获取大量无标记样本相当容易，而获取大量有标记样本则困难得多，且人工标注需要耗费大量的人力和物力。如果只使用少量的有标记样本进行训练，往往导致学习的泛化性能低下，且浪费大量的无标记样本数据资源。因此，使用少量标记样本作为指导，利用大量无标记样本改善学习性能的半监督学习成为研究的热点。

"半监督学习"于 1992 年被正式提出，其思想可追溯到自训练算法。半监督学习突破了传统方法只考虑一种样本类型的局限性，综合利用有标签与无标签样本，是在监督学习和无监督学习的基础上进行的研究。半监督学习包括半监督聚类、半监督分类、半监督降维和半监督回归 4 种学习场景。常见的半监督分类代表算法包括生成式方法、半监督支持向量机（Semi-supervised Support Vector Machines，S3VMs）、基于图的半监督图方法和基于分歧的半监督方法共 4 种算法。

生成式方法的关键在于对来自各个种类的样本分布进行假设，以及对所假设模型的参数进行估计。常见的假设模型有混合高斯模型、混合专家模型、朴素贝叶斯模型，采用极大似然方法作为参数估计的优化目标，选择最大期望（Expectation-Maximization，EM）算法进行参数的优化求解。

半监督支持向量机的思想最早可以追溯至弗拉基米尔·瓦普尼克（Vladimir Vapnik）提出的猜想，无标记数据可以有效地减少函数空间的支持向量维度。常见的 S3VMs 方法有直推式支持向量机（Transductive Support Vector Machine，TSVM）、拉普拉斯支持向量机（Laplacian Support Vector Machine，Laplacian SVM）、均值标签半监督支持向量机（Mean Semi-supervised Support Vector Machine，MeanS3VM）、安全半监督支持向量机（Safe Semi-supervised SVM，S4VM）、基于代价敏感的半监督支持向量机（Cost-sensitive Semi-supervised SVM，CS4VM）。

基于图的半监督方法是利用有标签和无标签样本之间的联系得到图结构，利用图结构进行标签传播。典型的基于图的半监督方法有标签传播算法、最小割算法以及流形正则化算法。

基于分歧的半监督学习起源于协同训练算法，其思想是利用多个学习模型之间的差异性提高泛化能力。根据视图个数的不同，其分为多视图和单视图下基于分歧的半监督学习。

3.2.4 迁移学习

迁移学习是运用已存有的知识对不同但相关领域的问题进行求解的一种新的机器学习方法。

迁移学习放宽了传统机器学习中的两个基本假设，目的是迁移已有的知识来解决目标领域中仅有少量甚至没有标签样本数据的学习问题。迁移学习广泛存在于人类的活动中，两个不同的领域共享的因素越多，迁移学习就越容易，否则就越困难，甚至出现"负迁移"的情况。例如，一个人要是学会了骑自行车，则很容易学会开摩托车，这就是迁移学习；而已经学会骑自行车的人再学习三轮车反而会不适应，因为这两种车型的重心位置不同，这就是"负迁移"。

3.4　迁移学习与
强化学习

按照迁移学习方法采用的技术划分，可以把迁移学习方法分为 3 类：基于特征选择的迁移学习、基于特征映射的迁移学习和基于权重的迁移学习。

根据源领域和目标领域中是否有标签样本，可将迁移学习方法划分为 3 类：目标领域中有少量标注样本的归纳迁移学习（Inductive Transfer Learning）、只有源领域中有标签样本的直推式迁移学习（Transductive Transfer Learning）、源领域和目标领域都没有标签样本的无监督迁移学习。另外，还可以根据源领域中是否有标签样本，把归纳迁移学习方法分为 2 类：多任务迁移学习和自学习。

迁移学习是和传统学习相对应的一大类学习方式，传统学习是处理源领域和目标领域相同，且源领域和目标领域的任务也相同的学习，而迁移学习处理除此情形之外的学习，包括源领域和目标领域的任务相关但不同的归纳迁移学习。

3.2.5　强化学习

强化学习（Reinforcement Learning，RL）又称再励学习、评价学习或增强学习，是机器学习的范式和方法论之一，用于描述和解决智能体在与环境的交互过程中，通过学习策略以达成回报最大化或实现特定目标的问题。

1．强化学习概述

强化学习主要包括智能体、环境状态、奖励和动作 4 个元素以及一个状态。例如，作为一个决策者有学习和打游戏这两个动作，当决策者去打游戏时就会导致学习成绩下降，学习成绩就是决策者的状态，决策者的父母看到决策者的学习成绩会对决策者进行相应的奖励和惩罚。所以经过一定次数的迭代，决策者就会知道在什么样的成绩下选择什么样的动作能够得到最高的奖励，这就是强化学习的主要思想。图 3-4 所示为强化学习的模型。

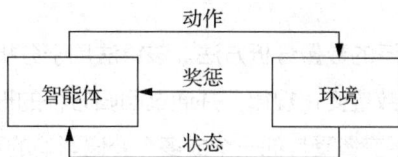

图 3-4　强化学习的模型

强化学习是带有激励机制的，即如果机器行动正确，则施予一定的"正激励"；如果机器行动错误，则会给出一定的惩罚，也可称为"负激励"。在这种情况下，机器将会考虑在一个环境中如何行动才能达到激励的最大化，具有一定的动态规划思想。例如，在贪吃蛇游戏中，贪吃蛇需要通过不断吃到"食物"来加分。为了不断提高分数，贪吃蛇需要考虑在自身位置上如何转向才能吃到"食物"，这种学习过程便可理解为一种强化学习。

2. 强化学习的应用

强化学习通常被用在机器人技术（如机械狗）上，它接收机器人的当前状态，算法的目标是训练机器做出各种特定行为。其工作流程一般如下：机器被放置在一个特定环境中，在这个环境中，机器可以持续性地进行自我训练，而环境会给出或正或负的反馈。机器会从以往的行动经验中得到提升，并最终找到最适合的知识来帮助它做出最有效的行为决策。

强化学习最为火热和被大众熟知的应用是谷歌 AlphaGo 的升级产品——AlphaGo Zero。相较于 AlphaGo，AlphaGo Zero 舍弃了先验知识，不再需要人为设计特征，直接将棋盘上黑、白棋子的摆放情况作为原始数据输入到模型中，使用强化学习来自我博弈，不断提升自己从而最终出色完成下棋任务。AlphaGo Zero 的成功，证明了在没有人类经验的指导下，强化学习依然能够出色地完成指定任务。

传统深度学习已经能很好地解决机器的感知和识别问题，但人类对机器智能的要求显然不止于此，能够应对复杂现实中决策型问题的强化学习，以及二者的融合，自然成为人工智能应用未来的重点发展方向。

3.3 机器学习常用算法

机器学习算法的研究起步于 20 世纪 50 年代，经过不断发展，其种类已颇为繁多，然而，经得起实践和时间考验的经典机器学习算法数量很有限。机器学习算法的理论基础知识繁多，如概率统计、集合论、空间几何、图论、矩阵论等，本节将去除机器学习常用算法由于结构细化和公式展开所带来的复杂感，揭开机器学习算法的神秘面纱，使算法的整体轮廓和原理得以更清晰地呈现。本节将介绍常用的回归算法、聚类算法、降维算法、决策树算法、贝叶斯算法、支持向量机（Support Vector Machine，SVM）算法、关联规则算法、遗传算法（Genetic Algorithm，GA）等机器学习算法。

3.3.1 回归算法

回归算法是一种应用极为广泛的数量分析方法。该算法用于分析事物之间的统计关系，侧重考察变量之间的数量变化规律，并通过回归方程的形式描述和反映这种关系，以帮助人们准确把握变量受其他一个或多个变量影响的程度，进而为预测提供科学依据。

3.5 回归算法

1. 回归算法概述

回归算法是处理多变量间相关关系的一种数学方法。相关关系不同于函数关系，后者反映了变量间的严格依存性，而前者则表现出一定程度的波动性或随机性，对自变量的每一个取值，因变量可以有多个数值与之相对应。在统计上，研究相关关系可以运用回归分析和相关分析。在大数据分析中，回归分析是一种预测性的建模技术，其研究内容是因变量（目标）和自变量（预测器）之间的关系，这种技术通常用于预测分析、时间序列模型以及发现变量之间的因果关系。

当自变量为非随机变量而因变量为随机变量时，它们的关系分析称为回归分析；当两者都是随机变量时，它们的关系分析称为相关分析。根据回归分析建立的变量间的数学表达式称为回归方程。回归方程反映在自变量固定的条件下，因变量的平均状态变化情况。相关分析是以某一指标来度量回归方程所描述的各个变量间关系的密切程度。相关分析常用回归分析来补充，两者相辅相成，若通过相关分析显示出变量间关系非常密切，则通过所建立的回归方程可获得相当准确的取值。

通过回归分析，可以建立变量间的数学表达式。利用概率统计基础知识进行分析，可以判断所建立的经验公式的有效性。进行因素分析时，可以确定影响某一变量的若干变量（因素）中何者为主要，何者为次要，以及它们之间的关系。具有相关关系的变量之间虽然具有某种不确定性，但是通过对现象的不断观察，可以发现它们之间的统计规律等各种可用回归分析方式解决的问题。回归分析会先确定要进行预测的因变量，再集中说明变量，进行多元回归分析。多元回归分析将给出因变量与说明变量之间的关系，这一关系最后以公式（模型）形式给出，通过它可以预测因变量的未来值。

2．回归算法的分类

回归算法可以分为线性回归（Linear Regression）、逻辑回归（Logistic Regression）、多项式回归（Polynomial Regression）、逐步回归（Step-wise Regression）、岭回归（Ridge Regression）、套索回归（Lasso Regression）和弹性回归（Elastic Net Regression）等。

（1）线性回归

线性回归就是将输入项分别乘以一些常量，再将结果相加得到输出。线性回归包括一元线性回归和多元线性回归。线性回归分析中如果仅有一个自变量与一个因变量，且其关系大致上可用一条直线表示，则称之为简单线性回归分析。多元线性回归分析是简单线性回归分析的推广，指的是多个因变量对多个自变量的回归分析，其中最常用的是只限于一个因变量但有多个自变量的情况，也称多重回归分析。对于线性回归问题，样本点落在空间中的一条直线上或该直线的附近，因此可以使用一个线性函数表示自变量和因变量间的对应关系。

定义线性方程组 $Xw=y$，在线性回归问题中，X 是样本数据矩阵，y 是期望值向量。也就是说，对于线性回归问题，X 和 y 是已知的，要解决的问题是，求取一个最合适的向量 w，使得线性方程组能够尽可能地满足样本点的线性分布。之后即可利用求得的 w 对新的数据点进行预测。

线性回归示意图如图 3-5 所示。

（2）逻辑回归

逻辑回归是一种典型的非线性回归，逻辑回归的目标是发现特征与特定结果

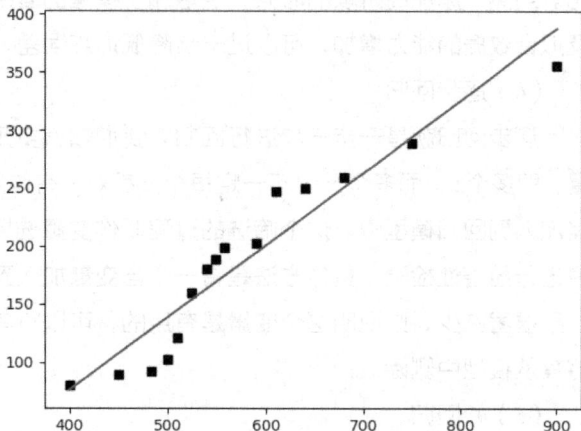

图 3-5　线性回归示意图

43

的可能性之间的联系。逻辑回归的名字虽然是回归，但是更多用于分类问题，即输出只有两种，分别代表两个类别，如 0 或 1。这里的 0 或 1 在实际应用中有着真实的意义，如垃圾邮件的分类、天气的预测、疾病的判断等。对于类别，人们通常称正类和负类，垃圾邮件分类的例子中，正类就是正常邮件，负类就是垃圾邮件。例如，当根据学习的小时数预测学生是否通过考试时，分类变量有两个值：通过和失败。逻辑回归因其简单、可并行化、可解释强深受工业界喜爱。

逻辑回归与线性回归都是一种广义线性模型。逻辑回归假设因变量 y 服从伯努利分布，而线性回归假设因变量 y 服从高斯分布。因此逻辑回归与线性回归有很多相同之处，去除 Sigmoid 映射函数的话，逻辑回归算法就是一个线性回归。可以说，逻辑回归是以线性回归为理论进行支持的，但是逻辑回归通过 Sigmoid 函数引入了非线性因素，因此可以轻松处理 0/1 分类问题。

逻辑回归的过程如下：面对一个回归或者分类问题，建立代价函数，然后通过优化方法迭代求解出最优的模型参数，最后测试验证这个求解模型的好坏。与线性回归相比，逻辑回归可以较好地处理非线性关系，但是它需要更多的数据才能取得稳定的结果。图 3-6 显示了逻辑回归的示意图。可以看到 Sigmoid 函数是一个 s 形的曲线，它的取值在[0, 1]区间，在远离 0 的地方，函数的值会很快接近 0 或者 1，它的这个特性对于解决二分类问题十分重要。

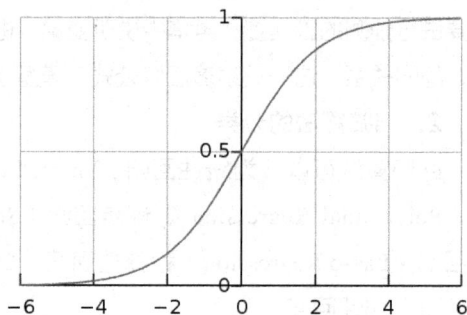

图 3-6　逻辑回归示意图

（3）多项式回归

线性回归中使用的假设函数是一次方程，假设数据集呈简单线性关系，但实际情况中很多数据集是非线性的关系，直线方程无法很好地拟合数据的情况，此时可以尝试使用多项式回归。多项式回归中加入了特征的更高次方，就相当于增加了模型的自由度，用来捕获数据中非线性的变化。当然，添加高阶项的时候，也增加了模型的复杂度。随着模型复杂度的升高，模型的容量以及拟合数据的能力增加，可以进一步降低训练误差，但导致过拟合的风险随之增加。

（4）逐步回归

逐步回归就是一步一步进行回归。我们知道多元回归中的元是指自变量，多元就是多个自变量，即多个 x。而多个 x 中不一定每个 x 都对 y 有作用。这就需要对不起作用的 x 进行筛选，不将其加入到回归模型中。这个筛选的过程叫作变量选择。而自变量是否有用的判断依据就是对自变量进行显著性检验。具体方法是将一个自变量加入到模型中时，观察残差平方和是否显著减少。如果显著减少，则说明这个变量是有用的，可以将其加入到模型中；否则说明它是无用的，可以将其从模型中删除。

（5）岭回归

线性回归的最主要问题是对异常值敏感。在真实世界的数据收集过程中，经常会遇到错误的度量结果。而线性回归使用的是普通最小二乘法，其目标是使平方误差最小化。由于异常值误差的绝对值很大，因此会破坏整个模型。此时就需要引入正则化项的系数作为阈值来消除异常的影响，这个方法称为岭回归。

（6）套索回归

线性回归的另一种正则化叫作最小绝对收缩和选择算子回归（Least Absolute Shrinkage and Selection Operator Regression），简称 LASSO 回归或套索回归。与岭回归一样，它也是向成本函数增加一个正则项，但是它增加的是权重向量的 L1 范数，而不是 L2 范数的平方的一半。

（7）弹性回归

岭回归的结果表明，它虽然在一定程度上可以拟合模型，但是容易导致回归结果失真；而套索回归虽然能刻画模型代表的现实情况，但是模型过于简单，不符合实际。弹性回归则一方面达到了岭回归对重要特征选择的目的，另一方面又像套索回归那样删除了对因变量影响较小的特征，取得了很好的效果。当多个特征和另一个特征相关的时候，弹性网络非常有用。套索回归倾向随机选择其中一个，而弹性回归倾向选择其中两个。

3. 回归算法的应用场景

回归算法是机器学习中常用的数据统计方法之一，在科研、商业方面都有广泛的应用。通过回归算法可以确定许多领域中各个因素（数据）之间的关系，从而可以进行预测、分析数据。下面是 3 个典型的回归算法的应用场景。

（1）机场客流量分布预测

为了有效利用机场资源，机场正利用大数据技术提升生产运营的效率。机场内需要不断提升运行效率的资源包括航站楼内的各类灯光设备、电梯、值机柜台、商铺、广告位、安检通道、登机口，以及航站楼外的停机位、廊桥、车辆（摆渡车、清洁车、物流车、能源车）。要想提升这些资源的利用率，首先需要知道未来一段时间将会有多少旅客或航班会使用这些资源，其次需要精准的调度系统来调配这些资源并安排服务人员，帮助机场提升资源利用效率，保障机场安全，提升服务质量。根据海量机场 Wi-Fi 数据及安检、登机、值机数据，可以通过回归算法实现机场航站楼客流分析与预测。

（2）新浪微博互动量预测

新浪微博作为中国最大的社交媒体平台之一，旨在为用户发布的公开内容提供快速传播的通道，提升内容和用户的影响力。对于一条原创博文而言，转发、评论、点赞等互动行为能够体现出用户对于博文内容的兴趣程度，也是对博文进行分发控制的重要参考指标。根据抽样用户的原创博文在发表一天后的转发、评论、点赞总数，可以通过回归算法建立博文的互动模型，并预测用户后续博文在发表一天后的互动情况。

（3）青藏高原湖泊面积预测

全球气候变化对青藏高原的湖泊水储量有很大影响，因此精确地估计青藏高原湖泊面积变化对于研究气候变化来说非常重要。海量多源异构数据和大数据处理与挖掘技术给湖泊面积变化研究带来了新的解决思路：可以通过多源数据对青藏高原的湖泊面积进行预测，将大数据技术应用到全球气候变化研究中。通过回归算法研究青藏高原湖泊面积变化的多种影响因素，可构建青藏高原湖泊面积预测模型。

3.3.2 聚类算法

聚类就是将相似的事物聚集在一起，将不相似的事物划分到不同类别的过程，是数据挖掘中一种重要的方法。聚类算法的目标是将数据集合分成若干簇，使得同一簇内的数据点相似度尽可能大，而不同簇间的数据点相似度尽可能小。聚类能在未知模式识别问题中，从一堆没有标签的数据中找到其中的关联关系。

1. 聚类算法概述

聚类技术是一种无监督学习，是研究样本或指标分类问题的一种统计分析方法。聚类与分类的区别是其要划分的类是未知的。常用的聚类分析方法有系统聚类法、有序样品聚类法、动态聚类法、模糊聚类法、图论聚类法和聚类预报法等。

在进行聚类分析时，应注意以下几点。

（1）可伸缩性

常规的聚类算法对于小数据集（如对象数小于 200）的聚类效果较好，但对于包含几百万对象的大数据集聚类效果较差。例如，基于随机选择的聚类算法改进了大型应用中的聚类方法的聚类质量，拓展了数据处理量的伸缩范围，具有较好的聚类效果，但是它的计算效率较低，且对数据输入顺序敏感，只能聚类凸状或球形边界。

（2）处理不同类型属性的能力

许多算法是用于聚类数值类型的数据的，但是应用可能需要聚类其他类型的数据，如二元（Binary）类型、分类/标称（Categorical/Nominal）类型、序数（Ordinal）类型数据或者这些数据类型的混合。

（3）发现任意形状的聚类

许多聚类算法基于欧几里得或者曼哈顿距离度量来决定聚类，基于这样的距离度量的算法倾向发现具有相近尺度和密度的球状簇。但是一个簇可能是任意形状的，提出能发现任意形状簇的算法是很重要的。

（4）输入参数的选择

聚类结果对于输入参数十分敏感，参数通常很难确定，特别是对于包含高维对象的数据集来说。许多聚类算法在聚类分析中要求用户输入一定的参数，如希望产生的簇的数目。这样不仅加重了用户的负担，还使得聚类的质量难以控制。

（5）处理"噪声"数据的能力

绝大多数现实中的数据库包含了孤立点、缺失或者错误的数据，若一些聚类算法对于这样的数据敏感，则可能导致得到低质量的聚类结果。

（6）对于输入记录的顺序不敏感

一些聚类算法对于输入数据的顺序是敏感的。例如，对于同一个数据集合，当以不同的顺序被交给同一个算法时，可能生成差别很大的聚类结果。开发对数据输入顺序不敏感的算法具有重要的意义。

（7）高维度

一个数据库可能包含若干维或者属性。许多聚类算法擅长处理低维的数据，可能只涉及二维、三维。人类的眼睛最多在三维的情况下能够很好地判断聚类的质量。在高维空间中，聚类数据对象是非常有挑战性的，特别是考虑到这样的数据可能分布非常稀疏，而且高度偏斜。

（8）基于约束的聚类

在实际应用中，可能需要在各种约束条件下进行聚类。假设某项工作是在一个城市中为给定数目的自动提款机选择安放位置，为了做出决定，决策者可以对住宅区进行聚类，同时要考虑诸如城市的河流和公路网、每个地区的客户要求等情况，要找到既满足特定的约束又具有良好聚类特性的数据分组是一项具有挑战性的任务。

（9）可解释性和可用性

用户希望聚类结果是可解释的、可理解的和可用的。也就是说，聚类可能需要和特定的语义解释和应用相联系。应用目标如何影响聚类方法的选择也是一个重要的研究方向。

2. 聚类算法的分类

很难对聚类算法提出一个简洁的分类，因为这些类别可能重叠，从而使得一种算法具有几种分类的特征。尽管如此，对不同的聚类算法提出一个相对有组织的描述仍然是有用的。聚类算法主要有以下 5 种分类方式。

（1）基于划分的聚类算法

给定一个有 N 个元组或者记录的数据集，分裂法将构造 K 个分组，每一个分组就代表一个聚类，其中 $K<N$，且这 K 个分组满足两个条件，一是每一个分组至少包含一个数据记录，二是每一个数据记录属于且仅属于一个分组（该条件在某些模糊聚类算法中可以放宽）。对于给定的 K，算法先给出一个初始的分组方法，再通过反复迭代的方法改变分组，使得每一次改进之后的分组方案都较前一次好，而所谓好的标准就是同一分组中的记录越近越好，而不同分组中的记录越远越好。其代表算法有 K-Means 算法、K-Medoids 算法和 CLARANS 算法等。

（2）基于层次的聚类算法

基于层次的聚类算法对给定的数据集进行层次分解，直到满足某种条件为止。层次方法具体又可分为"自底向上"和"自顶向下"两种。在自底向上方案中，初始时每一个数据记录都组成一个单独的组，在接下来的迭代中，其把那些相互邻近的组合并成一个组，直到所有的记录组成一个分组或者满足某个条件为止。其代表算法有 BIRCH 算法、CURE 算法和 Chameleon 算法等。

（3）基于密度的聚类算法

基于密度的聚类算法与其他算法的一个根本区别是其聚类原理不是基于各种距离的，而是基于密度的，这样就能克服基于距离的算法只能发现"类圆形"的聚类的缺点。只要一个区域中的点的密度大于某个阈值，密度方法就会把它加入到与之相近的聚类中。其代表算法有 DBSCAN 算法、OPTICS 算法和 DENCLUE 算法等。

（4）基于网格的聚类算法

基于网格的聚类算法会先将数据空间划分成为有限个单元的网格结构，所有的处理都以单个的单元为对象。这样处理的一个突出优点是处理速度很快，通常与目标数据库中记录的个数无关，而只与把数据空间分为多少个单元有关。其代表算法有 STING 算法、CLIQUE 算法和 Wave-Cluster 算法等。

（5）基于模型的聚类算法

基于模型的聚类算法给每一个聚类假定一个模型，并去寻找能够很好地满足这个模型的数据集。这样一个模型可能是数据点在空间中的密度分布函数或者其他函数，它的一个潜在的假设是目标数据集是由一系列的概率分布所决定的。通常，基于模型的方法有统计的方法和神经网络的方法两种。

当然，除上述常用的 5 种聚类算法以外，还有传递闭包法、布尔矩阵法、直接聚类法、相关性分析聚类法等。

3．聚类算法的应用场景

K-Means 算法也叫作 K 均值聚类算法，它是最著名的基于划分的聚类算法，其简洁和效率高的特点使得它成为所有聚类算法中最为广泛使用的算法。其步骤是随机选取 K 个对象作为初始的聚类中心，并计算每个对象与各个种子聚类中心之间的距离，把每个对象分配给距离它最近的聚类中心。聚类中心以及分配给它们的对象就代表一个聚类。每分配一个样本，聚类中心会根据聚类中现有的对象被重新计算。这个过程将不断重复，直到满足以下任何一个终止条件。

（1）没有（或最小数目）对象被重新分配给不同的聚类。

（2）没有（或最小数目）聚类中心再发生变化。

（3）误差平方和局部最小。

图 3-7 所示为 K-Means 算法的实现，最终将数据点聚为两类。

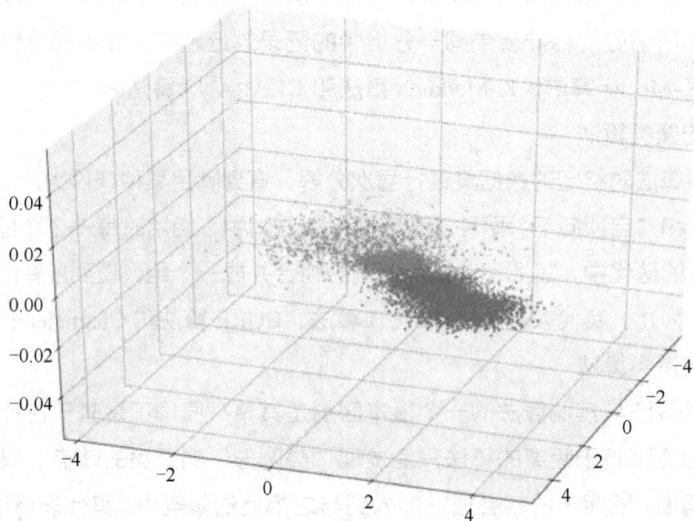

图 3-7　K-Means 算法的实现

3.3.3　降维算法

降维就是一种针对高维度特征进行的数据预处理方法，是应用非常广泛的数据预处理方法。

1．降维算法概述

降维算法指对高维度的数据保留下最重要的一些特征，去除噪声和不重要的特征，从而实现提升数据处理速度的目的。在实际的生产和应用中，在一定的信息损失范围内，降维可以节省大量的时间和成本。

机器学习领域中所谓的降维就是指采用某种映射方法，将原高维空间中的数据点映射到低维度的空间中。降维的本质是学习一个映射函数 f: $x{\rightarrow}y$，其中 x 是原始数据点的表达，目前多使用向量表达形式；y 是数据点映射后的低维向量表达，通常 y 的维度低于 x 的维度（当然，提高维度也是可以的）；f 可能是显式的/隐式的、线性的/非线性的。

2．降维算法的分类

降维常用的算法有主成分分析（Principal Component Analysis，PCA）法和因子分析（Factor Analysis，FA）法。

（1）主成分分析法

主成分分析法是一种使用最广泛的数据降维算法，它试图在保证数据信息丢失最少的原则下，对多个变量进行最佳综合简化，即对高维变量空间进行降维处理。其主要思想是将 n 维特征映射到 k 维上，k 维特征是全新的正交特征，也被称为主成分，是在原有 n 维特征的基础上重新构造出来的。PCA 法的工作就是从原始的空间中顺序地找一组相互正交的坐标轴，新的坐标轴的选择与数据本身是密切相关的。转换坐标系时，以方差最大的方向作为坐标轴方向，因为数据的最大方差给出了数据的最重要的信息。

（2）因子分析法

因子分析法是从假设出发。它假设所有的自变量 x 出现的原因是其背后存在一个潜变量 f（即因子），在这个因子的作用下，x 可以被观察到。因子分析法是通过研究变量间的相关系数矩阵，把这些变量间错综复杂的关系归结成少数几个综合因子，并据此对变量进行分类的一种统计分析方法。因子分析法会将原始变量转换为新的因子，这些因子之间的相关性较低，而因子内部的变量相关程度较高。例如，若一个学生的数学、化学、物理都考了满分，则认为这个学生理性思维较强，理性思维就是一个因子，在这个因子的作用下，理科的成绩才会那么高。

因子分析法有几个主要目的：一是进行结构的探索，在变量之间存在高度相关性的时候希望用较少的因子来概括其信息；二是把原始变量转换为因子得分后，使用因子得分进行其他分析，从而简化数据，如聚类分析、回归分析等；三是通过每个因子得分计算出综合得分，对分析对象进行综合评价。

3．降维算法的应用场景

降维算法通常应用于数据压缩与数据可视化中。因为数据压缩或者数据降维首先能够减少内存或者硬盘的使用，如果内存不足或者计算的时候出现内存溢出等问题，则需要使用降维算法获取低维度的样本特征，同时数据降维能够加快机器学习的速度。在数据可视化的情况下，可能需要查看样本特征，但是高维度的特征根本无法观察，此时，可以将样本的特征降维到二维或者三维，这样就可以采用可视化的方法观察数据。

3.3.4 决策树算法

决策树算法是应用最广的归纳推理算法之一。它是一种逼近离散值函数的方法，对噪声数据有很好的鲁棒性且能够学习析取表达式，决策树学习方法会搜索一个完整表示的假设空间，从而避免受限于假设空间的不足，决策树学习的归纳偏置是优先选择较小的树。

3.7　决策树算法

1. 决策树算法概述

通过决策树学习到的函数被表示为一棵决策树，学习得到的决策树也能再被表示为多个决策树选择的规则，以提高可读性。决策树算法是最流行的归纳推理算法之一，已经被成功地应用到从学习医疗诊断到学习评估贷款申请的信用风险等的广阔应用领域中。

典型的决策树示例如图 3-8 所示。

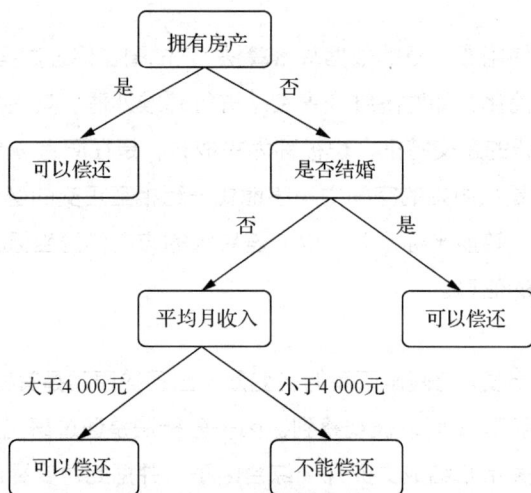

图 3-8　典型的决策树示例

图 3-8 所示为一棵结构简单的决策树，用于预测贷款用户是否具有偿还贷款的能力。贷款用户主要具备是否拥有房产、是否结婚和平均月收入这 3 个属性。每一个内部节点都表示一个属性条件判断，叶子节点表示贷款用户是否具有偿还能力。例如，用户甲没有房产，没有结婚，月收入 5 000 元。通过决策树的根节点判断，用户甲符合右边分支（未拥有房产）；再判断是否结婚，用户甲符合左边分支（未婚）；最后判断平均月收入是否大于 4 000 元，用户甲符合左边分支（月收入大于 4 000 元），该用户落在"可以偿还"的叶子节点上。所以预测用户甲具备偿还贷款的能力。

尽管已经开发的各种决策树算法有各自的能力和要求，但是通常决策树算法最适合应用在具有以下 5 种特征的问题上。

（1）实例由属性-值对表示。实例是用一系列固定的属性和它们的值来描述的，在最简单的决策树学习中，每一个属性取少数的离散的值。同时，扩展的算法允许处理值域为实数的属性。

（2）目标函数具有离散的输出值。图 3-8 所示的典型的决策树示例给每个实例赋予一个布尔型的分类。决策树算法很容易扩展到学习有两个以上输出值的函数。一种更强有力的扩展算法允许学习具有实数值输出的函数，尽管决策树在这种情况下的应用不是特别常见。

（3）可能需要析取的描述。图 3-8 所示的决策树很自然地代表了析取表达式。

（4）训练数据包含错误。决策树算法对错误有很好的鲁棒性，无论是训练样例所属的分类错误还是描述这些样例的属性值错误。

（5）训练数据包含缺少属性值的实例。决策树算法甚至可以在有未知属性值的训练样例中使用。

很多实际的问题具有如上所述的特征，所以决策树算法已经被应用到很多实际问题中。

随机森林指的是利用多棵树对样本进行训练并预测的一种分类器。随机森林就是由多棵 CART 树构成的。随机森林在两方面具有随机性：一是样本的随机性，对于每棵树，它们使用的训练集是从总的训练集中有放回采样出来的，即总的训练集中的有些样本可能多次出现在一棵树的训练集中，也可能从未出现在一棵树的训练集中；二是特征的随机性，在训练每棵树的节点时，使用的特征是从所有特征中按照一定比例随机地无放回抽取出来的。

2．决策树算法的流程

决策树通过从根节点排列（Sort）到某个叶子节点来分类实例，叶子节点即为实例所属的分类。树上的每一个节点说明对实例的某个属性（Attribute）的测试，并且该节点的每一个后继分支对应于该属性的一个可能值。分类实例的方法是从这棵树的根节点开始，测试这个节点指定的属性，按照给定实例的该属性值对应的树枝向下移动，并在以新节点为根的子树上重复这个过程。

决策树是附加概率结果的一个树状的决策图，是直观地运用统计概率分析的图形分析法。机器学习中的决策树是一个预测模型，它表示对象属性和对象值之间的一种映射，树中的每一个节点表示对象属性的判断条件，其分支表示符合节点条件的对象。树的叶子节点表示对象所属的预测结果。

3．决策树算法的应用

决策树算法可以应用在很多领域中，例如，根据疾病分类患者、根据起因分类设备故障、根据拖欠支付的可能性分类贷款申请。对于这些问题，决策树算法的核心任务是把样例分类到各可能的离散值对应的类别中，因此这些问题经常被称为分类问题。

3.3.5　贝叶斯算法

贝叶斯算法是对部分未知的状态进行主观概率估计，并使用贝叶斯公式对发生概率进行修正，最后利用期望值和修正概率做出最优决策。

1．贝叶斯算法概述

贝叶斯算法是统计模型决策中的一个基本方法，其基本思想是已知条件概率密度参数表达式和先验概率，利用贝叶斯公式转换成后验概率，再根据后验概率的大小进行决策分类。贝叶斯是一种使用先验概率进行处理的模型，其最后的预测结果就是具有最大概率的那个类。在概率的计算中，贝叶斯算法是一个很重要的算法。

在贝叶斯分类过程中，属性的选择对分类结果而言很重要，用不同的属性计算的结果会有差别。朴素贝叶斯的一个特点是条件独立性，也就是说，在使用朴素贝叶斯进行分类时，不考虑属性之间的任何联系，朴素贝叶斯可以将问题简单化。

2. 贝叶斯算法的原理

为了更好地理解和应用贝叶斯算法，本节先介绍一些概率的相关知识，这些知识都将应用于贝叶斯算法中。

（1）条件概率

条件概率是一种生活中经常用到的概率计算表达式。例如，在今天下雨的情况下，明天下雨的概率是多少？这就是一个条件概率的问题。用比较规范的语言描述，在事件 A 发生的情况下，B 发生的概率是多少？也就是求事件 B 的条件概率。

设 A，B 是两个事件，并且 $P(A)>0$，那么在事件 A 发生的情况下，事件 B 发生的概率见式 3-1。

$$P(B \mid A) = \frac{P(AB)}{P(A)} \tag{3-1}$$

有时候需要考虑两个事件同时发生的概率，即事件 A 和事件 B 的联合概率，记为 $P(AB)$，见式 3-2。

$$P(AB) = P(A)P(B \mid A) \tag{3-2}$$

当 A 发生时，B 也发生的概率即为事件 A 和事件 B 同时发生的概率。假设影响事件 A 的事件有 $B_1, B_2, B_3, \cdots, B_n$，并且满足条件 $B_i \cap B_j = \varnothing$，$P(\cup B_i) = 1$，$P(B_i) > 0$，$i=1,2,3,\cdots,n$，则 A 发生的概率见式 3-3。

$$P(A) = \sum_{i=1}^{n} P(B_i)P(A \mid B_i) \tag{3-3}$$

（2）贝叶斯定理

有些事件的概率事先是不知道的，但可以根据手上的资料和相应的经验来估计其发生的概率，这样的概率称为先验概率。如果先验概率是根据手上的资料得到的，则称为客观先验概率；如果是通过经验确定的概率，则称为主观先验概率。与先验概率相对应的就是后验概率，后验概率是指通过贝叶斯公式和调查，对原先的先验概率进行修正，得到的更加准确的概率。

（3）朴素贝叶斯算法

朴素贝叶斯算法是最常用的一种贝叶斯算法，它是基于贝叶斯公式建立的，公式为式 3-4。

$$P(A \mid B) = \frac{P(B \mid A)P(A)}{P(B)} \tag{3-4}$$

式中，$P(A|B)$ 表示 B 已经发生时 A 发生的概率，如 P（感冒|打喷嚏、发热）表示出现打喷嚏和发热症状时感冒的概率；$P(A)$ 就是指没有前提条件时 A 发生的概率。

朴素贝叶斯公式的"朴素"二字基于一种假定，即"所有的特征都是独立的"，只有满足了这个假定才能使用朴素贝叶斯，见式 3-5。

P（打喷嚏、流鼻涕、发热|感冒）$=P$（打喷嚏|感冒）P（流鼻涕|感冒）P（发热|感冒）　（3-5）
这表示感冒时同时出现打喷嚏、流鼻涕、发热 3 种症状的概率。

3. 贝叶斯算法的应用场景

贝叶斯算法主要用于计算概率以完成分类及预测等问题，如对新闻、文本以及病人等各种情况的分类及预测等。

例　假设有两个各装了 100 个球的箱子，甲箱子中有 70 个红球、30 个绿球，乙箱子中有 30 个红球、70 个绿球。假设随机选择其中一个箱子，从中取出一个球，记下球色并放回原箱子，如此重复 12 次，记录得到 8 次红球、4 次绿球。求解下一次选择的箱子是甲箱子的概率。

解　刚开始选择甲/乙箱子的先验概率都是 50%，即

$$P（甲）=0.5，P（乙）=1-P（甲）$$

在取出一个球是红球的情况下，应该根据这个信息来更新选择的是甲箱子的先验概率。

P（甲|红球 1）$=P$（红球|甲）$\times P$（甲）$/$（P（红球|甲）$\times P$（甲）$+$（P（红球|乙）$\times P$（乙）））

其中，P（红球|甲）表示甲箱子中取到红球的概率，P（红球|乙）表示乙箱子中取到红球的概率。

因此，在出现一个红球的情况下，选择的是甲箱子的先验概率可被修正为

$$P（甲|红球 1）= 0.7\times0.5 /（0.7\times0.5 + 0.3\times0.5）= 0.7$$

即在出现一个红球之后，甲/乙箱子被选中的先验概率被修正为

$$P（甲）= 0.7，P（乙）= 1-P（甲）= 0.3$$

如此重复，直到经历 8 次红球修正（概率增加）、4 次绿球修正（概率减少）之后，下一次选择的是甲箱子的概率为 96.7%。

3.3.6　支持向量机算法

支持向量机算法是一种支持线性分类和非线性分类的二元分类算法。经过演进，其现在也支持多元分类，被广泛地应用在回归以及分类当中。支持向量机算法在 1963 年由弗拉基米尔·瓦普尼克等人提出。它的提出解决了传统方法中遇到的问题，可以很好地解决非线性、小样本和高维的问题。根据实践检验，它在这些方面都表现出了良好的性能。在实际应用中，支持向量机算法不仅能用于二元分类，还可用于多元分类。支持向量机算法在垃圾邮件处理、图像特征提取及分类、空气质量预测等多个领域都有应用，已成为机器学习领域中不可缺少的一部分。

3.8　支持向量机算法

1. 支持向量机算法概述

支持向量机主要分为线性可分支持向量机、线性不可分支持向量机和非线性支持向量机三大类。线性可分支持向量机指在二维平面内可以用一条线清晰分开两个数据集；线性不可分支持向量机指在二维平面内用一条线分开两个数据集时会出现误判点；非线性支持向量机指用一条线分开两个数据集时会出现大量误判点，此时需要采取非线性映射将二维平面扩展为三维立体空间，并寻找一个平面清晰地切开数据集。

2. 支持向量机算法的原理

支持向量机算法可以简单地描述为对样本数据进行分类，真正对决策函数进行求解。先找到分类问题中的最大分类间隔，再确定最优分类超平面，并将分类问题转化为二次规划问题进行求解。图 3-9 所示为线性可分支持向量机，其中 hyperplane 表示超平面，超平面的定义如下。

（1）在二维空间上，两类点被一条直线完全分开叫作线性可分。线性可分严格的数学定义如下。

D_1 和 D_2 是 n 维欧氏空间中的两个点集。如果存在 n 维向量 w 和实数 b，使得所有属于 D_1 的点 x_1 都有 $wx_1+b>0$，所有属于 D_2 的点 x_2 都有 $wx_2+b<0$，则称 D_1 和 D_2 线性可分。

（2）从二维扩展到多维空间中时，将 D_1 和 D_2 完全正确地划分开的 $wx+b>0$ 即为一个超平面。

（3）为了使这个超平面更具鲁棒性，需要寻找最佳超平面，即以最大间隔把两类样本分开的超平面，也称为最大间隔超平面。其特点是两类样本分别分割在该超平面的两侧，两侧距离超平面最近的样本点到超平面的距离被最大化了。

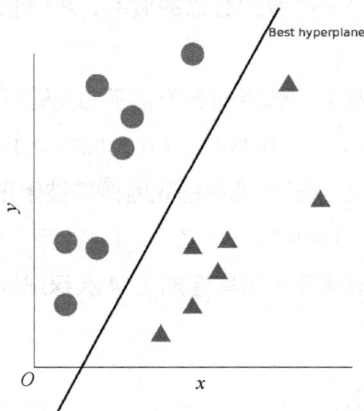

图 3-9　线性可分支持向量机

支持向量机算法自诞生起便由于其良好的分类性能横扫了机器学习领域，在 20 世纪 90 年代后得到快速发展并衍生出一系列改进和扩展算法，包括 C-SVC、最小二乘 SVM（Least-Square SVM，LS-SVM）、支持向量回归（Support Vector Regression，SVR）、支持向量聚类（Support Vector Clustering，SVC）、半监督 SVM（Semi-Supervised SVM，S3VM）等。

3. 支持向量机算法的应用场景

支持向量机算法在非线性分类、函数逼近、模式识别等应用中有非常好的推广能力，摆脱了长期以来形成的从仿生学的角度构建机器学习的束缚。与层次分析法、逻辑回归分析法和 BP 神经网络相比，支持向量机算法具有更坚实的数学理论基础，可以有效地解决有限样本条件下的高维数据模型构建问题，并具有泛化能力强、收敛到全局最优、维数不敏感等优点。

3.3.7　关联规则算法

关联规则算法是一种很重要的数据挖掘的知识模式。1993 年，拉凯什·阿格拉瓦（Rakesh

Agrawal)、托马斯·伊米林斯基（Tomasz Imielinski）、阿伦·斯瓦米（Arun Swami）等人率先提出关联规则的概念。关联规则是数据中一种简单但具有很大实际意义的规则。关联规则算法常用来描述数据之间的相关关系，关联规则模式属于描述型模式，挖掘关联规则的算法和聚类算法类似，属于无监督学习的方法。

1. 关联规则算法概述

由关联规则定义可知，任意事务中的两个项集都可以通过算法挖掘出关联规则，只不过挖掘出的关联规则在属性值上不尽相同。在关联规则中通常用支持度和置信度这两个属性值来直接描述关联规则的性质。在挖掘关联规则的过程中，如不考虑支持度和置信度的阈值，就会从数据库中寻找到无穷多的关联规则。但实际生活中，需要有实际意义的关联规则来体现数据隐含的规律。因此，为了更好地挖掘出有实际意义的关联规则，需要为这两个值事先设定一个最小值，即最小支持度和最小置信度。挖掘出的关联规则必须满足最小支持度和最小置信度，通常把同时满足这两个值的规则称为强关联规则。

关联规则挖掘的过程主要包括两个阶段，第一阶段必须从数据集中找到所有的频繁项集，第二阶段再从这些频繁项集中产生强关联规则。挖掘的第一阶段必须要在原始数据集中进行，目的是找出所有频繁项集。项目组出现的频率称为支持度，以包含 A 与 B 两个项目的 2-项集为例，可以求得 $\{A,B\}$ 项目组的支持度，若支持度大于最小支持度阈值，则 $\{A,B\}$ 就为频繁项集，一个满足最小支持度的 K-项集被称为频繁 K-项集。关联规则的第二阶段是产生强关联规则，是利用第一阶段所得到的频繁项集来产生规则，在最小置信度阈值下，若某规则的置信度满足最小置信度，则称为强关联规则。

2. 关联规则算法的分类

用于挖掘关联规则的主要算法有以下 3 种。

（1）Apriori 算法

关联规则问题是数据挖掘领域一个最基本、最重要的问题，其可以通俗地理解为两个项或多个项之间的描述。由于生活中很多事物的联系并不能精确地表示，于是出现了以概率统计为基础的经典算法，Apriori 算法就是其中最具影响力的算法。

Apriori 算法是以两阶段频繁项集思想为核心的递推算法。它是最有影响力的挖掘布尔关联规则频繁项集的算法，挖掘出的关联规则属于单维、单层、布尔型的关联规则。

Apriori 算法的基本思想是首先在原始数据集中找出所有的频繁项集，它们满足事先定义的最小支持度阈值，然后使用找到的频繁项集生成关联规则，剔除其中不满足最小置信度阈值的关联规则，剩下的关联规则就是同时满足最小支持度和最小置信度阈值的强关联规则。

（2）FP-Growth 算法

Apriori 算法虽然简单准确，但因其需要多次迭代生成大量的候选项集，在效率上存在一定缺陷。韩家炜等人提出了一种利用频繁模式树（FP-tree）进行频繁模式挖掘的算法 FP-Growth，这种算法不会产生候选项集。算法在第一遍扫描之后，先将数据库中的频繁项集生成为一棵频繁模式树，并且保留数据之间的关联信息，再将这棵频繁模式树划分为若干个条件库，其中每个库都有一个长度为 1 的频繁项集与之对应，最后分别挖掘这些条件库寻找频繁项集。该算法使用的是典型的"分而治之"的策略。如果原始数据量很大，则可以使用划分的方法，使得一个庞大的频繁模式树同样可以放入到主存储器中。FP-Growth 算法不仅具有 Apriori 算法的准确性和良好的适应性，还有效地解决了 Apriori 算法所存在的效率缺陷。

（3）基于划分的关联规则算法

基于划分的关联规则算法先从逻辑上将数据库分成几个互不相交的分块，每次只对一个分块的数据独立进行分析，生成分块中所有的频繁项集，再把所有分块中产生的频繁项集汇总，得到可能的频繁项集，最后计算这些项集在整个数据库中的支持度，一次生成所有的关联规则。在划分时要限制分块的大小，至少要保证每个分块都能成功地放入主存储器。因为每一个局部频繁项集都能保证在某一个分块中是频繁的，所以算法的正确性得以保证。划分算法是可以高度并行的，可以为每一个分块都分配一个独立的处理器用于生成频繁项集。当一个循环结束后寻找到了每个分块的局部的频繁项集，处理器之间就会以通信的方式来产生全局候选项集，即可能的频繁项集。然而，在实际应用中，通信过程和每个独立处理器生成频繁项集的时间差异往往会导致该算法执行效率不高。

3. 关联规则算法的应用场景

随着关联规则挖掘技术的不断进步，关联规则已经在各行各业中广泛应用，如电商行业、金融行业都可从关联规则算法中受益。电商网站分析用户的购买信息，挖掘出其中潜在的关联规则，并根据关联规则的指导设置相应的交叉销售，即购买一件商品时推荐一些类似的商品，或者对多个具有强相关的商品进行捆绑销售；在金融行业的企业中，基于挖掘出的关联规则，银行可以成功地预测客户需求，改善自身营销方式，为客户提供合适的理财产品。例如，在 ATM 或手机 App 上根据客户的行为信息，宣传银行的相应产品供用户了解，推动产品的购买量。目前，关联规则挖掘的应用正进一步向医疗等领域扩展。

在实际应用中，商品在销售中存在一定的关联性。如果大量的数据表明，消费者购买 A 产品的同时会购买 B 产品，那么 A 和 B 之间存在关联性，记为 $A \rightarrow B$。例如，在超市中，常常会看到两个商品的捆绑销售，很有可能就是关联分析的结果。啤酒与尿布的故事就很好地解释了数据挖掘中的关联规则挖掘的原理。表 3-1 所示为某时刻商品关联关系表，其中的每一行代表一次购买清单（只关注产品种类，而忽略同一产品的购买数量）。数据记录的所有项的集合称为总项集，表中的总项集 $S=\{$ 牛奶,面包,尿布,啤酒,鸡蛋,可乐 $\}$。

表 3-1　某时刻商品关联关系表

时间（Time）	商品（Items）
T1	{ 牛奶,面包 }
T2	{ 面包,尿布,啤酒,鸡蛋 }
T3	{ 牛奶,尿布,啤酒,可乐 }
T4	{ 面包,牛奶,尿布,啤酒 }
T5	{ 面包,牛奶,尿布,可乐 }

不难观察出，购买啤酒就一定会购买尿布，{ 啤酒 } → { 尿布 } 就是一条关联规则。此关联规则的支持度为 support（{ 啤酒 } → { 尿布 }）=啤酒和尿布同时出现的次数/数据记录数=3/5=60%；此关联规则的置信度为 confidence（{ 啤酒 } → { 尿布 }）=啤酒和尿布同时出现的次数/啤酒出现的次数=3/3=100%。

3.3.8 遗传算法

遗传算法是一种启发式的寻优算法，该算法是以进化论为基础发展出来的。它是通过观察和模拟自然生命的迭代进化，建立起一个计算机模型，通过搜索寻优得到最优结果的算法。

1. 遗传算法概述

遗传算法是模拟人类和生物的遗传进化机制形成的一种算法，主要基于达尔文的"物竞天择""适者生存""优胜劣汰"理论。其具体实现流程如下：首先，从初代群体中选出比较适应环境且表现良好的个体；其次，利用遗传算子对筛选后的个体进行组合交叉和变异，生成第二代群体；最后，从第二代群体中选出环境适应度良好的个体进行组合交叉和变异，生成第三代群体，如此不断进化，直至产生末代种群即可得到问题的近似最优解。

（1）遗传算法的主要术语

① 基因：表示个体特征的元素，在遗传算法中通过二进制的形式表现，同时在遗传算法中运用到了自然生命的一些特征，包括基因复制、基因变异等。

② 染色体：遗传算法中是用"0""1"这样的二进制来进行转换的基因个体，一定数量这样的个体组成了群体。

③ 适应度函数：在遗传算法的应用中，设定编码串群体的参数，在基因编码复制、交叉变异、选择下一代个体的工作中，始终以适应度函数为参考标准，通过选择将适应度较高的个体保留下来，重组为新的群体，这样新生成的群体不仅继承了上一代的信息，还比上一代更优。如此循环往复，逐渐迭代，群体中的个体适应度不断被提高，当达到一定条件时，便得到最优个体，遗传算法是相对比较简单的寻优方法，可以并行处理问题，得到的解就是全局最优解。

④ 选择：秉承着寻找最优解的目标，在迭代的过程中，对个体进行优胜劣汰的过程叫作选择，即以适应度评估为基准，挑选出较大值，选择的这一过程对原来的构造并不造成影响。

⑤ 交叉：在遗传算法中，对种群中两个个体的某些基因进行交换和重组，产生新的基因信息，不同于上一代个体的基因组合，这样新的基因组合具有上一代个体的较优基因。

⑥ 变异：为了提高遗传算法寻找最优解的能力，对群体中某个个体基因串中的基因值进行变动。

（2）遗传算法的特点

① 遗传算法对决策变量的编码进行操作，参数信息大，优化效果好。

② 遗传算法对问题的依赖性小。

③ 遗传算法的寻优规则取决于概率。

④ 遗传算法不限制寻优的函数，应用广泛。

⑤ 遗传算法计算更简单，功能更强。

⑥ 遗传算法编码表示不够准确，且没有具体规范约束。

⑦ 遗传算法编码比较单一，不能将优化问题的约束全面地表示出来。

2. 遗传算法的原理

遗传算法是一个迭代的过程，其具体的实现步骤如下所述。

（1）编码

在解决问题之前，要先实现从问题形状到基因的映射，即编码过程，再进行下面的步骤。一般来说，对于编码形式并没有具体要求。对于编码的评估，一般要满足以下 3 个条件：一是完全性，即求解问题的所有候选个体（解）都可以用编码的形式表现出来；二是包含性，即求解问题的所有候选个体（解）都可以在空间中找到；三是对应性，即求解问题的所有候选个体（解）都与编码是相对应的。

编码所用的方法有很多，最常用的方法是二进制编码，即用"0""1"这样的二进制字符组成相应的字符串对候选个体（解）进行表示。二进制编码方法较为简单易行，对分析过程来说也相对容易。

（2）产生初始种群

初始种群是从解中随机选择出来的，将这些解比喻为染色体或基因。为了保证群体的多样性，群体越大越好，以避免出现局部最优的情况；但同时群体规模增大会导致计算量的增加，群体中个体之间的差距也会增大，可能会造成适应度两极化。因此，在选择种群规模时要根据实际情况确定，具体问题具体分析。

（3）计算适应度

给每一个解都设定一个根据解实际接近程度来指定的值，这个值是便于逼近求解问题的答案。

（4）遗传操作

遗传操作包括选择、交叉和变异 3 种基本操作。

（5）解码

解码这一过程将基因表现转化为最初的性状表现。

3. 遗传算法的应用场景

20 世纪 90 年代以后，遗传算法迎来了兴盛发展的时期，无论是理论研究还是应用研究都成了十分热门的课题。尤其是遗传算法的应用研究格外活跃，不但扩大了它的应用领域，而且利用遗传算法进行优化和规则学习的能力显著提高，同时，产业应用方面的研究也在摸索之中。此外，一些新的理论和方法在应用研究中得到了迅速发展，这些无疑都给遗传算法增添了新的活力。遗传算法提供了一种求解复杂系统问题的通用框架，它不依赖于问题的具体领域，对问题的种类有很强的鲁棒性，所以能够广泛应用于很多学科，如工程结构优化、计算数学、制造系统、航空航天、交通、计算机科学、通信、电子学、材料科学等。

（1）在数值优化上的应用

最优化问题是遗传算法的经典应用领域，但采用常规方法对于大规模、多峰态函数、含离散变量等问题的有效解决往往存在许多障碍。对于全局变化问题，目前存在确定性和非确定性两类方法，这两类方法虽然收敛速度快、计算效率高，但算法复杂，求得全局极值的概率不大。实践证明，遗传算法作为现代最优化的手段，应用于大规模、多峰态函数、含离散变量等情况下的全局优化问题是合适的，其在求解速度和质量上远远超过常规方法。

（2）在组合优化中的应用

组合优化（Combinational Optimization）是遗传算法最基本、最重要的研究和应用领域之一。所谓组合优化是指在离散的、有限的数学结构上，寻找一个满足给定约束条件并使其目标函数值达到最大或最小的解。一般来说，组合优化问题通常带有大量的局部极值点，往往是不可微的、不连续的、多维的、有约束条件的、高度非线性的非确定性多项式完全问题，因此，精确地求出组合优化问题的全局最优解一般是不可能的。遗传算法作为一种新型的、模拟生物进化过程的随机化搜索、优化方法，近十几年来在组合优化领域得到了相当广泛的研究和应用，并已在解决诸多典型组合优化问题中显示了良好的性能和效果，如求解背包问题、八皇后问题和作业调度问题等。

（3）在机器学习中的应用

机器学习系统实际上是对人的学习机制的一种抽象和模拟，是一种理想的学习模型。基于符号学习的机器学习系统，如监督型学习系统、条件反射学习系统、类比式学习系统、推理学习系统等，只具备一些较初级的学习能力。近年来，由于遗传算法的发展，基于进化机制遗传学习成为一种新的机器学习方法，它将知识表达为另一种符号形式——遗传基因型，通过模拟生物的进化过程，实现专门领域知识的合理增长型学习。

（4）在并行处理中的应用

遗传算法固有的并行性和大规模并行机的快速发展，促使许多研究者开始研究遗传算法的并行性问题，研究更加接近自然的软件群体。遗传算法与并行计算的结合，能把并行机的高速性和遗传算法固有的并行性的长处结合起来，从而促进了并行遗传算法的研究与发展。

（5）在人工生命中的应用

人工生命是用人工的方法模拟自然生命的特有行为，基于遗传算法进化模型是研究人工生命的主要基础理论之一，因此二者有着密切的关系。遗传算法、遗传编程和进化计算等是人工生命系统开发的有效工具。一般而言，遗传操作过程和进化计算机制非常适用于描述人工生命系统。

（6）在图像处理和模式识别中的应用

图像处理和模式识别是计算机视觉中的一个重要研究领域，在图像处理过程中，如扫描、特征提取、图像侵害等不可避免地会产生一些误差，这些误差会影响到图像处理和识别的效果。如何使这些误差最小是使计算机视觉达到实用化的重要要求。遗传算法在图像处理中的优化计算方面是完全能胜任的，目前已在图像校准、图像侵害、几何形状识别、图像压缩、三维重建优化以及图像检索等方面得到了应用。

（7）在生产调度问题中的应用

在许多情况下，生产调度问题的数学模型难以精确求解，即使经过一些简化之后可以进行求解，也会因简化而使得求解结果与实际相差甚远。因此，目前在现实生产中主要靠一些经验进行调度。遗传算法已成为解决复杂调度问题的有效工具，在单件生产车间调度、流水线车间调度、生产规划、任务分配等方面，遗传算法都得到了有效的应用。

（8）在计算智能中的地位

计算智能系统是在神经网络、模糊系统、进化计算 3 个分支发展相对成熟的基础上，通过相互之间的有机融合而形成的新的科学方法，也是智能理论和技术发展的崭新阶段。这些不同的分支从表面上看各不相同，但实际上它们是紧密相关、互为补充和促进的。近年来的研究发现，神经网络反映了大脑思维的高层次结构；模糊系统模仿低层次的大脑结构；进化系统则与一个生物体种群的进化过程有着许多相似的特征。这些研究方法各自可以在某些特定方面起到特殊的作用，但是也存在一些固有的局限。因此，将这些智能方法有机地融合起来进行研究，就能为建立一种统一的智能系统设计和优化方法提供基础。基于这种考虑，将三者结合起来研究已经成为一种发展趋势。

3.4 小结

（1）机器学习，通俗地讲就是让机器来实现学习的过程，让机器拥有学习的能力，从而改善自身的性能。

（2）监督学习表示机器学习的数据是带标记的，这些标记包括数据类别、数据属性及特征点位置等。

（3）无监督学习的训练样本的标记信息是未知的，目标是通过对无标记训练样本的学习来揭示数据的内在性质及规律。

（4）半监督学习突破了传统方法只考虑一种样本类型的局限性，综合利用了有标签与无标签样本，是在监督学习和无监督学习的基础上进行的研究。

（5）迁移学习是运用已存有的知识，对不同但相关领域的问题进行求解的一种新的机器学习方法。迁移学习放宽了传统机器学习中的两个基本假设，目的是迁移已有的知识来解决目标领域中仅有少量（甚至没有）有标签样本数据的学习问题。

（6）强化学习又称为再励学习、评价学习，是一种重要的机器学习方法，在智能控制机器人及分析预测等领域有许多应用。强化学习主要包含智能体、环境状态、奖励和动作 4 个元素。

（7）回归算法是一种应用极为广泛的数量分析方法，该算法用于分析事物之间的统计关系，侧重考察变量之间的数量变化规律，并通过回归方程的形式描述和反映这种关系，以帮助人们准确把握变量受其他一个或多个变量影响的程度，进而为预测提供科学依据。

（8）聚类就是将相似的事物聚集在一起，将不相似的事物划分到不同类别的过程。

（9）降维算法可将数据的维度降低，它通过主成分分析等其他方法，考虑主要因素，舍弃次要因素，从而平衡数据分析准确度与数据分析效率。

（10）决策树通过把实例从根节点排列到某个叶子节点来分类实例，叶子节点即为实例所属的分类。

（11）贝叶斯算法是一种使用先验概率进行处理的算法，其最后的预测结果就是具有最大概率的那个类。

（12）支持向量机算法是一种支持线性分类和非线性分类的二元分类算法，也支持多元分类。

（13）关联规则算法常用来描述数据之间的相关关系，关联规则模式属于描述型模式。

（14）遗传算法是一种启发式的寻优算法，该算法是以达尔文进化论为基础发展出来的。它是通过观察和模拟自然生命的迭代进化，建立起一个计算机模型，通过搜索寻优得到最优结果的算法。

3.5 习题

（1）简述机器学习的分类。

（2）简述决策树算法的原理。

（3）简述贝叶斯算法的特点。

（4）简述支持向量机算法的原理。

（5）简述关联规则的常用算法。

（6）简述遗传算法实现的流程。

第4章

深度学习

04

【本章导读】

深度学习是当前人工智能领域最热门的机器学习方法，目前，深度学习技术在人工智能领域占有绝对的统治地位。本章主要介绍深度学习的相关知识以及应用。

【本章要点】

① 神经网络
② 感知机
③ 卷积神经网络

④ 循环神经网络
⑤ 生成对抗网络

许多研究表明，为了能够学习表示高阶抽象概念的复杂函数，解决目标识别、语音感知和语言理解等人工智能相关的任务，需要引入深度学习（Deep Learning）。深度学习的架构由多层非线性运算单元组成，每个较低层的输出作为更高层的输入，可以从大量输入数据中学习有效的特征表示，学习到的高阶表示中包含输入数据的许多结构信息，能够用于分类、回归、信息检索等数据分析和挖掘的特定问题。

4.1 神经网络

神经网络（Neural Network，NN）亦称为人工神经网络（Artificial Neural Network，ANN），是由大量神经元（Neurons）广泛互连而成的网络，是对人脑的抽象、简化和模拟，应用了一些人脑的基本特性。神经网络与人脑的相似之处可概括为两方面，一是通过学习过程利用神经网络从外部环境中获取知识，二是内部神经元用来存储获取的知识信息。

4.1 神经网络

4.1.1 神经网络简介

神经网络是一种由大量的节点（或称神经元）相互连接构成的运算模型。通俗地讲，人工神经网络是模拟、研究生物神经网络的结果。详细地讲，人工神经网络是为获得某个特定问题的解，根据生物神经网络机理，按照控制工程的思路及数学描述方法，建立相应的数学模型并采用适当的算法，而有针对性地确定数学模型参数的技术。

神经网络的信息处理是由神经元之间的相互作用实现的，知识与信息的存储主要表现为网络元件互相连接的分布式物理联系。人工神经网络具有很强的自学习能力，它可以不依赖于"专家"的头脑，自动从已有的实验数据中总结规律。由此，人工神经网络擅长处理复杂的多维的非线性问题，不仅可以解决定性问题，还可以解决定量问题，同时具有大规模并行处理和分布信息存储能力，具有良好的自适应性、自组织性、容错性和可靠性。

4.1.2 神经网络发展历史

神经网络的研究从 20 世纪 40 年代初开始，至今已有近 80 年的历史，它的发展过程并不是一帆风顺的，大致经历了以下 3 个时期。

1. 起步时期

1943 年，沃伦·麦卡洛克（Warren McCulloch）和沃尔特·皮茨（Walter Pitts）提出了逻辑神经元数学模型——MP 模型，从而给出了神经元最基本的模型及相应的工作方式。1949 年，神经生物学家唐纳德·赫布（Donald Hebb）发现，脑细胞之间的连通在参与某种活动时会被加强，提出了生理学与心理学间的联系，被称为赫布学习规则，该规则至今还被许多神经网络的学习算法所使用。1957 年，弗兰克·罗森布拉特（Frank Rosenblatt）提出了感知机模型，这是一个由线性阈值神经元组成的前馈神经网络模型，可用于分类。1960 年，伯纳德·威德罗（Bernard Widrow）和泰德·霍夫（Ted Hoff）提出了自适应线性单元，这是一种连续取值的神经网络，可用于自适应系统。

2. 低潮时期

1969 年，人工智能的创始人马文·明斯基和西蒙·派珀特（Seymour Papert）的著作 *Perceptrons*（《感知机》）出版，书中指出，单层感知只能作线性划分，多层感知还没有可用的算法，因此感知无实用价值。由于马文·明斯基和西蒙·派珀特在人工智能领域的地位，该书在神经网络研究人员间产生了极大的反响，神经网络的研究自此陷入低潮。

但是，即使在神经网络研究的低潮时期，也有一些学者仍在不断努力研究，并取得了一些重要成果。其中，最著名的是 1982 年由加州理工学院教授约翰·霍普菲尔德（John Hopfield）提出的霍普菲尔德神经网络。在这个由运算放大器搭成的反馈神经网络中，约翰·霍普菲尔德利用李雅普诺夫函数的原理，给出了网络的稳定性判据，并为著名的组合优化问题——旅行商问题提供了一个新的解决方案。霍普菲尔德网络可用于联想存储、优化计算等领域。

3. 复兴时期

1985 年，杰弗里·辛顿（Geoffrey Hinton）联合大卫·鲁姆哈特（David Rumelhart）等人提出了多层感知机的权值训练的算法——反向传播（Back Propagation，BP）算法，从而解决了多层感知机学习的问题，引导了神经网络的复兴，神经网络研究也进入了一个崭新的发展阶段。

4.1.3　单个神经元

首先以监督学习为例，对于一个带有标签的数据样本集(x_i, y_i)，神经网络算法通过建立一种具有参数 w、b 的复杂非线性假设模型 $h_{w,b}(x)$ 来拟合样本数据。

从最简单的单个神经元来讲述神经网络模型的架构，图 4-1 所示为一个最简单的单个神经元的网络模型，它只包含一个神经元。

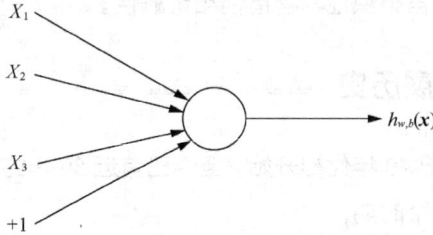

图 4-1　一个最简单的单个神经元的网络模型

该单个神经元是一个运算单元，它的输入是训练样本 X_1，X_2，X_3，其中"+1"是一个偏置项。该运算单元的输出结果是 $h_{w,b}(x) = f(w^T x) = f(\sum_{i=1}^{3} w_i x_i + b)$，其中，$f$ 是这个神经元的激活函数。图 4-1 中单个神经元的输入和输出映射关系本质上是一个逻辑回归，此处可以使用 Sigmoid 函数作为神经节点激活函数，式 4-1 是 Sigmoid 函数的公式。

$$f(z) = \frac{1}{1 + e^{-z}} \tag{4-1}$$

也可以采用双曲正切（tanh）函数作为神经元的激活函数，式 4-2 是 tanh 函数的公式。

$$f(z) = \tanh(z) = \frac{e^z - e^{-z}}{e^z + e^{-z}} \tag{4-2}$$

4.1.4　神经网络的结构

神经网络会将多个单一神经元连接在一起，将一个神经元的输出作为下一个神经元的输入，一个简单的神经网络模型如图 4-2 所示。

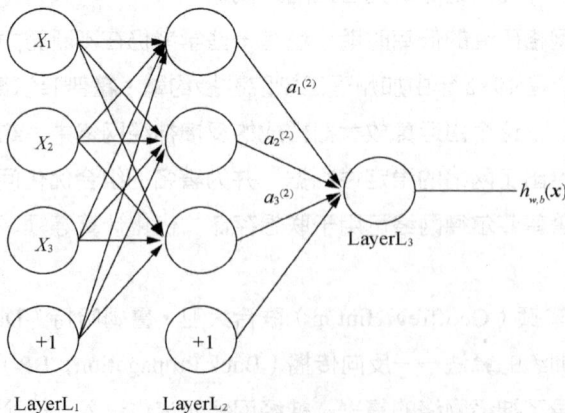

图 4-2　一个简单的神经网络模型

该神经网络中使用圆形来表示神经网络的单个神经节点，其中的 "+1" 节点是神经网络的偏置节点，也称作截距项。神经网络最左边的一层称为输入层，最右边的一层称为输出层，中间一层称为神经网络的隐藏层。隐藏层是由处于中间位置的所有神经节点组成的，因为不能在神经网络训练过程中直接观测到它们的值而得名，图 4-2 所示的神经网络包含 3 个输入节点（不包括偏置节点）、3 个隐藏节点和 1 个输出节点。

神经网络的结构大致可以分为以下 5 类。

（1）前馈式网络：该网络结构是分层排列的，每一层的神经元输出只与下一层的神经元连接。

（2）输出反馈的前馈式网络：该网络结构与前馈式网络的不同之处在于，其中存在着一个从输出层到输入层的反馈回路。

（3）前馈式内层互连网络：在该网络结构中，同一层的神经元之间相互关联，它们有相互制约的关系。但从层与层之间的关系来看，它仍然是前馈式的网络结构，许多自组织神经网络大多具有这种结构。

（4）反馈型全互连网络：在该网络结构中，每个神经元的输出都和其他神经元相连，从而形成了动态的反馈关系，该网络结构具有关于能量函数的自寻优能力。

（5）反馈型局部互连网络：在该网络结构中，每个神经元只和其周围若干层的神经元发生互连关系，形成局部反馈，从整体上看是一种网状结构。

4.1.5　神经网络的学习

神经网络的学习也称为训练，指的是通过神经网络所在环境的刺激作用调整神经网络的自由参数，使神经网络以一种新的方式对外部环境做出反应的一个过程。神经网络最大的特点是能够从环境中学习，以及在学习中提高自身性能。经过反复学习，神经网络对其环境会越来越了解。

学习算法是指针对学习问题的明确规则集合。学习类型是由参数变化发生的形式决定的，不同的学习算法对神经元的权值调整的表达式有所不同。没有一种独特的学习算法可以用于设计所有的神经网络，选择或设计学习算法时，还需要考虑神经网络的结构及神经网络与外界环境相连的形式。

对于神经网络的整个学习过程，首先是使用结构指定了网络中的变量和它们的拓扑关系。例如，神经网络中的变量可以是神经元连接的权重（Weights）和神经元的激励值（Activities of the Neurons）；其次是使用激励函数，大部分神经网络模型具有一个短时间尺度的动力学规则，用来定义神经元如何根据其他神经元的活动来改变自己的激励值，一般激励函数依赖于网络中的权重（即该网络的参数）；最后是训练学习规则（Learning Rule），学习规则指定了网络中的权重如何随着时间推进而调整，它被看作一种长时间尺度的动力学规则。一般情况下，学习规则依赖于神经元的激励值，它也可能依赖于监督者提供的目标值和当前权重的值。通过对神经网络结构的理解，使用激励函数进行训练，再加上最后的训练即可完成神经网络的整个学习。

4.1.6　激活函数

激活函数（Activation Functions）对于人工神经网络模型以及卷积神经网络模型学习理解非常复杂和非线性的函数来说具有十分重要的作用。神经网络的输出是上一层输入的加权和，所以网络线性关系过于显著，属于线性模型，对于复杂问题的解决存在难度；但是当每个神经元都经过一个非线性函数时，输出就不再是线性的了，整个网络模型也就是非线性模型，如此一来，网络就能够解决比较复杂的问题，激活函数就是这个非线性函数。

如果激活函数为线性的函数，那么线性方程组也仅有线性的表达能力，无论网络内部有多少层，最终只是相当于一个隐藏层，这样无法解决复杂问题，也就是无法用非线性来逼近任意函数。所以激活函数的非线性增加了神经网络模型的非线性，使得神经网络具有了更实际的意义。最初的激活函数会将输入值归化至某一区间内，因为当激活函数的输出值有限时，基于梯度下降的优化算法会更加稳定，但是随着优化算法的发展，激活函数也不断发展，目前激活函数已不仅仅是将输出值归化至某一区间内。

常见的激活函数有 Sigmoid、tanh 和线性整流函数（Rectified Linear Unit，ReLU），下面对这3 种激活函数进行简单介绍。

1. Sigmoid 函数

Sigmoid 激活函数公式定义如式 4-3 所示。

$$f(x) = \frac{1}{1 + e^{-x}} \tag{4-3}$$

Sigmoid 激活函数导数公式如式 4-4 所示。

$$f'(x) = f(x)(1 - f(x)) \tag{4-4}$$

Sigmoid 激活函数的取值范围为 $(0,1)$，求导非常容易，为反向传播中梯度下降法的计算提供了便利，因此 Sigmoid 函数在早期人工神经网络中十分受欢迎。但是现在 Sigmoid 函数很少被使用，主要是因为当 Sigmoid 函数的值为 0 或 1 的时候，其梯度几乎为 0，因此，在反向传播时，这个局部梯度会与整个损失函数关于该单元输出的梯度相乘，结果也会接近于 0，这样就无法对模型的参数进行更新。

Sigmoid 激活函数示意图如图 4-3 所示。

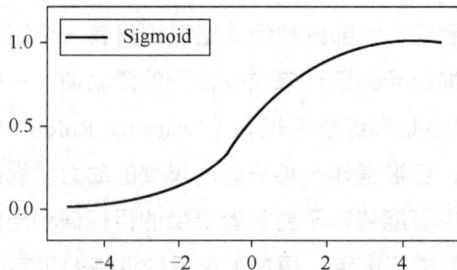

图 4-3　Sigmoid 激活函数示意图

2. tanh 函数

tanh 激活函数公式定义如式 4-5 所示。

$$f(x) = \frac{e^x - e^{-x}}{e^x + e^{-x}} \tag{4-5}$$

tanh 激活函数导数公式如式 4-6 所示。

$$f'(x) = 1 - f^2(x) \tag{4-6}$$

tanh 激活函数的取值范围为(-1,1)，求导也十分容易。tanh 激活函数与 Sigmoid 激活函数十分相似，但是与 Sigmoid 函数相比，tanh 函数的收敛速度更快。tanh 函数存在的问题和 Sigmoid 函数一样，容易产生梯度为 0 的问题，造成参数不能再更新。在实际应用中，tanh 函数的使用比 Sigmoid 函数更为频繁。

tanh 激活函数示意图如图 4-4 所示。

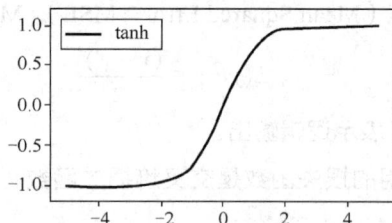

图 4-4 tanh 激活函数示意图

3. ReLU 函数

ReLU 激活函数公式定义如式 4-7 所示。

$$f(x) = \begin{cases} x, & x \geq 0 \\ 0, & x < 0 \end{cases} \tag{4-7}$$

ReLU 激活函数导数公式如式 4-8 所示。

$$f'(x) = \begin{cases} 1, & x \geq 0 \\ 0, & x < 0 \end{cases} \tag{4-8}$$

相较于 Sigmoid 函数和 tanh 函数，ReLU 函数对于随机梯度下降法的收敛有着巨大的加速作用，同时 ReLU 函数的计算仅需要一个阈值判断，不像 Sigmoid 激活函数与 tanh 激活函数一样需要指数运算，相比于这两个激活函数，使用 ReLU 激活函数为整个神经网络学习训练过程节省了很多计算量。ReLU 函数会使一部分神经元的输出为 0，为神经网络提供了稀疏表达能力，并减少了参数的相互依存关系，缓解了过拟合问题的发生。ReLU 函数还有一个巨大优势，它能够有效地缓解梯度消失，即解决梯度容易为 0 的问题。

ReLU 激活函数示意图如图 4-5 所示。

当然，ReLU 函数也是存在一些问题的，在实际应用中，当学习率设置得太高的时候，可能会造成神经元不被激活，也就是参数可能不再更新的情况发生。为了防止这样的情况发生，很多 ReLU 的改进版本诞生了，Leaky-ReLU 就是其中一个典型的改进版本。Leaky-ReLU 公式定义如式 4-9 所示。

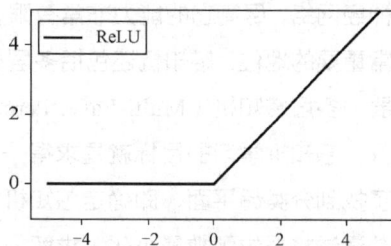

图 4-5 ReLU 激活函数示意图

$$f(x) = \begin{cases} x, & x \geqslant 0 \\ ax, & x < 0 \end{cases} \qquad (4\text{-}9)$$

式中，a 为一个固定常数，一般取值为 0.01。当 a 是一个在给定的范围内随机抽取的值时，就变成 ReLU 的另外一种改进版本——RReLU（Random ReLU）；当 a 是可根据数据变化的值时就是 PReLU（Parametric ReLU）。这 3 种改进的 ReLU 函数能够在一定程度上解决 ReLU 函数的问题，但是目前使用最多的还是 ReLU 激活函数。

4.1.7 损失函数

损失函数是模型对数据拟合程度的反映，拟合得越差，损失函数的值就越大。与此同时，当损失函数比较大时，其对应的梯度也会随之增大，这样就可以加快变量的更新速度。

常见的损失函数有均方误差（Mean Squared Error，MSE），MSE 的计算公式如式 4-10 所示。

$$L(y, \ y') = \frac{(y - y')^2}{2} \qquad (4\text{-}10)$$

式中，y 表示真实输出，y' 表示逻辑输出。

通常，卷积神经网络中采用的损失函数是交叉熵损失函数，交叉熵损失函数的计算公式如式 4-11 所示。

$$L(y, y') = -\big[y \log y' + (1 - y) \log(1 - y')\big] \qquad (4\text{-}11)$$

式中，y 表示真实输出，y' 表示逻辑输出。

4.2 感知机

感知机被称为深度学习领域最为基础的模型。虽然感知机是最为基础的模型，但是它在深度学习的领域中有着举足轻重的地位，它是神经网络和支持向量机学习的基础，可以说它是最古老的分类方法之一。

4.2.1 感知机简介

感知机由弗兰克·罗森布拉特于1957 年提出，是神经网络与支持向量机的基础，也是最早被设计并被实现的人工神经网络。感知机是一种非常特殊的神经网络，尽管它的能力非常有限，但是它在人工神经网络的发展史上有着非常重要的地位。感知机还包括多层感知机，简单的线性感知机可用于线性分类器，多层感知机（Multi-Layer Perception，MLP）可用于非线性分类器。

4.2 感知机简介

感知机学习的目标就是求得一个能够将训练数据集中正、负实例完全分开的分类超平面，为了找到分类超平面，即确定感知机模型中的参数 w 和 b，需要定义一个基于误分类的损失函数，并通过将损失函数最小化来求解 w 和 b。

在数据集线性可分性方面，感知机在二维平面中，可以用一条直线将"+1"类和"-1"类完美分开，那么这个样本空间就是线性可分的。因此，感知机都基于一个前提，即问题空间线性可分。

在定义损失函数方面，感知机找到参数 w 和 b 时，将使得损失函数最小。

4.2.2　多层感知机

多层感知机也叫作前馈神经网络，是深度学习中最基本的网络结构。MLP 的网络结构如图 4-6 所示。

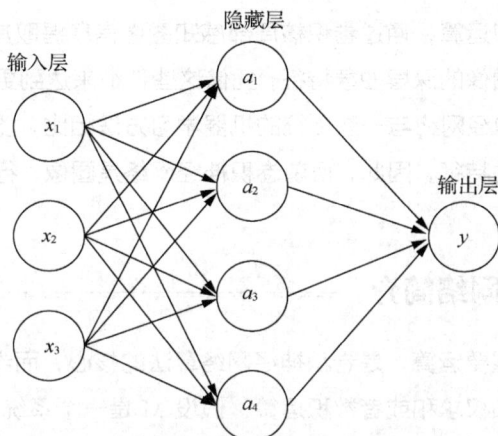

图 4-6　MLP 的网络结构

MLP 会将一组输入向量通过隐藏层映射到一组输出向量中，它通常由 3 部分组成，包括输入层、隐藏层和输出层。输入层从外部世界获取输入信息提供给 MLP 网络，在输入节点中不进行任何计算，仅向隐藏节点传递信息。隐藏层中的节点对输入信息进行处理，并将信息传递到输出层中。输出层负责计算输出值，并将输出值传递到外部世界。图 4-6 所示为一个 3 层的 MLP 的网络结构，该结构有 3 个输入值，包括 x_1、x_2、x_3，隐藏层有 4 个隐藏节点，分别用 a_1、a_2、a_3、a_4 表示，最后输出一个值 y。在 MLP 前向传导计算过程中，先求出隐藏节点的输出值，再计算输出值，计算过程如式 4-12 所示。

$$\begin{aligned}
a_1 &= f(w_{11}^{(1)}x_1 + w_{12}^{(1)}x_2 + w_{13}^{(1)}x_3) \\
a_2 &= f(w_{21}^{(1)}x_1 + w_{22}^{(1)}x_2 + w_{23}^{(1)}x_3) \\
a_3 &= f(w_{31}^{(1)}x_1 + w_{32}^{(1)}x_2 + w_{33}^{(1)}x_3) \\
a_4 &= f(w_{41}^{(1)}x_1 + w_{42}^{(1)}x_2 + w_{43}^{(1)}x_3) \\
y &= f(w_{11}^{(2)}a_1 + w_{12}^{(2)}a_2 + w_{13}^{(2)}a_3 + w_{14}^{(2)}a_4)
\end{aligned}$$ （4-12）

式中，a_i 表示 MLP 的隐藏层中第 i 个隐藏节点的激活值，$w_{ij}^{(l)}$ 表示第 l 层中第 i 个节点与第 $l+1$ 层中第 j 个节点之间的连接权重，$f(\cdot)$ 表示激活函数。

MLP 通过反向传播算法对参数进行学习。前向传播是对激活值从左向右进行传播，反向传播是对梯度值从右向左进行传播。反向传播算法是一个迭代算法，它的基本思想如下：首先，按照前向传播逐层计算每一层网络的状态和激活值，直到最后一层；其次，计算每一层的误差；最后，对损失函数进行求导，并从右往左逐层对参数进行更新。迭代这 3 个步骤，直到满足停止条件。

MLP 具有诸多优点，如可以并行处理、能学习数据中的非线性关系等；但是其也具有一些缺点，如网络中隐藏节点的数量难以确定、需要确定很多超参数、学习速度较慢、容易陷入局部极值等。

4.3 卷积神经网络

卷积神经网络（Convolutional Neural Network，CNN），顾名思义，指在神经网络的基础上加入了卷积运算，通过卷积核局部感知图像信息提取其特征，多层卷积之后能够提取出图像的深层抽象特征，凭借这些特征来达到更准确的分类或预测的目标。卷积神经网络与一些传统的机器学习方法相比，能够更加真实地体现数据内在的相关特征，因此，目前卷积神经网络是图像、行为识别等领域的研究热点。

4.3 卷积神经网络

4.3.1 卷积神经网络简介

卷积是数学上的一个重要运算，是卷积神经网络算法的核心，而卷积网络里所谓的卷积，实际就是一种带平移参数的加权求和或者数积运算。假设 M 是一个系统，其 t 时刻的输入为 $x(t)$，输出为 $y(t)$，系统的响应函数为 $h(t)$，则输出与输入的关系为 $y(t)= x(t)* h(t)$。卷积神经网络作为一个深度学习架构被提出时，它的最初诉求是降低对图像数据预处理的要求，以避免烦琐的特征工程。CNN 由输入层、输出层以及多个隐藏层组成，隐藏层可分为卷积层（Convolutional Layer）、池化层（Pooling Layer）、ReLU 层和全连接层（Fully-connect ed Layer），其中卷积层与池化层相配合可组成多个卷积组，逐层提取特征。

CNN 的输入一般是二维向量，也可以有高度，如 RGB 图像。而卷积层是 CNN 的核心，该层的参数由一组可学习的滤波器或内核组成。简单来讲，卷积层用来对输入层进行卷积，达到提取更高层次的特征的目的；池化层又称下采样层，它能减小数据处理量，同时保留有用的信息；ReLU 层全名为修正线性单元，是神经元的激活函数。在经过多轮的卷积层和池化层的处理后，可以认为图像中的信息已经被抽象成了信息含量更高的特征，但此时仍然需要使用 1 到 2 个全连接层来给出最后的分类结果。综上所述，CNN 能够得出原始图像的有效表征，这使得 CNN 能够直接从原始像素中，经过极少的预处理达到识别视觉上的规律的效果。

CNN 和传统的神经网络相比，主要具有局部感知、权值共享和多卷积核这三大特点。局部感知实际上就是卷积核和图像卷积的时候，每次卷积核只覆盖一小部分像素（即局部特征），由于传统的神经网络是整体的过程，因此该过程称为局部感知；权值共享是 CNN 最大的特点，这种结构可以大大减少神经网络的参数量，防止过拟合的同时降低了神经网络模型的复杂度；多卷积核可以充分提取图像的特征，因为每个卷积都是一种特征提取方式。

4.3.2 卷积神经网络的结构

卷积神经网络是多层感知机的变体，根据生物视觉神经系统中神经元的局部响应特性设计，采用局部连接和权值共享的方式降低模型的复杂度，极大地减少了训练参数，提高了训练速度，也在一定程度上提高了模型的泛化能力。CNN 是目前多种神经网络模型中研究最为活跃的一种，一个典型的 CNN 主要由卷积层、池化层、全连接层构成。卷积神经网络的结构如图 4-7 所示。

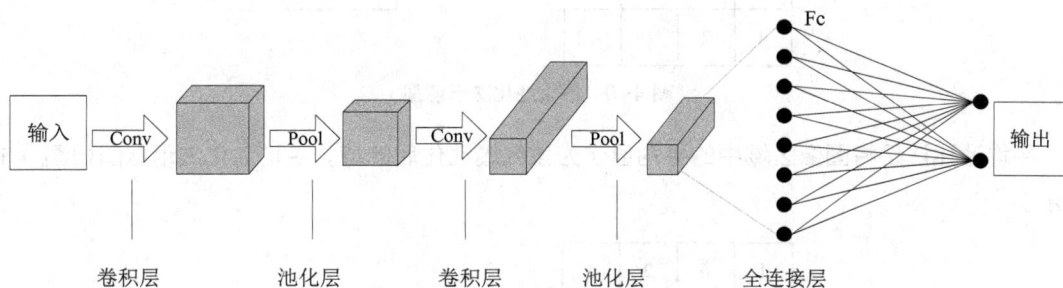

图 4-7　卷积神经网络的结构

1. 卷积层

卷积是一种线性计算过程，整个卷积层的卷积过程如下：首先，选择某一规格大小的卷积核，其中卷积核的数量由输出图像的通道数量决定；其次，将卷积核按照从左往右、从上到下的顺序在二维数字图像上进行扫描，分别将卷积核上的数值与二维图像上对应位置的像素值进行相乘求和；最后，将计算得到的结果作为卷积后相应位置的像素值，这样就得到了卷积后的输出图像。第一次扫描卷积的计算过程示意图如图 4-8 所示。

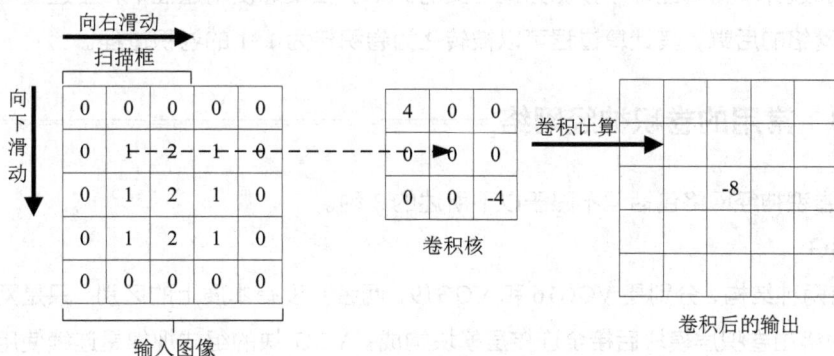

图 4-8　第一次扫描卷积的计算过程示意图

2. 池化层

池化层又称为下采样层，主要是通过对卷积形成的图像特征进行特征统计，这种统计方式不仅可以降低特征的维度，还可以降低网络模型过拟合的风险。此外，卷积图像经过池化操作后可以有效减小输出图像的尺寸，在保留图像主要特征的同时可以减少网络结构中的计算参数，防止过拟合，提高模型的泛化能力。

CNN 中常用的池化方法有最大池化法和平均池化法两种。最大池化法是选择图像区域的最大值作为该区域池化后的值，最大池化法示意图如图 4-9 所示。

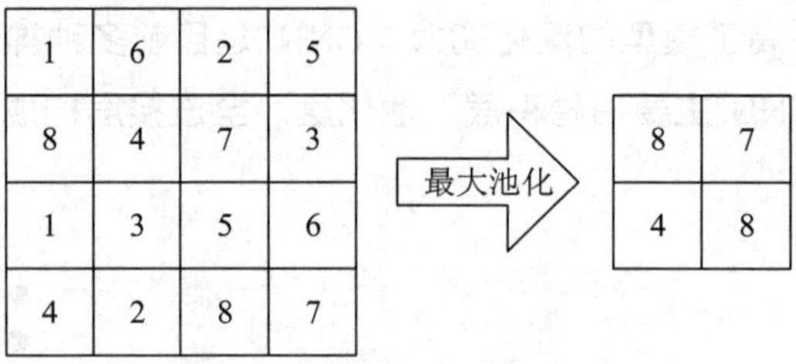

图 4-9　最大池化法示意图

平均池化法是将图像区域中的平均值作为该区域池化后的值，平均池化法示意图如图 4-10 所示。

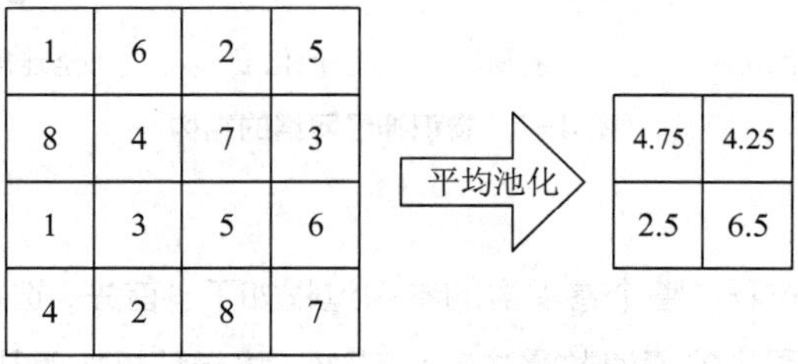

图 4-10　平均池化法示意图

3. 全连接层

图像经过卷积操作后，其关键特征被提取出来，全连接层的作用就是对图像的特征进行组合拼接，最后通过计算得到图像被预测为某一类的概率。在实际使用过程中，全连接层一般处于整个卷积神经网络的后端，其计算过程可以被转化为卷积核为 1×1 的卷积过程。

4.3.3　常用的卷积神经网络

常用的卷积神经网络包括但不限于以下所述的 3 种。

1. VGG

VGG 有两种结构，分别是 VGG16 和 VGG19，两者并没有本质上的区别，只是网络深度不一样。VGG 网络由卷积层模块后接全连接层模块构成。VGG 块的组成规律是连续使用数个相同的填充为 1、窗口形状为 3×3 的卷积层后，接上一个步幅为 2、窗口形状为 2×2 的最大池化层。卷积层保持输入的高和宽不变，而池化层则对其减半。

简单来说，在 VGG 中使用 3 个 3×3 卷积核来代替 7×7 卷积核，使用 2 个 3×3 卷积核来代替 5×5 卷积核，这样做的主要目的是在保证具有相同感知野的条件下，提升网络的深度，在一定程度上提升了神经网络的效果。例如，3 个步长为 1 的 3×3 卷积核的一层层叠加作用可看作一个大小为 7 的感知野（也就是 3 个 3×3 连续卷积相当于一个 7×7 卷积），如果直接使用 7×7 卷积核，则其参数总量为 49×C 的平方，这里 C 指的是输入和输出的通道数。因此，VGG 不仅减少了参数，还利用 3×3 卷积核更好地保持了图像性质。

VGG 的优点如下：结构非常简洁，整个网络都使用了同样大小的卷积核尺寸（3×3）和最大池化尺寸（2×2）；几个小滤波器（3×3）卷积层的组合比一个大滤波器（5×5 或 7×7）卷积层好；验证了通过不断加深网络结构可以提升性能。

VGG 的缺点如下：耗费了更多的计算资源，使用了更多的参数，导致了更多的内存占用。

2. GoogLeNet

GoogLeNet 和 VGG 一样，在主体卷积部分中使用了 5 个模块，每个模块之间使用步幅为 2 的 3×3 最大池化层来减小输出高和宽。

第一模块使用了一个 64 通道的 7×7 卷积层。

第二模块使用了 2 个卷积层，先是 64 通道的 1×1 卷积层，再是将通道增大 3 倍的 3×3 卷积层。它对应 Inception 块中的第二条线路。

第三模块串联了 2 个完整的 Inception 块。第一个 Inception 块的输出通道数为 64+128+32+32 = 256，其中 4 条线路的输出通道数比例为 64：128：32：32 = 2：4：1：1。其中，第二条、第三条线路先分别将输入通道数减少至 96/192 = 1/2 和 16/192 = 1/12 后，再接上第二层卷积层。第二个 Inception 块输出通道数增至 128+192+96+64 = 480，每条线路的输出通道数之比为 128：192：96：64 = 4：6：3：2。其中，第二条、第三条线路先分别将输入通道数减小至 128/256 = 1/2 和 32/256 = 1/8。

第四模块更加复杂。它串联了 5 个 Inception 块，其输出通道数分别是 192+208+48+64=512、160+224+64+64=512、128+256+64+64=512、112+288+64+64 =528 和 256+320+128+128 =832。这些线路的通道数分配和第三模块中的类似，首先含 3×3 卷积层的第二条线路输出最多通道，其次是仅含 1×1 卷积层的第一条线路，之后是含 5×5 卷积层的第三条线路和含 3×3 最大池化层的第四条线路。其中，第二条、第三条线路都会按比例减小通道数，这些比例在各个 Inception 块中都略有不同。

第五模块有输出通道数为 256+320+128+128=832 和 384+384+128+128=1024 的两个 Inception 块。其中，每条线路的通道数的分配思路和第三、第四模块中的一致，只是在具体数值上有所不同。最后将输出变成二维数组后，接上一个输出个数为标签类别数的全连接层。GoogLeNet 模型的计算复杂，不如 VGG 那样便于修改通道数。

3. ResNet

ResNet 的前两层和 GoogLeNet 中的一样，在输出通道数为 64、步幅为 2 的 7×7 卷积层后接步幅为 2 的 3×3 的最大池化层。不同之处在于 ResNet 每个卷积层后增加的批量归一化层，GoogLeNet 在后面接了 4 个由 Inception 块组成的模块，ResNet 则使用 4 个由残差块组成的模块，每个模块使用若干个同样输出通道数的残差块。第一个模块的通道数同输入通道数一致，由于之前已经使用了步幅为 2 的最大池化层，所以无须减小高和宽。之后的每个模块在第一个残差块中将上一个模块的通道数翻倍，并将高和宽减半。

4.4　循环神经网络

循环神经网络（Recurrent Neural Network，RNN）是深度学习领域中一类特殊的内部存在自连接的神经网络，可以学习复杂的矢量到矢量的映射。迈克尔·乔丹（Michael Jordan）和杰夫·埃尔曼（Jeff Elman）分别于 1986 年和 1990 年提出循环神经网络框架，称为简单循环网络（Simple Recurrent Network，SRN），被认为是目前广泛流行的循环神经网络的基础版本，之后不断出现的更加复杂的结构均可认为是其变体或者扩展。循环神经网络已经被广泛用于各种与时间序列相关的工作任务中。

4.4.1　循环神经网络简介

循环神经网络是一种以序列（Sequence）数据为输入，在序列的演进方向进行递归（Recursion），且所有节点（循环单元）按链式连接形成闭合回路的递归神经网络（Recursive Neural Network）。

循环神经网络是为了刻画一个序列当前的输出与之前信息的关系。从网络结构上看，循环神经网络会记忆之前的信息，并利用之前的信息影响后面节点的输出。简单来说，循环神经网络的隐藏层之间的节点是有连接的，隐藏层的输入不仅包括输入层的输出，还包括上一时刻隐藏层的输出。对于每一个时刻的输入，循环神经网络会结合当前模型的状态给出一个输出，其可以看作同一神经网络被无限复制的结果。

闭合回路连接是循环神经网络的核心部分。循环神经网络对于序列中每个元素都执行相同的任务，输出依赖于之前的计算（即循环神经网络具有记忆功能），记忆可以捕获迄今为止已经计算过的信息。循环神经网络在语音识别、语言建模、自然语言处理（Natural Language Processing，NLP）等领域有着重要的应用。

4.4.2　循环神经网络的结构

RNN 应用于输入数据具有依赖性且是序列模式时的场景，即前一个输入和后一个输入是有关联的。RNN 的隐藏层是循环的，这表明隐藏层的值不仅取决于当前的输入值，还取决于前一时刻隐藏层的值。具体的表现形式是 RNN"记住"前面的信息并将其应用于计算当前输出，这使得隐藏层之间的节点是有连接的。RNN 结构示意图如图 4-11 所示。

图 4-11 中的每个圆圈可以看作一个单元，而且每个单元的功能都是一样的，因此可以折叠成左半图的形式。简单概括之，RNN 就是一个单元结构重复使用的神经网络。

从 RNN 的结构可知，RNN 的下一时刻的输出值是由前面多个时刻的输入值来共同影响决定的，假设有一个输入是"我是中国"，那么应该对应通过"是"和"中国"这两个前序输入来预测下一个词最有可能是什么。通过分析预测是"人"的概率比较大。

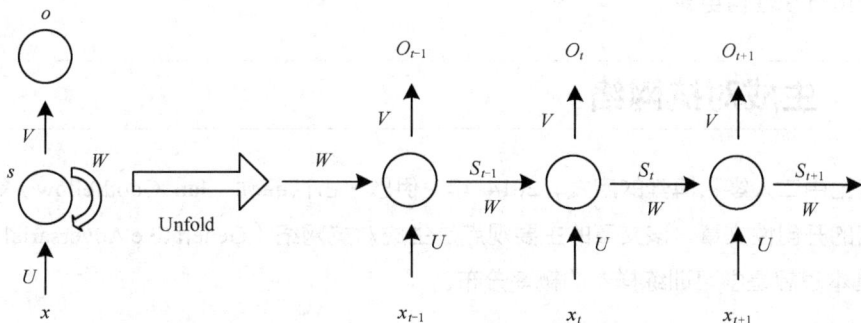

图 4-11　RNN 结构示意图

4.4.3　常用的循环神经网络

常用的循环神经网络包括但不限于以下所述的 2 种。

1. 长短期记忆网络

长短期记忆（Long Short-Term Memory，LSTM）网络是一种拥有 3 个"门"结构的特殊网络结构。LSTM 网络靠一些"门"的结构让信息有选择性地影响神经网络中每个时刻的状态。"门"结构是一个使用 Sigmoid 函数的神经网络和一个按位做乘法结合在一起的操作，叫作"门"是因为使用 Sigmoid 作为激活函数的全连接神经网络层会输出一个 0 到 1 中的数值，以描述当前输入有多少信息量可以通过这个结构。这个结构的功能类似一扇门，当门打开时（全连接神经网络层输出为 1），全部信息都可以通过；当门关上时（全连接神经网络层输出为 0），任何信息都无法通过。

循环神经网络在处理序列化输入方面有着广泛的应用，它是深度学习框架中的一个典型模型。CNN 和 RNN 在理论上可以处理无限长的数据序列，但在实际的应用中，当数据距离较长时会出现结果难以收敛的问题。而 LSTM 可以解决其他神经网络难以处理的长距离依赖问题，且由于 LSTM 网络在结构中利用隐藏层增加单元状态来代替原始 RNN 结构中隐藏层只有一个状态的情况，因此有效解决了梯度消失和梯度爆炸的问题。LSTM 网络具有的诸多特性，使其在图像处理、语音识别以及自然语言处理等诸多领域都有广泛的应用。

2. 门控循环单元神经网络

门控循环单元（Gated Recurrent Unit，GRU）神经网络是由 LSTM 网络改进的模型。LSTM 网络是 RNN 的一种变形模型，最为引人注目的成就就是很好地克服了循环神经网络中长依赖的问题。但是 LSTM 网络模型的形式较为复杂，同时存在着训练时间较长、预测的时间较长等问题。GRU 神经网络对 LSTM 网络的改进也正是为了解决这些问题。

GRU 神经网络在 LSTM 网络的基础上主要做了两点重要的改变。一是 GRU 神经网络只有两个门，GRU 神经网络将 LSTM 网络中的输入门和遗忘门合二为一，称为更新门（Update Gate），控制记忆信息能够继续保留到当前时刻的数据量；另一个门称为重置门（Reset Gate），控制要遗忘多少记忆信息。二是取消进行线性自更新的记忆单元（Memory Cell），而直接在隐藏单元中利用门控直接进行线性自更新。

4.5 生成对抗网络

受博弈论中二人零和博弈的启发，2014 年，伊恩·古德菲勒（Ian Goodfellow）等发表了生成对抗网络的开创性文章，该文章的主要观点是生成对抗网络（Generative Adversarial Networks，GAN）的基本思想是学习训练样本的概率分布。

4.5.1 生成对抗网络简介

生成对抗网络独特的对抗性思想使得它在众多生成网络模型中脱颖而出，被广泛应用于计算机视觉、机器学习和语音处理等领域。

GAN 让两个网络（生成网络 G 和判别网络 D）相互竞争，G 不断捕捉训练集中真实样本 x_{real} 的概率分布，并通过加入随机噪声将其转变成赝品 x_{fake}。D 观察真实样本 x_{real} 和赝品 x_{fake}，判断这个 x_{fake} 到底是不是 x_{real}。整个对抗过程是先让 D 观察（机器学习）一些真实样本 x_{real}，当 D 对 x_{real} 有了一定的认知之后，G 尝试用 x_{fake} 来欺骗 D，让 D 相信 x_{fake} 是 x_{real}。有时候 G 能够成功骗过 D，但是随着 D 对 x_{real} 了解的加深（即学习的样本数据越来越多），G 发现越来越难以欺骗 D，因此 G 在不断提升自己仿制赝品 x_{fake} 的能力。如此往复多次，不仅 D 能精通 x_{real} 的鉴别，G 对 x_{real} 的伪造技术也会大为提升。这便是 GAN 的生成对抗过程。

GAN 具备很多优点，如下所述是对 GAN 优点的简单总结。

（1）能学习真实样本的分布，探索样本的真实结构。

（2）具有更强大的预测能力。

（3）样本的脆弱性在很多机器学习模型中普遍存在，而 GAN 对生成样本的鲁棒性强。

（4）通过 GAN 生成以假乱真的样本，缓解了小样本机器学习的困难。

（5）为指导人工智能系统完成复杂任务提供了一种全新的思路。

（6）与强化学习相比，对抗式学习更接近人类的学习机理。

（7）GAN 与传统神经网络的一个重要区别是，传统神经网络需要人工精心设计和建构一个损失函数，而 GAN 可以学习损失函数。

（8）GAN 解决了先验概率难以确定的难题。

4.5.2 生成对抗网络的结构

GAN 的网络结构由生成网络和判别网络共同构成。生成网络 G 接收随机变量 z，生成假样本数据 $G(z)$，目的是尽量使得生成的样本和真实样本一样。判别网络 D 的输入由两部分组成，分别是真实数据 x 和生成器生成的数据 $G(x)$，其输出通常是一个概率值，表示 D 认定输入是真实分布的概率，若输入来自真实数据，则输出 1，否则输出 0。同时，判别网络的输出会反馈给 G，用于指导 G 的训练。理想情况下，D 无法判别输入数据是来自真实数据 x 还是生成数据 $G(z)$，即 D 每次的输出概率值都为 0.5（相当于随机猜测），此时模型达到最优。在实际应用中，生成网络和判别网络通常用深层神经网络来实现。GAN 模型结构示意图如图 4-12 所示。

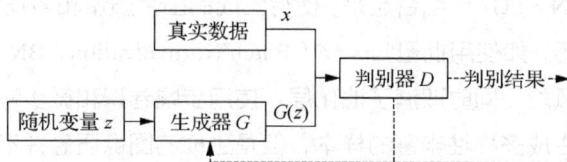

图 4-12　GAN 模型结构示意图

GAN 中的生成网络和判别网络可以看作博弈中的两个玩家。在模型训练的过程中生成网络和判别网络会各自更新自身的参数使得损失最小，通过不断迭代优化，最终达到一个纳什均衡状态，此时模型达到最优。GAN 的目标函数如式 4-13 所示。

$$\min_G \max_D V(D,G) = E_{x \sim P_{\text{data}}(x)}\big[\log D(x)\big] + E_{z \sim P_z(z)}\big[\log(1 - D(G(z)))\big] \tag{4-13}$$

1．生成网络

生成网络本质上是一个可微分函数，生成网络接收随机变量 z 的输入，经生成器 G 生成假样本 $G(z)$。在 GAN 中，生成器对输入变量 z 基本没有限制，z 通常是一个 100 维的随机编码向量，z 可以是随机噪声或者符合某种分布的变量。生成网络理论上可以逐渐学习任何概率分布，经训练后的生成网络可以生成逼真图像，但又不会和真实图像完全一样，即生成网络实际上是学习了训练数据的一个近似分布，这在数据增强应用方面尤为重要。

2．判别网络

判别网络同生成网络一样，其本质上也是可微分函数，在 GAN 中，判别网络的主要目的是判断输入是否为真实样本，并提供反馈以指导生成网络训练。判别网络和生成网络组成零和博弈的两个玩家，为取得游戏的胜利，判别网络和生成网络通过训练不断提高自己的判别能力和生成能力，游戏最终会达到一个纳什均衡状态。此时，生成网络学习到了与真实样本近似的概率分布，判别网络已经不能正确判断输入的数据是来自真实样本还是来自生成器生成的假样本 $G(x)$，即判别网络每次输出的概率值都是 0.5。

4.5.3　常用的生成对抗网络

常用的 GAN 包括但不限于如下所述的 3 种。

1．条件生成对抗网络

条件生成对抗网络（Conditional GAN，CGAN）在原始 GAN 的基础上增加了约束条件，控制了 GAN 过于自由的问题，使网络朝着既定的方向生成样本。原始 GAN 对于生成网络几乎没有任何约束，使得生成过程过于自由，导致在图片较大的情形中，模型变得难以控制。CGAN 的生成网络和判别网络的输入多了一个约束项 y，约束项 y 可以是一个图像的类别标签，也可以是图像的部分属性数据。CGAN 的缺点在于其模型训练不稳定，从损失函数可以看到，CGAN 只是为了生成指定的图像而增加了额外约束，并没有解决训练不稳定的问题。

2. 深度卷积生成对抗网络

深度卷积生成对抗网络（Deep Convolutional GAN，DCGAN）的提出对 GAN 的发展有着极大的推动作用，它将 CNN 和 GAN 结合起来，使得生成的图片质量和多样性得到了保证。DCGAN 使用了一系列的训练技巧，如使用批量归一化（Batch Normalization，BN）稳定训练，使用 ReLU 激活函数降低梯度消失风险，同时取消了池化层，使用步幅卷积和微步幅卷积有效地保留了特征信息。DCGAN 虽然能生成多样性丰富的样本，但是生成的图像质量并不高，且没有解决训练不稳定的问题，在训练的时候仍需要小心地平衡 G 和 D 的训练进程。

3. 循环一致性生成对抗网络

循环一致性生成对抗网络（Cycle-consistent Generative Adversarial Networks，CycleGAN），CycleGAN 可以让两个域的图像互相转换且不需要成对的图像作为训练数据。传统的两个不同域中的图像要实现相互转换，一般需要两个域中具有相同内容的成对图像作为训练数据，如 pix2pix，但是这种成对的训练数据往往很难获得。CycleGAN 是一个互相生成的网络，其网络是一个环形结构，其原理是 x 表示 X 域的图像，y 表示 Y 域的图像，G 和 F 是两个转换器，D_X 和 D_Y 是两个判别器，X 域的图像 x 经转换器 G 转换成 Y 域的图片 $G(x)$，并由判别器 D_Y 判别它是否为真实图片；同理，Y 域的图像 y 经转换器 F 转换成 X 域的图片 $F(x)$，再由判别器 D_X 判别它是否为真实图片。为了避免转换器将域内的所有图像都转换成另一个域内的同一图像，CycleGAN 使用循环一致性损失做约束。CycleGAN 的缺点是其循环机制能保证成像不会偏离太远，但是循环转换中会造成一定的信息丢失，使得生成图像质量不高。

4.6 深度学习的应用

深度学习技术目前在人工智能领域占有绝对的统治地位，因为相比于传统的机器学习算法而言，深度学习在某些领域展现出了最接近人类所期望的智能效果，同时在悄悄地走进人们的生活，如刷脸支付、语音识别、智能翻译、自动驾驶、棋类人机大战等。

4.4 深度学习的
应用

4.6.1 AlphaGo Zero

2018 年 12 月，不仅会下围棋，还自学成才横扫国际象棋和日本将棋的 AlphaGo Zero，登上了世界顶级学术期刊《科学》杂志的封面。

1. AlphaGo Zero 简介

AlphaGo Zero 是谷歌旗下 DeepMind 公司的新版程序。2016 年 3 月，AlphaGo Master 击败了最强的人类围棋选手之一——李世石，且 AlphaGo Master 在训练过程中使用了大量人类棋手的棋谱。2017 年 10 月 19 日，DeepMind 公司在《自然》杂志发布了一篇新的论文，AlphaGo Zero——它完全不依赖人类棋手的经验，经过 3 天的训练，AlphaGo Zero 就击败了 AlphaGo Master。AlphaGo Zero 最重要的突破在于，它不仅可以解决围棋问题，还可以在不需要知识预设的情况下，解决一切棋类问题。经过几个小时的训练，它又击败了最强国际象棋冠军程序 Stockfish。图 4-13 所示为 AlphaGo Zero 击败 AlphaGo Master 的棋谱。

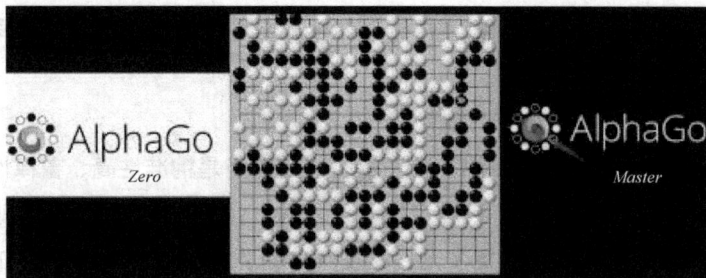

图 4-13　AlphaGo Zero 击败 AlphaGo Master 的棋谱

DeepMind 利用了深度学习技术，结合了更多经典的强化学习方法来实现最新的突破。AlphaGo Zero 是 DeepMind 的自动操作系统的最新化身。AlphaGo Zero 做了以下几点突破。

（1）击败之前版本的 AlphaGo（最终比分为 100：0）。

（2）学习从头开始执行这项任务，而不需要学习以前的人类知识（如记录的人类棋谱）。

（3）只需 3 天的训练时间，就能达到世界冠军水平。

（4）使用了较少的神经网络。

（5）使用了较少的训练数据。

2. AlphaGo Zero 的学习过程

AlphaGo Zero 与 DeepMind 的前几代版本的最大不同是，它能从空白状态学起，在无任何人类输入的条件下，它能够迅速自学围棋。也就是说，AlphaGo Zero 是真的自己学会了围棋规则，系统学会了渐渐从输、赢以及平局中调整参数，让自己更懂得选择那些有利于赢得比赛的走法，而不再去分析对手的特征。其中关键的一点在于 AlphaGo Zero 在设计过程中做了一个全新的定位：重在学习，而不是急于求胜。

首先，DeepMind 采用了 5 000 个 TPU（可以简单地理解为计算机的 CPU），结合深度神经网络、通用强化学习算法和通用树搜索算法，打造了一个全能棋手。

其次，AlphaGo Zero 的学习能力是一个动态成长的过程，每次学习一种新的棋类或者游戏都会根据难易程度来展开一段自我博弈，产生的超参数通过贝叶斯优化进行调整。

与此同时，AlphaGo Zero 的"自学"过程还有一项特别重要的任务——对自身进行神经网络训练。利用训练好的神经网络，可以精准地指引一个搜索算法，即蒙特卡洛树搜索（Monte Carlo Tree Search，MCTS），为每一步棋选出最有利的落子位置。因此，每下一步之前，AlphaGo Zero 的搜索对象不是所有可能性，而只是最适合当下"战况"的一小部分可能性，这就大大提升了搜索的精确性和效率性。从实质上看，AlphaGo Zero 算法本质上是一个最优化搜索算法，对于所有开放信息的、离散的最优化问题，只要人们可以写出完美的模拟器，就可以应用 AlphaGo Zero 算法。所谓开放信息，就像围棋、象棋；所谓离散问题，则意味着变量是可以有限枚举的，如围棋的 361 个点是可以枚举的，而股票、无人驾驶等不属于这类问题。

4.6.2　自动驾驶

在过去的十年中，自动驾驶汽车技术取得了越来越快的进步，主要得益于深度学习和人工智能领域的进步。

1．自动驾驶概述

深度学习技术在自动驾驶领域取得了巨大成功，其优点是精准性高、鲁棒性强、成本低。无人驾驶车辆商业化成为焦点和趋势。汽车企业、互联网企业都争相进入无人驾驶领域，如百度、Uber 等。例如，百度也在 2020 年开始了无人驾驶汽车的上路测试。其他公司如特斯拉、沃尔沃、宝马等也对无人驾驶技术进行了深入研究，其近期定位是实现高速公路上的高级辅助驾驶。

2．自动驾驶技术框架

自动驾驶是一个完整的软硬件交互系统，自动驾驶核心技术包括硬件（汽车制造技术、自动驾驶芯片）、自动驾驶软件、高精度地图、传感器通信网络等。自动驾驶可以处理来自不同车载来源的观测流，如照相机、雷达、激光雷达、超声波传感器、GPS 装置和惯性传感器，这些观察结果被汽车的计算机用来做驾驶决定。自动驾驶软件部分的模块主要包括以下几部分。

（1）环境感知模块

环境感知模块主要通过传感器来感知环境信息，如通过摄像头、激光雷达、毫米波雷达、超声波传感器等来获取环境信息；通过 GPS 获取车身状态信息。具体来说，其主要包括传感器数据融合、物体检测与物体分类（道路、交通标志、车辆、行人、障碍物等）、物体跟踪（行人移动）、定位（自身精确定位、相对位置确定、相对速度估计）等。

（2）行为决策模块

行为决策模块需要根据实时路网信息、交通环境信息和自身驾驶状态信息，产生遵守交通规则（包括突发异常状况）的安全、快速的自动驾驶决策（运动控制）。通俗地说，就是实时规划出一条精密而合理的行驶轨迹，可分为全局路径规划和局部路径规划，局部路径规划主要是指当出现道路损毁、存在障碍物等情况时找出可行驶区域行驶，在路径规划的同时需要考虑最终理想的乘坐体验。

（3）运行控制模块

运行控制模块可根据规划的行驶轨迹，以及当前行驶的位置、姿态和速度，对加速踏板、制动踏板、转向盘和变速杆等下达控制命令。

3．自动驾驶的实现过程

自动驾驶汽车的首要任务是了解周围环境并使其本地化。在此基础上，规划一条连续的路径，并通过行为仲裁系统确定汽车的未来行为。最后，运动控制模块反应性地校正在执行所计划的运动时产生的误差。

在行驶过程中，自动驾驶汽车在两个点（即起始位置和所需位置）之间找到路线的能力即为路径规划。根据路径规划，自动驾驶汽车应考虑周围环境中存在的所有可能障碍物，并计算无碰撞路线的轨迹。一般认为自动驾驶是一种多智能体设置，在这种设置中，当车辆在超车、让路、合流、左转和右转，以及在非结构化城市道路上行驶时，宿主车辆必须与其他道路使用者应用复杂的谈判技巧。目前，在卷积神经网络的基础上进行视觉的感知是自动驾驶系统中最常用的方法。

那么，深度学习具体如何用于自动驾驶呢？自动驾驶需要汽车像人的大脑一样来辨识一些行驶路径上出现的事物并做出决策。深度学习网络相当于人的大脑，对安装在车前的摄像头的图像进行采集，并通过卷积神经网络来提取图像的特征，通过模型计算来得出几个输出量，如加速、减速、转向盘的角度等信息。图 4-14 所示为深度学习在进行自动驾驶的仿真。

图 4-14　深度学习在进行自动驾驶的仿真

4.7　小结

（1）神经网络亦称为人工神经网络，是由大量神经元广泛互连而成的网络，是对人脑的抽象、简化和模拟，神经网络应用了一些人脑的基本特性。

（2）感知机被认为是具有实用价值的重要分类算法之一。

（3）卷积神经网络在神经网络的基础上加入了卷积运算，通过卷积核局部感知图像信息提取其特征，多层卷积之后能够提取出图像的深层抽象特征，凭借这些特征来达到更准确的分类或预测的目标。

（4）循环神经网络是一种以序列数据为输入，在序列的演进方向进行递归，且所有节点（循环单元）按链式连接形成闭合回路的递归神经网络。

（5）生成对抗网络的网络结构由生成网络和判别网络共同构成。生成网络和判别网络可以看作博弈中的两个玩家，在模型训练的过程中，生成网络和判别网络会各自更新自身的参数以使损失最小，通过不断迭代优化，最终达到纳什均衡状态。

4.8 习题

（1）简述神经网络的结构。

（2）简述多层感知机的优缺点。

（3）简述典型的卷积神经网络的结构。

（4）简述常用的循环神经网络。

（5）简述生成对抗网络的原理。

第5章

计算机视觉

05

【本章导读】

计算机视觉是研究如何让机器"看"的科学，是人工智能主要应用领域之一。本章主要介绍计算机视觉的知识及应用。

【本章要点】

① 计算机视觉
② 图像分类

③ 目标检测
④ 图像分割

5.1 计算机视觉概述

人类认识、了解世界的信息中有 80%以上来自视觉，同样，计算机视觉（Computer Vision，CV）是机器认知世界的基础，最终的目的是使得计算机能够像人类一样"看懂世界"。计算机视觉是从图像或视频中提出符号或数值信息，分析计算该信息以进行目标的识别、检测和跟踪等。更形象地说，计算机视觉就是让计算机像人类一样能看到并理解图像。

5.1.1 计算机视觉简介

计算机视觉是一门涉及图像处理、图像分析、模式识别和人工智能等多种技术的新兴交叉学科，具有快速、实时、经济、一致、客观、无损等特点。

5.1 计算机视觉
简介

1. 计算机视觉的概念

计算机视觉是研究如何让机器"看"的科学，其可以模拟、扩展和延伸人类智能，从而帮助人类解决大规模的复杂问题。因此，计算机视觉是人工智能主要应用领域之一，它通过使用光学系统和图像处理工具等来模拟人的视觉捕捉能力及处理场景的三维信息，理解并通过指挥特定的装置执行决策。目前，计算机视觉技术应用相当广泛，如人脸识别、车辆或行人检测、目标跟踪、图像生成等，其在科学、工业、农业、医疗、交通、军事等领域都有着广泛的应用前景。

计算机视觉技术的基本原理是利用图像传感器获得目标对象的图像信号，并传输给专用的图像处理系统，将像素分布、颜色、亮度等图像信息转换成数字信号，并对这些信号进行多种运算与处理，提取出目标的特征信息进行分析和理解，最终实现对目标的识别、检测和控制等。

计算机视觉技术先由电荷耦合器件（Charge Coupled Devices，CCD）摄像头采集高质量图像，实现高精度测量，再通过图像数字化模块、数字图像处理模块、智能判断决策模块等软件模块的精确统计、运算和分析，包括参数经过线性回归、主成分分析方法（Principal Component Analysis，PCA）、学习型矢量法、贝叶斯决策、支持向量机、遗传算法、BP 神经网络、人工神经网络等，构建判别模型，为对图像目标做出某一方面的判断提供依据。

2. 计算机视觉的特点

计算机视觉与其他人工智能技术有所不同。首先，计算机视觉是一个全新的应用方向，而非像预测分析那样只是对原有解决方案的一种改进。其次，计算机视觉能够以无障碍的方式改善人类的感知能力。当算法从图像当中推断出信息时，它并不像其他人工智能方案那样在对本质上充满不确定性的未来做出预测；相反，它们只是判断关于图像或图像集中当前内容的分类。这意味着计算机视觉将随着时间推移而变得愈发准确，直到其达到甚至超越人类的图像识别能力。最后，计算机视觉能够以远超其他人工智能工具的速度收集训练数据。大数据集的主要成本体现在训练数据的收集层面，但计算机视觉只需要由人类对图片及视频内容进行准确标记——这项工作的难度明显很低，正因如此，近年来计算机视觉技术的采用率才得到迅猛提升。

5.1.2　计算机视觉的发展历史

1966 年，人工智能学家马文·明斯基在给学生布置的作业中，要求学生通过编写一个程序让计算机描述它通过摄像头看到了什么，这被认为是计算机视觉最早的任务描述。

20 世纪 70～80 年代，随着现代电子计算机的出现，计算机视觉技术初步萌芽。MIT 的人工智能实验室首次开设计算机视觉课程，由著名的伯特霍尔德·霍恩（Berthold Horn）教授主讲，同实验室的大卫·马尔（David Marr）教授首次

5.2　计算机视觉的发展及应用

提出表示形式（Representation）是视觉研究最重要的问题。人们开始尝试让计算机"看到"东西，于是首先想到的是从人类的视觉机制中获得借鉴。

借鉴之一是当时人们普遍认为人类能看到并理解事物，是因为人类通过两只眼睛可以立体地观察事物。因此，要想让计算机理解它所看到的图像，必须先将事物的三维结构从二维的图像中恢复出来，这就是所谓的"三维重构"的方法。

借鉴之二是人们认为人类之所以能识别出一个苹果，是因为已经拥有了苹果的先验知识，如苹果是圆的、表面光滑的，如果给机器建立一个这样的知识库，让机器将看到的图像与知识库中的储备知识进行匹配，就有可能使机器识别乃至理解它所看到的东西，这是所谓的"先验知识库"的方法。

这一阶段的应用场景主要是光学字符识别、工件识别、显微/航空图片的识别等。

20 世纪 90 年代，计算机视觉技术取得了更大的进步，开始广泛应用于工业领域。一方面的原因是 CPU、数字信号处理等硬件技术有了飞速进步；另一方面是得益于不同算法的引入，包括

统计方法和局部特征描述符等。

进入 21 世纪，得益于互联网的兴起和数码相机的出现带来的海量数据，以及机器学习方法被广泛应用，计算机视觉发展迅速。以往许多基于规则的处理方式都被机器学习所替代，计算机能够自动从海量数据中总结、归纳物体的特征，并进行识别和判断。这一阶段涌现出了非常多的应用场景，包括典型的相机人脸检测、安防人脸识别、车牌识别等。

2010 年以后，借助于深度学习的力量，计算机视觉技术得到了爆发增长和产业化发展。通过深度神经网络，各类视觉相关任务的识别精度都得到了大幅提升。计算机视觉技术的应用场景也快速扩展，拥有了更广阔的应用前景，除了在比较成熟的安防领域的应用外，也有应用在金融领域的人脸识别身份验证、电商领域的商品拍照搜索、医疗领域的智能影像诊断等。

5.1.3　计算机视觉研究的意义

视觉是人类最重要的一种感觉，在人类认识世界和改造世界的过程中，它给人类提供了认识世界总信息量的 80%以上，人类可以通过视觉认识客观环境中各种物体的形状、大小、颜色、空间位置以及它们之间的相对位置，从而使人类通过大脑的活动，下达指令去完成生存所需的任务和行动，最终实现人类认识世界、改造世界的目的。因此，视觉对人类无疑是十分重要的。

但是，人类的视觉由于生理条件的限制，只能在一定的条件下才能发挥作用。例如，人类对客观物体的观察只能在一定的距离、大小、亮度、波长以及时间范围内才能获得所需的信息。此外，人类视觉的灵敏度也有一定的限制，特别是在恶劣和有干扰的环境中，人类视觉会受到影响，造成观察结果的偏差。视觉还与人类在观察过程中的主观因素和精神状态有关。所以人类的视觉系统虽然极其重要，但是存在生理条件的限制，有一定的局限性。人们渴望着利用科学技术手段研制出能克服人类视觉的局限性，拓宽人类视觉边界的系统，为人类社会服务。

在采集图像、分析图像、处理图像的过程中，计算机视觉的灵敏度、精确度、快速性都是人类视觉所无法比拟的，它克服了人类视觉的局限性。计算机视觉系统的独特性质使得其在各个领域的应用中显示出了强大生命力。目前，计算机视觉系统的应用已遍及航天、工业、农业、科研、军事、气象、医学等领域。因此，研究及利用计算机视觉系统对当今世界来说十分重要，它将推动科学和社会更快地向前发展，为人类做出日益重要的贡献。

5.1.4　计算机视觉的应用及面临的挑战

人工智能是现今的一大研究热点，而机器要想变得更加智能，必然少不了对外界环境的感知。有研究表明，人类对外界的环境的感知 80%以上来自视觉系统，机器也是如此，大多数的信息包含在图像中，人工智能的发展少不了计算机视觉。目前，计算机视觉在如下领域得到了广泛应用，但也面临着一些挑战。

1．智慧医疗领域的应用

随着近几年来计算机视觉技术的进步，智慧医疗领域受到了学术界和产业界的持续关注，其应用越来越广泛和深入。面向智慧医疗，计算机视觉技术将从两个层面产生深刻的影响：第一，对于临床医生，计算机视觉技术能帮助其更快速、更准确地进行诊断分析工作；第二，对于卫生系统，计算机视觉技术通过人工智能的方式能改善工作流程、减少医疗差错。

目前，在医学上采用的图像处理技术大致包括压缩、存储、传输和自动/辅助分类判读，也可用于医生的辅助训练。与计算机视觉相关的工作包括分类、判读和快速三维结构的重建等。

此外，计算机视觉技术与深度学习的结合在医学图像等领域产生了大量的研究成果。例如，图像配准技术是在医学图像分析领域进行量化多参数分析与视觉评估领域的关键技术；DeepGestalt 算法能够提高识别罕见遗传综合征的准确率，在实验的 502 张不同的图像中，其正确识别综合征的准确率达到了 91%；而基于卷积神经网络的人工智能能够识别心室功能障碍患者，研究团队在 52 870 名患者上测试了该神经网络，结果显示，其灵敏度、特异性和准确度分别达到了 86.3%、85.7%和 85.7%。

2. 公共安全领域的应用

公共安全领域是计算机视觉技术的重要应用场景，尤其是人脸识别技术，作为构建立体化、现代化社会治安防控体系的重要抓手和技术突破点，在当前的安防领域中具有重要应用价值。近十年来，街道摄像头等视觉传感器的普及为智能安防提供了硬件基础与数据基础，为深度学习算法提供了大量的训练数据，从而大幅提升了人脸识别的技术水平。

国内多家人脸识别产品已经被公安部门用于安防领域。完整的人脸识别系统包括人脸检测、人脸配准、人脸匹配、人脸属性分析等模块，其主要应用包括静态人脸识别、动态人脸识别、视频结构化等。例如，1∶1 比对的身份认证，相当于静态环境下的人脸验证任务，用于对输入图像与指定图像进行匹配，已经成熟应用于人脸解锁、身份验证等场景。在 2008 年北京奥运会期间，人脸识别技术作为国家级项目投入使用，在奥运会历史上第一次使用该项技术保障了开、闭幕式安检的安全通畅。

动态人脸识别技术则是先通过摄像头等视觉传感设备在视频流中获得动态的多张人脸图像，再从数据库中的大量图像中找到相似度最高的人脸图像，广泛用于人群密集场所当中的布控，协助安全部门进行可疑人口排查、逃犯抓捕等情报研判任务。视频结构化则是面向人、车、物等对象，从视频流中抽象出对象的属性，如人员的体貌特征、车辆的外形特征等。这些技术能够预警打架斗殴、高危车辆等社会治安问题，成为打击违法犯罪活动、建设平安城市的重要技术。

3. 无人机与自动驾驶领域的应用

无人机与自动驾驶行业的兴起，让计算机视觉在这些领域的应用成为近年来的研究热点。以无人机为例，简单至航拍，复杂至救援救灾和空中加油等应用，都需要高精度的视觉信号以保障决策与行动的可靠性。在无人机的核心导航系统中，很重要的一个子系统就是视觉系统，通过单摄像头、双摄像头、三摄像头甚至全方向的摄像头布置，视觉系统能克服传统方法的限制与缺点；而结合 SLAM、VO 等技术，应用深度学习算法，能够提高位姿估计、高度探测、地标跟踪、边缘检测、视觉测距、障碍检测与规避、定位与导航等任务的精度。从外界获取的信号与无人机飞控系统的视觉系统形成闭环，能提高飞行器的稳定性。目前，商用的无人机已被广泛地应用于活动拍摄、编队表演、交通检测乃至载人飞行等领域。

计算机视觉软硬件技术的齐头并进加速了自动驾驶技术的发展。特别是在摄像头普及，以及激光雷达、毫米波雷达、360°大视场光学成像、多光谱成像等视觉传感器配套跟进的条件下，配合卷积神经网络、深度学习算法，基于计算机视觉系统的目标识别系统能够观测交通环境，从实时视频信号中自动识别出目标，为自动驾驶的起步、加速、制动、车道线跟踪、换道、避撞、停车等操作提供判别依据。

4．工业领域的应用

计算机视觉在工业领域也有着极为重要的应用。在工业领域，计算机视觉是工业机器人领域的关键技术，配合机械装置能够实现产品外观检测、质量检测、产品分类、部件装配等功能。例如，工业机器人的手眼系统是计算机视觉应用最为成功的领域之一，由于工业现场的诸多因素，如光照条件、成像方向均是可控的，使得手眼系统的构建大为简化，有利于构成实际的系统。例如，ABB 公司研发的 IRB 360 系列工业机器人借助 FlexPiker 视觉系统实现了传送带物品的跟踪和分拣，大大提升了生产效率。在工业互联网大力推进的大背景下，计算机视觉在智能化、无人化的工业领域中的应用将越来越普及，发挥出更大的作用。

5．其他领域的应用

计算机视觉的应用非常广泛，除了上文提到的多个重要的领域之外，在其他产业（如农业、服务业）也有着大量的应用实践，为人类生活提供了越来越多的便利。在农业领域，计算机视觉的应用成果涉及农产品品质检测、作物识别与分级、农副产品出厂质量监测、植物生长监测、病虫害的监测与防治、自动化收获等领域，为精细农业和农业生产自动化奠定了基础。例如，腾讯人工智能实验室在 2018 年利用传感器收集温室气温等环境数据，并通过深度学习算法进行计算、判断与决策，远程控制黄瓜的生产，减少了人力资源的投入。

在第三产业，"智慧城市"的概念带动了诸如智慧交通、智慧教育、智慧社区、智慧零售、智慧政务等基于计算机视觉技术的应用场景。计算机视觉在生物特征鉴别技术方面也有着广泛的应用，主要集中在人脸、虹膜、指纹、声音等特征上。它可以用来构建智能人机接口，使计算机检测到用户是否存在、鉴别用户身份、识别用户的体势（如点头、摇头）。此外，这种人机交互方式可推广到一切需要人机交互的场合，如人口安全控制、过境人员的验放等。以计算机视觉为代表的人工智能技术未来将深刻改变人类的生活方式乃至社会形态。

6．计算机视觉面临的挑战

目前，计算机视觉技术的发展面临的挑战主要来自以下 3 个方面。

（1）有标注的图像和视频数据较少，机器在模拟人类智能进行认知或感知的过程中，需要大量有标注的图像或视频数据指导机器学习其中的一般模式。当前，海量的图像视频数据主要依赖人工标注，不仅费时费力，还没有统一的标准，可用的有标注的数据有限，导致机器的学习能力受限。

（2）计算机视觉技术的精度有待提高，如在物体检测任务中，当前最高的检测正确率为 66%，只能在对正确率要求不是很高的场景下应用。

（3）计算机视觉技术的处理速度有待提高，图像和视频信息需要借助高维度的数据进行表示，这是让机器看懂图像或视频的基础，对机器的计算能力和算法的效率要求很高。

5.2 图像分类

5.3 图像分类

图像分类是根据不同类别的目标在图像信息中所反映的不同特征，将它们区分开来的图像处理方法。它利用计算机对图像进行定量分析，把图像或其中的每个像素或区域划分为若干个类别中的某一种，以代替人的视觉判断。

5.2.1 图像分类简介

图像分类的任务就是输入一张图像，正确输出该图像所属的类别。对于人类来说，判断一张图像的类别是一件很容易的事情，但是计算机并不能像人类那样获得图像的语义信息。计算机能看到的只是一个个像素的数值，对于一张 RGB 图像，假设其尺寸是 32×32，那么计算机看到的就是一个 3×32×32 的矩阵，或者更正式地称其为张量（可以简单理解为高维的矩阵）。图像分类就是寻找一个函数关系，这个函数关系能够将这些像素的数值映射为一个具体的类别（类别可以用某个数值表示）。

图像分类的核心任务是分析一张输入的图像并得到一个给图像分类的标签，标签来自预定义的可能类别集。

例如，假定一个可能的类别集 categories = {dog, cat, eagle}，向分类系统中输入一张图片，如图 5-1 所示。图像分类系统的目标是根据输入图像，从类别集中分配一个类别，这里为 dog 类别。分类系统也可以根据概率给图像分配多个标签，如 dog:90%，cat:6%，eagle:4%。

图 5-1　向分类系统中输入的一张图片

5.2.2 图像分类算法

图像分类是计算机视觉领域非常热门的研究方向，在很多领域得到了广泛应用，包括人脸识别、行人检测与跟踪、智能视频分析、车辆计数等，可以说图像分类已应用于人们日常生活的方方面面。

1. 传统图像分类算法

完整建立图像识别模型一般包括底层特征提取、特征编码、空间约束、分类器分类等几个阶段。传统图像分类流程如图 5-2 所示。

```
┌──────────────┐
│  底层特征提取  │
└──────────────┘
       ↓
┌──────────────┐
│   特征编码    │
└──────────────┘
       ↓
┌──────────────┐
│   空间约束    │
└──────────────┘
       ↓
┌──────────────┐
│  分类器分类   │
└──────────────┘
```

图 5-2　传统图像分类流程

底层特征提取通常是从图像中按照固定步长、尺度提取大量局部特征描述。常用的局部特征包括尺度不变特征转换（Scale-Invariant Feature Transform，SIFT）、方向梯度直方图（Histogram of Oriented Gradient，HOG）、局部二值模式（Local Binary Pattern，LBP）等，也可以采用多种特征描述，以防止丢失过多的有用信息。

由于提取的底层特征中包含了大量冗余与噪声，为了提高特征表达的鲁棒性，需要使用一种特征转换算法对底层特征进行编码，该过程称作特征编码。常用的特征编码方法包括向量量化编码、稀疏编码、局部线性约束编码、Fisher 向量编码等。

特征编码之后一般会经过空间约束，也称作特征汇聚，是指在一个空间范围内，对每一维特征取最大值或者平均值，可以获得一定特征不变形的特征表达。金字塔特征匹配是一种常用的空间约束方法，这种方法提出将图像均匀分块，并在分块内做空间约束。

经过前序操作后，图像就可以用一个固定维度的向量进行描述，并通过分类器对图像进行分类。常用的分类器包括支持向量机、随机森林等。支持向量机是使用最为广泛的分类器，在传统图像分类任务上性能很好。

2. 基于深度学习的图像分类算法

基于深度学习的图像分类算法的原理是输入一个元素为像素值的数组，并给它分配一个分类标签。基于深度学习的图像分类算法流程如图 5-3 所示。

```
┌──────┐
│ 输入 │
└──────┘
   ↓
┌──────┐
│ 学习 │
└──────┘
   ↓
┌──────┐
│ 评价 │
└──────┘
```

图 5-3　基于深度学习的
图像分类算法流程

输入是包含 N 张图像的集合，每张图像的标签是 K 种分类标签中的一种。这个集合称为训练集。

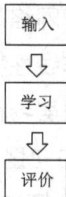

学习即让分类器使用训练集来学习每个类的特征，也叫作训练分类器。

评价即让分类器来预测它未曾见过的图像的分类标签，对分类器预测的标签和图像真正的分类标签进行对比，并以此来评价分类器的质量。分类器预测的分类标签和图像真正的分类标签一致的情况越多，分类器的质量越好。

例如，CIFAR-10 是一个非常流行的图像分类数据集。这个数据集包含了 60 000 张 32×32 的小图像，每张图像都是 10 种分类标签中的一种，这 60 000 张图像被分为包含 50 000 张图像的训练集和包含 10 000 张图像的测试集。图 5-4 所示为 CIFAR-10 数据集 10 个类的 10 张随机图像及其分类示意图。

图 5-4　CIFAR-10 数据集 10 个类的 10 张随机图像及其分类示意图

深度学习算法在图像分类中的大面积应用，涌现出了一大批优秀的适用于图像分类的深度学习模型，下面介绍常用的 3 类深度学习模型。

（1）VGG 模型

VGG 模型与以往的模型相比，进一步加宽和加深了网络结构。它的核心是 5 组卷积操作，每 2 组之间做最大池化的空间降维。同一组内采用多次连续的 3×3 卷积，卷积核的数目由较浅组的 64 增多到最深组的 512，同一组内的卷积核数目相同。卷积之后先接 2 层全连接层，再接分类层。根据每组内卷积层的不同，有 11、13、16、19 层几种模型。VGG 模型结构相对简洁，有很多研究者基于此模型进行了深入扩展研究。

（2）GoogLeNet 模型

GoogLeNet 模型由多组 Inception 模块组成。该模型的设计借鉴了 NIN（Network in Network）的一些思想。NIN 模型有两个特点：一是引入了多层感知卷积网络代替一层线性卷积网络，多层感知卷积网络是一个微小的多层卷积网络，即在线性卷积后增加若干层 1×1 的卷积，就可以提取出高度非线性特征；二是传统的卷积神经网络最后几层一般是全连接层，参数较多，而 NIN 模型的最后一层卷积层包含类别维度大小的特征图，并采用全局均值池化替代全连接层，得到类别维度大小的向量，再进行分类，这种替代全连接层的方式有利于减少参数。GoogLeNet 由多组 Inception 模块堆积而成，在网络最后像 NIN 一样采用了均值池化层，但与 NIN 不同的是，GoogLeNet 在池化层后加了一个全连接层来映射类别数。另外，GoogLeNet 在中间层添加了 2 个辅助分类器，在后向传播中增强梯度并且增强正则化，而整个网络的损失函数是这 3 个分类器的损失加权求和。

（3）残差网络模型

残差网络（Residual Network，ResNet）是用于图像分类、图像物体定位和图像物体检测的深度学习模型。针对随着网络训练加深导致准确度下降的问题，ResNet 提出了残差学习方法来降低训练深层网络的难度。ResNet 模型在已有小卷积核、全卷积网络等设计思路的基础上，引入了残差模块。每个残差模块包含两条路径，其中一条路径是输入特征的直连通路，另一条路径对该特征做两到三次卷积操作可得到该特征的残差，最后将两条路径上的特征相加即可。

5.3　目标检测

目标检测需要定位出图像目标的位置和相应的类别。由于各类物体有不同的外观、形状、姿态，加上成像时光照、遮挡等因素的干扰，目标检测一直是计算机视觉领域最具有挑战性的问题。

5.4　目标检测

5.3.1　目标检测简介

目标检测的任务是在图像中找出所有感兴趣的目标（物体），并确定它们的位置和大小，是计算机视觉领域的核心问题之一。图像分类任务关心整体，给出的是整张图像的内容描述；而目标检测关注特定的物体目标，要求同时获得该目标的类别信息和位置信息。相比于图像分类，目标检测给出的是对图像前景和背景的理解，算法需要从背景中分离出感兴趣的目标，并确定这一目标的描述（类别和位置）。因此，目标检测模型的输出是一个列表，列表的每一项使用一个数据组给出目标的类别和位置（常用矩形检测框的坐标表示）。

目标检测需要解决目标可能出现在图像的任何位置、目标有不同的大小以及目标可能有不同的形状这 3 个核心问题。目标检测示意图如图 5-5 所示。

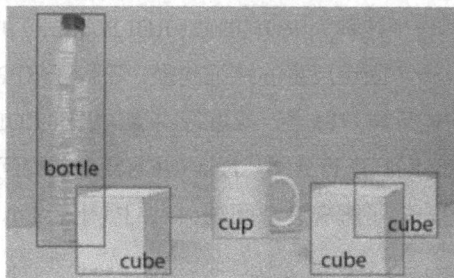

图 5-5　目标检测示意图

5.3.2　目标检测框架模型

深度学习是具有更多隐藏层数的神经网络，它可以学习到机器学习等算法不能学习到的更加深层次的数据特征，能够更加抽象并且准确地表达数据。因此，基于深度学习的各类算法被广泛地应用于目标检测中。

1. R-CNN

R-CNN 采用的是选择性搜索（Selective Search）算法，使用聚类的方法对图像进行分组，得到多个候选框的层次组。R-CNN 通过使用 Selective Search 算法，从图像中提取出 2 000 个可能包含有目标的区域，再将这 2 000 个候选区域（Region Of Interest，ROI）压缩到统一大小（227×227）并送入卷积神经网络中进行特征提取，在最后一层将特征向量输入支持向量机分类器，得到该候选区域的种类。从整体上看，R-CNN 的结构比较简单，但它也存在两个重大缺陷：一是 Selective Search 算法进行候选区域提取的过程在 CPU 内计算完成，占用了大量计算时间；二是对 2 000 个候选框进行卷积计算、提取特征的时候，存在大量的重复计算，进一步增加了计算复杂度。

2. SPP-NET

SPP-NET 是在 R-CNN 的基础上提出的，由于 R-CNN 只能接收固定大小的输入图像，若对图像进行裁剪以符合要求，则会导致图像信息不完整；若对原始图像进行比例缩放，则会导致图像发生形变。在 R-CNN 中，需要输入固定尺寸图像的是第一个全连接层，而对卷积层的输入并不做要求。因此，在最后一个卷积层和第一个全连接层之间做一些处理，将不同大小的图像变为固定大小的全连接层输入就可以解决问题。SPP-NET 在最后一个卷积层后加入空间金字塔池化（Spatial Pyramid Pooling，SSP），在 SSP 层中分别作用不同尺度的池化核，再对得到的结果进行拼接，就可以得到固定长度的输出，此时的网络就可以在特征层中提取不同大小的特征图。此方法虽然仍需预先生成候选区域，但是输入 CNN 特征提取网络的不再是 2 000 个候选区域而是包含候选区域的整张图像，在低层次的特征提取中只需通过一次卷积网络，计算量即可得到极大的降低，其处理速度是 R-CNN 的 100 倍左右。

3. Fast R-CNN

R-CNN 在候选区域上进行特征提取时存在大量重复性计算，为了解决这个问题，人们提出了 Fast R-CNN。Fast R-CNN 借鉴 SPP-NET 对 R-CNN 进行了改进，检测性能获得了提升。不同于 SPP-NET，Fast R-CNN 提出了一个被称为 ROI 池化（ROI Pooling）的只有一层的金字塔网络，它可以把不同大小的输入映射成一个固定尺度的特征向量。不同于 SPP 层，ROI 池化到特定尺度只有一层，而不是进行多尺度池化后再对每层结果进行拼接。经过 ROI 池化层的每个候选区域特征都有固定的维度，通过 Softmax 回归进行分类。Fast R-CNN 存在的问题是 Selective Search 算法提取所有的候选框是非常耗时的，为了解决这个问题，人们提出了 Faster R-CNN。

4. Faster R-CNN

SPP-NET 和 Fast-CNN 都需要单独生成候选区域，该步骤的计算量非常大，并且难以用 GPU 进行加速。针对这个问题，在 Fast R-CNN 的基础上提出了 Faster R-CNN，不再由原始图像通过 Selective Search 算法提取候选区域，而是进行特征提取，在特征层增加区域生成网络（Region Proposal Network，RPN）以提取候选框，每个单元按照规则选择不同尺度的 9 个锚盒，利用锚盒计算预测框的偏移量，从而进行位置回归。Faster R-CNN 结合了候选区域生成、候选区域特征提取、候选框回归和分类的全部检测任务，训练过程中各个任务并不是单独训练，而是互相配合，共享参数。但是，Faster R-CNN 需要对每个锚盒进行类别判断，在目标识别速度上还有待提高。

5. Mask R-CNN

Mask R-CNN 在 Faster R-CNN 中增加了并行的 Mask 分支，该分支是一个小全连接卷积网络，对每个候选区域生成一个像素级别的二进制掩码，该掩码的作用是对目标区域空间布局进行二进制编码。Mask R-CNN 扩展了 Faster R-CNN，适用于像素级分割，而不仅限于边界框，可实现对物体的细粒度分割。在 Fast R-CNN 中，使用 ROI 池化产生特定大小的特征图。经过 ROI 池化层后，产生的特征图映射回原图的大小会产生错位，像素不能精准对齐。虽然在目标检测中给出的候选区域与原图有一些误差也不会对分类检测的结果产生很大影响，但是由于 Mask 是像素级别的分割任务，这种错位会对分割结果产生很大的影响。因此需采用 ROI Align，即使用双线性插值来解决不能准确对齐像素点的问题。Mask R-CNN 有很大的灵活性，可以进行目标检测、目标分割等任务，并且可以应用到人体姿态评估上，但其实时性还不够理想。

6. YOLO

YOLO 不同于以 R-CNN 为代表的两步检测算法，YOLO 的网络结构更为简单，且其速度是 Faster R-CNN 的 10 倍左右，可以满足目标检测对于实时性的要求。YOLO 将待检测图像缩放到统一尺寸，并将图像分成相同大小的网格，如果一个目标的中心落在某网格单元中，那么这个网格就负责检测该目标的类别。YOLO 存在的问题是，它把图像划分成 7×7 的网格进行分析，对小目标的检测率不高，而且每个网格最多只能检测一个类别的物体，当多个类别出现在一个网格中时，其检测效果不佳。

7. YOLO v2

YOLO v2 对 YOLO 的网络结构进行了改进，其先加入了批量归一化，且在训练过程中采用了高分辨率图像，训练 448 像素×448 像素的高分辨率分类网络，再利用该网络训练检测网络。因为 YOLO 利用单个网格完成边框的检测和位置回归，检测效果不佳，所以研究者借鉴了 Faster R-CNN 中的锚盒（尺寸由人工选择），但锚盒尺寸和个数通过聚类分析后才被确定。然而，研究者发现该模型在早期迭代时的收敛很不稳定，因此仍然采用 YOLO 检测相对于网格坐标位置偏移量的方法。因为检测数据集样本的数量少，所以研究者提出用 WordTree 把上下文中的公共对象（Common Objects in Context，COCO）和 ImageNet 数据集进行联合训练得到 YOLO9000 网络的方法，以完成超过 9 000 种物体类别的检测。YOLO9000 使用 ImageNet 分类数据集学习从大量的类别中进行物体分类，在 COCO 检测数据集上学习检测图像中的物体位置。

8. SSD

YOLO 对小目标检测的准确率不高，SSD 是对 YOLO 进行改进的成果，它可以既保持检测准确率，又保证检测的速度。SSD 仍然采用 YOLO 中划分网格的方法，与 YOLO 不同的是，SSD 对不同卷积层的特征图像进行了滑动窗口扫描，每层特征图中锚盒的大小和个数都不同。前面的卷积层中锚盒尺寸相对较小，适合检测小目标；后面的卷积层中锚盒尺寸相对较大，适合检测大目标。因此，SSD 在一定程度上提升了小目标物体的检测精度。

5.4　图像分割

图像分割是图像分析的第一步，是计算机视觉的基础，是图像理解的重要组成部分，也是图像处理中最困难的问题之一。

5.4.1　图像分割简介

图像分割指利用图像的灰度、颜色、纹理、形状等特征，把图像分成若干个互不重叠的区域，并使这些特征在同一区域内呈现相似性，在不同的区域之间存在明显的差异性。此后，可以将分割的图像中具有独特性质的区域提取出来用于不同的研究。简单地说，图像分割就是在一幅图像中，把目标从背景中分离出来。对于灰度图像来说，区域内部的像素一般具有灰度相似性，而在区域的边界上一般具有灰度不连续性。

图像分割其实可以看作把图像分成若干个无重叠的子区域的过程，即假设 R 是整个要分割的图像区域，将此区域分成 n 个区域 R_1, R_2, R_3, $\cdots$, R_n 的过程就是图像分割。其中，R_1, R_2, R_3, $\cdots$, R_n 这些子区域需满足图像中任意一部分都要分割到某个子区域中、任意两个子区域不会重叠、子区域中的任意两个像素点能连通、所有子区域中的像素点都符合一种特点、任意相邻子区域中没有相同之处这 5 个要求。图像分割示意图如图 5-6 所示。

从 20 世纪 70 年代起，图像分割问题就吸引很多研究人员为之付出了巨大的努力。虽然到目前为止，还不存在一种通用的完美的图像分割的方法，但是对于图像分割的一般性规律基本上已经达成了共识，已经产生了相当多的研究成果和方法。

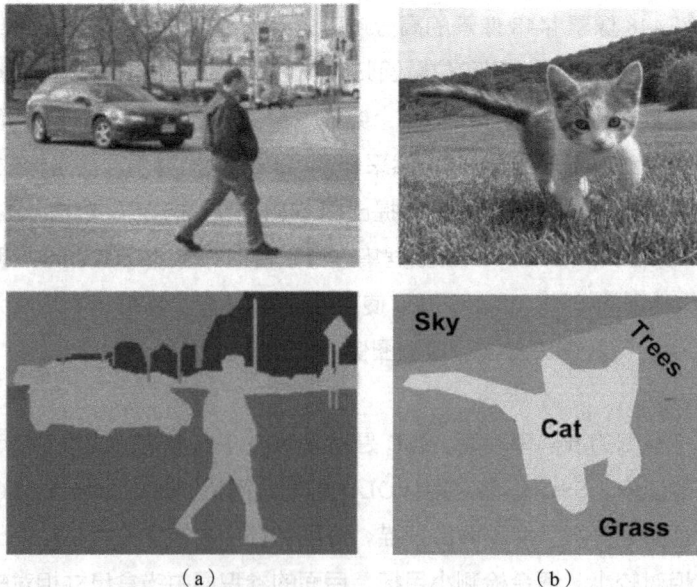

（a）　　　　　　　　　　　　　（b）

图 5-6　图像分割示意图

5.4.2　图像分割算法

目前，图像分割算法的数量已经达到上千种。随着对图像分割的更深层次研究和其他科学领域的发展，使用新理论的图像分割算法陆续出现，各种图像分割算法都有其不同理论基础，下面介绍 4 种常见的图像分割算法。

1．基于阈值的图像分割算法

这种算法具有易于操作、功能稳定、计算简单高效等优点。其基本原理是根据图像的整体或部分信息选择阈值，依据灰度级别划分图像。如何选取合适的阈值是其中最重要的问题。由于该算法直接利用灰度值，因此计算方面十分简单高效。当图像中的目标与背景灰度差异大时，应使用全局阈值分割法；当图像灰度差异不大或多个目标的灰度相近时，应使用局部或动态阈值分割法。这种算法虽然简单高效，但是有其局限性：一方面，当图像中的灰度值差异不明显或灰度范围重叠时，可能出现过分割或欠分割的情况；另一方面，其不关心图像的空间特征和纹理特征，只考虑图像的灰度信息，抗噪性能差，导致在边界处的效果不符合预期，得到的分割效果比较差。

2．基于边缘检测的图像分割算法

这种算法的基本原理是通过检测边界来把图像分割成不同的部分。在一张图像中，不同区域的边缘通常是灰度值剧烈变化的地方，这种算法就是根据灰度突变来进行图像分割的。其按照执行顺序的差异可分为两种，即串行边缘分割法和并行边缘分割法。其重点是如何权衡检测时的抗噪性能和精度。若提高检测精度，则噪声引起的伪边缘会导致过分割；然而，若提高抗噪性能，则会使得轮廓处的结果精度不高。因此，在实际应用的时候，需要综合考虑检测精度与抗噪性能的相互作用并进行取舍，这是基于边缘检测的图像分割算法的关键部分。其优点是运算快，边缘定位准确；其缺点是抗噪性能差，因而在划分复杂图像时非常容易导致边缘不连续、边缘丢失或边缘模糊等问题，边缘的封闭性和连续性难以保证。

3．基于区域的图像分割算法

这种算法的基本原理是连通含有相似特点的像素点，最终组合成分割结果。其主要利用图像局部空间信息，能够很好地避免其他算法图像分割空间小的缺陷。其包括区域生长法以及区域分离与合并法。区域生长法会依据某种相似性标准，不停地把符合此标准的相邻像素点加入同一区域，最终得到目标区域。在分割过程中，种子点位置的选择非常重要，会直接影响分割结果的优劣。而区域分离与合并法会先将图像分割成很多一致性较强（如区域内像素灰度值相同）的小区域，再按一定的规则将小区域融合成大区域，达到分割图像的目的。

4．基于神经网络的图像分割算法

这种算法的基本原理是以样本图像数据来训练多层感知机，得到决策函数，进而用获得的决策函数对图像像素进行分类，得到分割的结果。根据具体方法所处理的数据类别的不同，可以分为基于图像像素数据的神经网络分割法和基于图像特征数据的神经网络分割法。因为前者使用高维度的原始图像作为训练数据，而后者利用图像特征信息，所以前者拥有更多能够使用的图像信息。前者需要对每个像素进行单独处理，由于数据量大且数据维度高，使得计算速度难以提高，用于处理实时数据时效果并不理想。总而言之，神经网络是由许多模拟生物神经的处理单元相互连接而成的结构，因为它有巨大的互连结构和分布式的处理单元，所以系统拥有很好的并行性和鲁棒性，且系统较为复杂，运算速度较慢。

5.5　小结

（1）计算机视觉是从图像或视频中提出符号或数值信息，分析计算该信息以进行目标的识别、检测和跟踪等。

（2）图像分类是根据不同类别的目标在图像信息中所反映的不同特征，将它们区分开来的图像处理方法。

（3）目标检测的任务是在图像中找出所有感兴趣的目标（物体），并确定它们的位置和大小。

（4）图像分割是利用图像的灰度、颜色、纹理、形状等特征，把图像分成若干个互不重叠的区域，并使这些特征在同一区域内呈现相似性，在不同的区域之间存在明显的差异性。

5.6　习题

（1）简述计算机视觉面临的挑战。

（2）简述图像分类的常用算法。

（3）简述目标检测的常用框架模型。

（4）简述图像分割的常用算法。

第6章

自然语言处理

06

【本章导读】

语言是人类智慧的结晶，自然语言处理是指利用计算机对自然语言的形、音、义等信息进行处理，它是计算机科学领域和人工智能领域的一个重要的研究方向。本章主要介绍自然语言处理的基本方式和应用领域。

【本章要点】

1. 自然语言处理的定义和原理
2. 自然语言处理的组成
3. 自然语言理解
4. 自然语言生成
5. 词法分析
6. 句法分析
7. 语义分析
8. 信息检索
9. 机器翻译
10. 情感分析
11. 语音识别

6.1 自然语言处理简介

语言是人类智慧的结晶，它经历了漫长而缓慢的发展过程，是人类交际、思维和传递信息的重要工具。在人类进入信息化社会的今天，计算机自动处理的语言文字信息水平已成为衡量一个国家是否步入信息社会的重要标准之一。从 20 世纪 80 年代开始至今，中文语言处理技术在字处理、词处理等领域均取得了重大进展，不仅使中文这一世界最古老的语言之一顺利地搭上了信息时代的火车，还使中文在文字识别、语音识别、机器翻译等语言处理技术方面与其他语言相比毫不逊色，在排版印刷等应用方面也达到了世界领先水平。本节将对自然语言处理（Natural Language Processing，NLP）进行简要介绍。

6.1.1 自然语言处理的定义

自然语言是指人们日常使用的语言，它是随着人类社会不断发展演变而来的，是人类沟通、交流的重要工具，也是人类区别于其他动物的根本标志，没

6.1 自然语言处理的定义

有语言，人类的思维无从谈起。在整个人类历史中，以语言文字形式记载和流传的知识占到知识总量的 80% 以上。据统计，就计算机应用于信息处理而言，用于数学计算的信息处理仅占 10%，用于过程控制的信息处理不到 5%，其余 85% 都用于语言文字的信息处理。

自然语言处理是指利用计算机对自然语言的形、音、义等信息进行处理，即对字、词、句、篇章的输入、输出、识别、分析、理解、生成等的操作和加工。它是计算机科学领域和人工智能领域的一个重要的研究方向，研究用计算机来处理、理解以及运用人类语言，可以实现人与计算机的有效交流。

实现人机间的信息交流，是人工智能界、计算机科学界和语言学界所共同关注的重要问题。在一般情况下，用户可能不熟悉机器语言，所以自然语言处理技术可以帮助用户根据自身需要使用自然语言和机器进行交流。从建模的角度看，为方便计算机处理，自然语言可以被定义为一组规则或符号的集合，通过组合集合中的符号就可以传递各种信息。自然语言处理是研究语言能力和语言应用的模型，通过建立计算机的算法框架来实现某个语言模型，并完善、评测，最终用于设计各种实用的自然语言应用系统。

自然语言处理的具体表现形式包括机器翻译、文本摘要、文本分类、文本校对、信息抽取、语音合成、语音识别等。可以说，自然语言处理的目的是让计算机理解自然语言。发展至今，自然语言处理研究已经取得了长足的进步，逐渐发展成为一门独立的学科。

6.1.2 自然语言处理的发展历程

自然语言处理的发展大致经历了 4 个阶段。

6.2 自然语言处理的发展历程

1. 1956 年以前的萌芽期

计算机的诞生为机器翻译和随后的自然语言处理提供了基础。由于来自社会的机器翻译的需求，这一时期进行了许多自然语言处理的基础研究。1948 年，克劳德·香农（Claude Shannon）把离散马尔可夫过程的概率模型应用于描述语言的自动机，并把热力学中"熵"的概念引用到语言处理的概率算法中。1956 年，艾弗拉姆·乔姆斯基（Avram Chomsky）提出了上下文无关语法，并把它运用到自然语言处理中。他们的工作直接开创了基于规则和基于概率这两种不同的自然语言处理技术。1952 年，贝尔实验室开始了语音识别系统的研究。1956 年，人工智能的诞生为自然语言处理翻开了新的篇章。

2. 1957～1970 年的快速发展期

由于基于规则和基于概率这两种不同方法的存在，自然语言处理的研究在这一时期分为了两大阵营。一个是基于规则方法的符号派，另一个是采用概率方法的随机派。从 20 世纪 50 年代中期开始到 20 世纪 60 年代中期，以艾弗拉姆·乔姆斯基为代表的符号派学者开始了形式语言理论和生成句法的研究，20 世纪 60 年代末又进行了形式逻辑系统的研究。而随机派学者采用基于贝叶斯方法的统计学研究方法。在这一时期，基于规则方法的研究势头明显强于基于概率方法的研究势头。这一时期的重要研究成果包括 1959 年宾夕法尼亚大学研制成功的转换与话语分析系统，布朗美国英语语料库的建立等。1967 年，美国心理学家马尔里克·尼瑟（Ulrich Neisser）提出认知心理学的概念，直接将自然语言处理与人类的认知联系起来。

3. 1971～1993 年的低谷发展期

随着研究的深入，很多基于自然语言处理的应用并不能在短时间内得到实现，而新问题又不断地涌现，社会对自然语言处理的研究丧失了信心。从 20 世纪 70 年代开始，自然语言处理的研究进入了低谷时期。而同样在 20 世纪 70 年代，基于隐马尔可夫模型的统计方法在语音识别领域获得成功；到 20 世纪 80 年代初，话语分析也取得了重大进展。

4. 1994 年至今的复苏融合期

20 世纪 90 年代中期以后，计算机的运算速度和存储量大幅提升，使得语音和语言处理的商品化开发成为可能；1994 年，互联网商业化和网络技术的发展使得基于自然语言的信息检索和信息抽取的需求变得更加突出。这两件事从根本上促进了自然语言处理研究的复苏与发展，自然语言处理的应用面渐渐不再局限于机器翻译、语音控制等早期研究领域。

从 20 世纪 90 年代末到 21 世纪初，人们逐渐认识到仅用基于规则的方法或仅用基于统计的方法，都是无法成功进行自然语言处理的。基于统计、基于实例和基于规则的语料库技术在这一时期开始蓬勃发展，各种处理技术开始融合，自然语言处理的研究又开始兴旺起来。

6.1.3 自然语言处理的研究方向

自然语言处理可以应用于很多领域，下面讲解几种常见的应用。

（1）文字识别

文字识别借助计算机系统自动识别印刷体或者手写体文字，将其转换为可供计算机处理的电子文本。对于普通的文字识别系统，主要研究字符的图像识别；而对于高性能的文字识别系统，往往需要同时研究语言理解技术。

（2）语音识别

语音识别又称自动语音识别，目标是将人类语音中的词汇内容转换为计算机可读的输入。语音识别技术的应用包括语音拨号、语音导航、室内设备控制、语音文档检索、简单的听写数据录入等。

（3）机器翻译

机器翻译研究借助计算机程序把文字或演讲从一种自然语言自动翻译成另一种自然语言，即把一种自然语言的输入转换为另一种自然语言的输出，使用语料库技术可实现更加复杂的自动翻译。

（4）自动文摘

自动文摘是应用计算机对指定的文章做摘要的过程，即把原文档的主要内容和含义自动归纳、提炼并形成摘要或缩写。常用的自动文摘是机械文摘，根据文章的外在特征提取能够表达其中心思想的部分原文句子，并把它们组成连贯的摘要。

（5）句法分析

句法分析又称自然语言文法分析，它是运用自然语言的句法和其他相关知识来确定输入句各成分的功能，以建立一种数据结构并用于获取输入语句意义的技术。

（6）文本分类

文本分类又称文档分类，是在给定的分类系统和分类标准下，根据文本内容利用计算机自动判别文本类别，并实现文本自动归类的过程，它包括学习和分类两个过程。

（7）信息检索

信息检索又称情报检索，是利用计算机从海量文档中查找用户需要的相关文档的查询方法和查询过程。

（8）信息获取

信息获取主要是指利用计算机从大量的结构化或半结构化的文本中自动抽取特定的一类信息，并使其形成结构化数据，填入数据库供用户查询使用的过程，目标是允许计算非结构化的资料。

（9）信息过滤

信息过滤是指应用计算机自动识别和过滤满足特定条件的文档信息。其一般指根据某些特定要求，自动识别、过滤和删除互联网中某些特定信息的过程，主要用于信息安全和防护等。

（10）自然语言生成

自然语言生成是指将句法或语义信息的内部表示转换为自然语言字符组成的字符串的过程，是一种从深层结构到表层结构的转换技术，是自然语言理解的逆过程。

（11）中文自动分词

中文自动分词是指使用计算机自动对中文文本进行词语的切分，中文自动分词是中文自然语言处理中一个最基本的环节。

（12）语音合成

语音合成又称文语转换，是将书面文本自动转换成对应的语音表征的过程。

（13）问答系统

问答系统是指借助计算机系统对人提出问题的理解，通过自动推理等方法，在相关知识库中自动求解答案，并对问题做出相应的回答。回答技术与语音技术、多模态输入输出技术、人机交互技术相结合，构成问答系统。

此外，自然语言处理的研究方向还有语言教学、词性标注、自动校对，以及讲话者识别、验证等。

6.1.4 自然语言处理的一般工作原理

计算机处理自然语言的整个过程一般可以概括为 4 部分：语料预处理、特征工程、模型训练和指标评价。

1. 语料预处理

语料预处理即对输入的数据进行预处理，主要包括以下 4 个步骤。

（1）语料清洗，即保留有用的数据，删除噪声数据，常见的清洗方式有人工去重、对齐、删除、标注等。

（2）分词，即将文本分成词语，如通过基于规则的、基于统计的分词方法进行分词。

（3）词性标注，即给词语标上词类标签，如名词、动词、形容词等。常用的词性标注方法有基于规则的、基于统计的算法，如最大熵词性标注、HMM 词性标注等。

（4）去停用词，即去掉对文本特征没有任何贡献作用的字词，如标点符号、语气词、助词等。

2. 特征工程

这一步的主要工作是将分词表示成计算机可识别的计算类型，一般为向量，常用的表示模型有词袋模型、词向量等。

3. 模型训练

选择好特征后，就要训练使用的模型，并开始进行模型训练，其中包括参数的微调等。在模型训练的过程中要注意，有可能出现模型在训练集中表现很好，但在测试集中表现很差的问题。

4. 指标评价

常用的模型评价指标有错误率、精准度、准确率、召回率等，利用这些指标来评价模型的优劣程度，以选择最佳的模型，进而输出最终的自然语言处理的结果。

6.2　自然语言处理的组成

从自然语言的角度出发，自然语言处理大致可以分为以下两个部分。

1. 自然语言理解

自然语言理解是指让计算机能够理解自然语言文本的意义。语言被表示成一连串的文字符号或者一串声流，其内部是一个层次化的结构。一个由文字表达的句子的构成层次是词素→词或词形→词组→句子，由声音表达的句子的构成层次则是音素→音节→音词→音句，其中的每个层次都受到语法规则的约束，因此语言的处理过程也应当是一个层次化的过程。

语言学是以人类语言为研究对象的学科，它的研究范围包括语言的结构、语言的运用、语言的社会功能和历史发展，以及其他与语言有关的问题。自然语言理解不仅需要语言学方面的知识，还需要与所要理解的话题相关的背景知识。它是一个综合的系统工程，又包含了很多细分的学科，有代表声音的音系学，代表构词法的词态学，代表语句结构的句法学，代表理解的语义学和语用学。

2. 自然语言生成

自然语言生成与自然语言理解恰恰相反，它是按照一定的语法和语义规则生成自然语言文本。即对语义信息以人类可读的自然语言形式进行表达，该过程主要包含 3 个阶段：文本规划，即完成结构化数据中的基础内容规划；语句规划，即从结构化数据中组合语句来表达信息流；实现，即产生语法通顺的语句来表达文本。

6.3　自然语言理解

自然语言理解是使用自然语言同计算机进行通信的技术，又称计算语言学。它是语言信息处理的一个分支，也是人工智能的核心课题之一。

6.3.1 自然语言理解的层次

从微观上讲，自然语言理解是指从自然语言到机器内部的映射；从宏观上看，自然语言是指机器能够执行人类所期望的某些语言功能。自然语言理解中至少有 3 个主要问题；第一，计算机需要具备大程序量的人类知识，语言动作描述的是复杂世界中的关系，这些关系的知识必须是理解系统的一部分；第二，语言是基于模式的，音素构成单词，单词组成短语和句子，音素、单词和句子的顺序不是随机的，没有对这些元素的规范使用，就不可能达成交流；第三，语言动作是主体的产物，主体或者是人，或者是计算机，主体处在个体层面和社会层面的复杂环境中，语言动作都是有其目的的。

自然语言的理解和分析是一个层次化的过程，许多语言学家把这一过程分为如下 5 个层次。

1. 语音分析

语音分析是指根据人类的发音规则，以及人们的日常习惯发音，从语音传输数据中区分出一个个独立的音节或者音调，再根据对应的发音规则找出不同音节所对应的词素或词，进而由词到句，识别出人所说的一句话的完整信息，将其转化为对应的文字，这也正是语音识别的核心。

2. 词法分析

词法指词位的构成和变化的规则，主要研究词自身的结构与性质。词法分析的主要目的是从句子中切分出单词，找出词汇的各个词素，从中获得单词的语言学信息并确定单词的词义。

3. 句法分析

句法是指组词成句的规则，描述句子的结构，以及词之间的依赖关系。

4. 语义分析

句法分析后一般还不能理解所要分析的句子，至少需要进行语义分析。语义分析是把分析得到的句法成分与应用领域中的目标相关联，从而确定语音所表达的真正含义或概念。

5. 语用分析

语用就是研究语言所存在的外界环境对语言使用所产生的影响。它描述了语言的环境知识，以及语言与语言使用者在某个给定语言环境中的关系。关注语用信息的自然语言处理系统更侧重于讲话者/听话者模型的设定，而不是处理嵌入到给定话语中的结构信息。学者们提出了多种语言环境的计算模型，描述讲话者及其通信目的、听话者及其对说话者信息的重组方式。构建这些模型的难点在于，如何把自然语言处理的不同方面以及各种不确定的生理、心理、社会及文化等背景因素集中到一个完整连贯的模型中。

虽然这些分析层次看上去是自然而然的且符合心理学的规律，但是它们在某种程度上是强加在语言上的人工划分。它们之间广泛交叉，即使很底层的语调和节奏变化也会对说话的意思产生影响，如讽刺的使用。这种交叉在语法和语义的关系中体现得非常明显，虽然沿着这些分界线进行某些划分似乎很有必要，但是确切的分界线很难定义。例如，类似"They are eating apples"这样的句子有多种解析，只有联系上下文的意思才能确定其具体含义。

6.3.2　词法分析

词法分析是理解单词的基础,其主要目的是从句子中切分出单词,找出词汇的各个词素,从中获得单词的语言学信息并确定单词的词义,如 unchangeable 是由 un-change-able 构成的,其词义由这 3 个部分构成。不同的语言对词法分析有不同的要求,例如,英语和汉语就有较大的差距。在英语等语言中,因为单词之间是以空格自然分开的,切分一个单词很容易,所以找出句子的一个个词汇就很方便。但是由于英语单词有词性、数、时态、派生及变形等变化,要找出各个词素就复杂得多,需要对词尾或词头进行分析。例如,对于 importable,它可以是 im-port-able 或 import-able,这是因为 im、port、able 这 3 个都是词素。

词法分析可以从词素中获得许多有用的语言学信息,如英语中构成词尾的词素"s"通常表示名词复数或动词第三人称单数,"ly"通常是副词的后缀,而"ed"通常是动词的过去分词等,这些信息对于句法分析也是非常有用的。一个词可有许多种派生、变形,如 work,可变化出 works、worked、working、worker、workable 等。对于这些派生的、变形的词,如果将其全放入词典,则将是非常庞大的,而它们的词根只有一个。自然语言理解系统中的电子词典一般只存放词根,并支持词素分析,这样可以大大压缩电子词典的存储空间。

下面是一个英语词法分析的算法,它可以对那些按英语语法规则变化的英语单词进行分析。

```
repeat
look for study in dictionary
  if not found
  then modify the study
Until study is found no further modificatiob possidle
```

其中,study 是一个变量,初始值就是当前的单词。

例如,对于单词 catches、ladies 可以做如下分析。

```
catches   studies        //词典中查不到
catche    studie         //修改 1: 去掉 s
catch     studi          //修改 2: 去掉 e
study                    //修改 3: 把 i 变成 y
```

在修改 2 的时候就可以找到 catch,在修改 3 的时候就可以找到 study。

英语词法分析的难度在于词义判断,因为单词往往有多种解释,仅仅依靠查词典常常无法判断。例如,单词"diamond"有 3 种可能的解释:菱形,边长均相等的四边形;棒球场;钻石。要想判定单词的词义,只能依靠对句子中其他相关单词和词组的分析。例如,句子"John saw Slisan's diamond shining from across the room."中"diamond"的词义必定是钻石,因为只有钻石才能闪光,而菱形和棒球场是不闪光的。

作为对照,汉语中的每个字就是一个词素,所以汉语词法分析的特点是要找出各个词素相当容易,但要切分出各个词非常困难。不仅需要构词的知识,还需要解决可能遇到的切分歧义。例如,"下雨天留客天留我不留",可以是"下雨天留客,天留我不留",也可以是"下雨天,留客天,留我不?留"。

6.3.3　句法分析

句法是语言在长期发展过程中形成的、全体成员必须共同遵守的规则。

句法分析也称语法解析，是对句子和短语的结构进行分析，找出词、短语等的相互关系及各自在句子中的作用等，并以一种层次结构加以表达。层次结构可以反映从属关系、直接成分关系，也可以反映语法功能关系。例如，"他来晚了"，这里"他"是主语，"来"是谓语，"晚了"是补语。

句法分析是自然语言处理的核心，是对语言进行深层次理解的基础。在自然语言处理中，机器翻译是其中一个重要的课题，也是自然语言处理主要的应用领域，而句法分析是机器翻译的核心。

1．句法分析的作用

一般来说，句法分析主要有以下两个作用。

（1）对句子或短语结构进行分析，以确定构成句子的各个词、短语之间的关系以及各自在句子中的作用等，并将这些关系用层次结构加以表达。

（2）对句法结构进行规范化。在对一个句子进行分析的过程中，如果把分析句子各成分间的关系的推导过程用树形图表示出来，则这种图称为句法分析树。句法分析是由专门设计的分析器进行的，分析过程就是构造句法树的过程，即将每个输入的合法语句转换为一棵句法分析树。

2．句法分析的难点

一般来说，句法分析主要有以下两个难点。

（1）歧义：自然语言区别于人工语言的一个显著特点就是它存在大量的歧义现象。人类自身可以依靠大量的先验知识有效地消除各种歧义，而机器由于在知识表示和获取方面存在严重不足，很难像人类那样进行句法消歧。

（2）搜索空间：句法分析是一个极为复杂的任务，候选解个数随句子增多呈指数级增长，搜索空间巨大。因此必须设计出合适的解码器，以确保能够在合适的时间内搜索到最优解。

3．句法分析的方法

句法分析是从单词串中得到句法结构的过程，而实现该过程的工具或程序被称为句法分析器。句法分析的种类很多，这里根据其侧重目标将其分为完全句法分析和局部句法分析两种。两者的区别在于，完全句法分析以获取整个句子的句法结构为目的；而局部句法分析只关注局部的一些成分，如常用的依存句法分析就是一种局部分析方法。

句法分析中所用的方法主要分为两类：基于规则的方法和基于统计的方法。基于规则的方法在处理大规模真实文本时，会存在语法规则覆盖有限、系统可迁移差等缺陷。随着大规模标注树库的建立，基于统计学习模型的句法分析方法开始兴起，句法分析器的性能不断提高，最典型的就是风靡于 20 世纪 70 年代的概率上下文无关文法，它在句法分析领域得到了极大的应用，也是现在句法分析中常用的方法。基于统计的方法本质上是一种面向候选树的评价方法，它会给正确的句法树赋予一个较高的分值，而给不合理的句法树赋予一个较低的分值，这样就可以用候选句法树的分值来消除歧义。

目前使用最多的树库是来自美国宾夕法尼亚大学的英文宾州树库（PTB）。中文树库建设较晚，比较著名的有中文宾州树库（CTB）、清华树库（TCT）、Sinica 树库。其中，CTB 是美国宾夕标注的汉语句法树库，也是目前绝大多数的中文句法分析研究的基准语料库。TCT 是清华大学计算机系智能技术与系统国家重点实验室人员从汉语平衡语料库中提取出 100 万规模的汉字语料文本，经过自动句法分析和人工校对，形成的高质量的标注有完整句法结构的中文句法树语料库。Sinica 树库是从中文句平衡语料库中抽取句子，经过计算机自动分析成句法树，并加以人工修改、检验后所得的成果。不同的树库有着不同的标记体系，使用时切记使用一种树库的句法分析器，并使用其他树库的标记体系来解释。

4．句法分析的评测方法

句法分析评测的主要任务是评测句法分析器生成的树结构与手工标注的树结构之间的相似程度。其主要考虑两方面的性能：满意度和效率。其中，满意度是指测试句法分析器是否适合或胜任某个特定的自然语言处理任务；而效率主要用于对比句法分析器的运行时间。

目前主流的句法分析评测方法是帕斯瓦尔评测体系，它是一种粒度比较适中、较为理想的评价方法，主要指标有准确率、召回率、交叉括号数。其中，准确率表示分析正确的短语个数在句法分析结果中所占的比例，即分析结果中与标准句法树中相匹配的短语个数占分析结果中所有短语个数的比例；召回率表示分析得到的正确短语个数占标准分析树全部短语个数的比例；交叉括号表示分析得到的某一个短语的覆盖范围与标准句法分析结果的某个短语的覆盖范围存在重叠又不存在包含关系，交叉括号数即此类短语的数量。

6.3.4　语义分析

句法分析完成后，不等于计算机已经理解了该语句，还需要对语义进行解释。语义分析的任务是把分析得到的句法成分与应用领域中的目标表示相关联，从而确定语言所表达的真正含义或概念，即弄清楚"干了什么""谁干的""这个行为的原因和结果是什么"以及"这个行为发生的时间、地点及其所用的工具或方法"等。与句法分析相比，语义分析侧重语义而非语法，它存在以下 3 个功能。

（1）词义消歧，即确定一个词在语境中的含义，而不是简单的词性。

（2）语义角色标注，即标注句子中的谓语与其他成分的关系。

（3）语义依存分析，即分析句子中词语之间的语义关系。

简单的做法就是依次使用独立的句法分析程序和语义解释程序。这样做可能的后果是，在很多情况下句法分析和语义分析相分离，不结合语义就无法确定句法结构。为了有效地实现语义分析，并能与句法分析紧密结合，目前已经研究出了多种语义分析的方法，常见的有语义文法和格文法。

105

1. 语义文法

语义文法将文法知识和语义知识组合起来，以统一的方式定义为文法规则集。语义文法是上下文无关的，形态上与面向自然语言的常见文法相同，只是不采用 NP、VP、PP 等表示句法成分的非终结符，而是使用能表示语义类型的符号，从而可以定义包含语义信息的文法规则。

语义文法是在上下文无关文法的基础上，将"名词短语""动词短语""名词"等不含有语义信息的纯语法类别用所讨论领域的专门信息，如"山""水""动物"等具有很强语义约束的语义类别来代替。利用语义文法进行语义分析，就可以排除诸如"论文收到教授"这类无意义的句子。例如，下面给出一个关于海军舰只的语义文法。

```
S → what is SHIP-PROPERTY of SHIP?
SHIP-PROPERTY→the SHIP-PROP/SHIP-PROP
SHIP-PROP→Speed | length | draft | beam | type
```

其在右部指定"What is"必须与 SHIP-PROPERTY 联合构成疑问句，这种单词间的约束关系显然表示了语义信息。用语义文法分析语句的方法与普通的句法分析文法类同。

2. 格文法

格文法是以句子的中心动词为主导，并用格来表示其他成分与此中心动词之间的语义关系的一种描述方法。它主要是为了找出动词和与它所处的结构关系中的名词的语义关系，同时涉及动词或动词短语与其他各种名词短语之间的关系。格文法的特点是允许以动词为中心构造分析结果，尽管文法规则只描述句法，但是分析结果产生的结构对应于语义关系，而非严格的句法关系。

"格"这个词来源于传统语法，但它与传统语法中的格有着本质不同。在传统语法中，格仅表示一个词或短语在句子中的功能，如主格、宾格等，反映的也只是词尾的变化规则，故称为表层格。在格文法中，一个语句包含的名词词组和介词词组均以它们与句子中动词的关系来表示，称为格。格表示的是语义方面的关系，反映的是句子中包含的思想、观念等，称为深层格。和短语结构文法相比，格文法对于句子的深层语义有着更好的描述。无论句子的表层形式如何变化，如主动语态变为被动语态、陈述句变为疑问句、肯定句变为否定句等，对于其底层的语义关系，各名词成分所代表的格关系不会发生相应的变化。

"格"是一个一般的概念，相对于中心动词的不同语义关系，格可以分为许多种。例如，在句子"John gave the book to Sally."中，相对于中心动词 gave，John 是这个行为的发出者，称为动作格；the book 是行为作用的对象，称为受动格；Sally 是行为作用对象所到达的目标，称为目标格。

6.4 信息检索

信息检索是自然语言处理领域的一个重要方向，它是指信息按一定的方式组织起来，并根据信息用户的需要查找有关信息的过程和技术。

6.4.1　信息检索简介

信息检索可从广义与狭义两个方面进行理解，狭义的信息检索仅指信息查询，也就是用户根据自身的需要，通过一定的方法，借助检索工具，从信息集合中找出所需信息的过程；广义的信息检索是信息按一定的方式进行加工、整理、组织并存储起来，再根据用户特定的需要将相关信息准确地查找出来的过程。一般情况下，信息检索指的就是广义的信息检索。

信息检索是指在信息检索网络或终端上，使用特定的检索指令、检索词和检索策略，从信息检索系统的数据库中检索出所需要的信息，再由终端设备显示、下载和打印的过程。此处，信息检索的本质没有改变，改变的只是信息的媒体形式、存储方式和匹配方法。

6.4.2　信息检索的发展历程

信息检索是在计算机技术和通信技术发展的基础上建立起来的。它诞生于 20 世纪 50 年代，发展于 20 世纪 80 年代中期，20 世纪 90 年代后随着互联网技术的发展而进入一个崭新的时期。回顾计算机文献信息检索的发展历程，大致可以概括为以下 3 个阶段。

1. 批量处理阶段

1954 年，美国海军武器实验站图书馆在一台电子管计算机上建立了世界上第一个信息检索系统。20 世纪 50 年代末，IBM 公司利用一台 IBM 650 计算机成功地编制出关键词索引，并建立了世界上第一个"定题情报检索"系统，为用户定期检索和提供特定主题的新到文献（脱机检索、批量处理），并很快得到了推广应用。

2. 联机检索阶段

20 世纪 60 年代，信息检索进入了实用和全面发展阶段。20 世纪 60 年代末，数据通信网络出现，大容量计算机分时系统和强功能检索软件研制成功，使脱机检索发展到联机检索并迅速得到了推广。20 世纪 70~80 年代，联机检索得到迅速发展，一些联机检索系统开始向公众提供商业性服务，许多世界著名的联机检索系统相继投入商业性运营。

3. 网络系统阶段

20 世纪 90 年代，联机检索的发展进入了一个重要的转折时期。随着互联网的迅速发展及超文本技术的出现，基于客户机/服务器的检索软件的开发，实现了将原来的主机系统转移到服务器上，使客户机/服务器联机检索模式开始取代以往的终端/主机结构，成为联机检索的发展趋势，使联机检索进入了又一个崭新的时期。

计算机技术的不断进步和信息量的成倍增加，使人们对信息检索技术的要求越来越高，尤其是网络技术和多媒体技术的出现，促使信息检索技术不断发展。目前，信息检索技术正向两个方向发展：一是传统信息检索向全文文本、多媒体、多载体、多原理等新型信息检索发展；二是信息资源的网络化和分布化，向基于概念、超文本信息和多媒体信息检索技术发展。网络的发展给信息的获取提供了广阔的空间，而检索技术的发展为人们利用信息提供了更方便快捷的手段。

6.4.3　信息检索的特点

信息检索主要有以下几个特点。

（1）信息量大，信息形式多样，表现为分散性和无序性。

（2）语言种类繁多。

（3）具有更为广泛的应用领域。在网络环境下，信息检索系统所处理的文档范围覆盖了许多不同的学科、不同的应用领域、不同背景的用户，如何准确地标引和检索相关文档，以及提高用户的查询精度成为信息检索的主要任务之一。

（4）信息发布具有较强的实时性，信息的更新速度较快。因此，信息检索系统不仅需要能够快速标引，还需要能够将相关信息实时提供给用户。

（5）检索操作简便，界面友好，交互功能强，允许用户更多地参与信息检索，费用低。

（6）检索速度快，原文可获得性高。

6.4.4　信息检索的基本原理

信息检索的基本原理是指通过一定的方法和手段，有效地获得和利用信息。一般来说，在信息检索前需进行信息存储。

信息的存储过程主要是按照检索语言（主题表或分类表）及其使用原则对原始信息进行处理，形成信息的特征标识，为信息检索提供经过整理有序的信息集合的过程。具体来说，信息的存储包括对信息的著录、标引及编排正文和辅助索引等。信息的著录是指按一定的规则对信息的外表和内容特征加以简单明确的表述；信息的标引是指对其内容按一定的分类表或主题词表给出分类号或主题词。信息的检索过程则是根据用户信息需求按照同样的主题词表或分类表及其所组配的原则分析，形成检索提问标识，根据检索系统提供的检索途径，从信息的集合中查找文献线索，最后对其进行逐篇筛选，确定所需信息的过程。这两个过程是密切联系，不可分割的。信息的存储是信息的检索的前提和基础，信息的检索是信息的存储的目的。

6.4.5　信息检索的类型

信息检索按不同的标准可以划分为不同的类型，可以按检索的结果、文献数据的载体进行不同的分类。

1. 按照检索的结果分类

（1）线索检索：这种检索的结果是有关文献的题录信息。其通常包括文献题名、著者、出处、文献内容提要等。检索者可按照题录信息提供的线索索取文献的原文。

（2）全文检索：这种检索的结果是有关文献的全文信息。全文检索是将文献全文存储到数据库中，并建立与线索检索基本相同的检索途径，其在检索操作上与线索检索并无本质差异，但得到的检索结果是文献原文而不仅仅是其线索。这种数据库检索系统有中国知识基础设施（CNKI，即中国知网，见图 6-1）、万方数据知识服务平台（见图 6-2）、重庆维普数据库、超星数字图书馆、读秀等。

图 6-1　CNKI

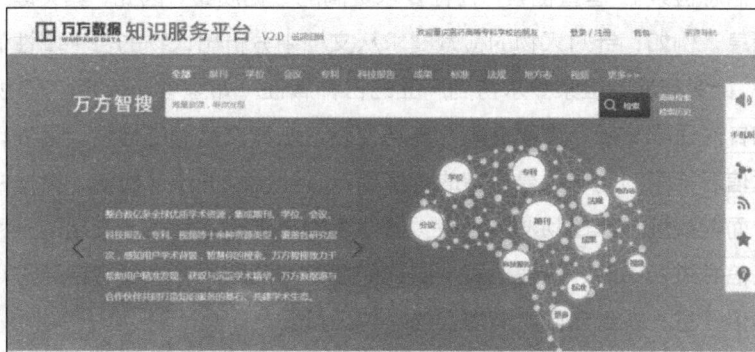

图 6-2　万方数据知识服务平台

（3）多媒体检索：这种检索的结果是有关文献的全方位立体信息，如声音、图像、图形、文字等。与一般文本信息相比，多媒体信息具有直观、形象和内容丰富的特点。

（4）超文本检索：这是一种新型的信息检索方式，是网络技术发展、普及的结果。与上述检索方式不同，它通过检索已经链接好的存储有文本等信息的节点来获取文献信息，是网络信息检索与浏览的主要手段。超文本检索一般采用搜索引擎来实现，如谷歌、百度、搜狗搜索等。

2. 按照文献数据的载体分类

（1）光盘检索：这是一种利用光盘数据库检索文献的方式。其特点是光盘存储容量大，占据物理空间小，读取速度快，但只能在局域网中应用，用户数有限。另外，其对硬件有一定的要求，特别是随着光盘数据库更新量的加大，需增加光盘库或光盘塔，或增加服务器容量，硬件费用较高。

（2）网络检索：这是一种利用网络数据库检索文献的方式。其特点是检索简单、灵活、速度快、链接方便，不受时间、地域范围的限制，在开放的信息环境中可实现跨地区、跨国界的检索。现在各种线索性或全文性的数据库均有网络版，检索者可通过网络进行有偿或无偿检索。网络检索已经发展成为现代文献检索的主要方式。

6.4.6 信息检索的应用

近年来，信息检索技术飞速发展。一方面，网络中不同格式、不同形式、不同领域信息的日益增多使得信息检索的需求日益强烈；另一方面，新信息类型的出现使得针对这些信息的检索呈现出新的各不相同的要求。以下列举信息检索的代表性的应用。

1. 多媒体检索

传统的信息检索研究主要针对文本对象。随着多媒体文档的日益增多，对多媒体检索的需求也越来越强烈。根据媒体对象的不同，多媒体检索又可以分成图像检索、视频检索、语音检索、音乐检索等不同类型，常见的有百度图片检索、百度视频检索、QQ 音乐检索等。

2. 针对不同领域或不同场景的信息检索

通常将不同于通用检索的系统称为"垂直检索"系统。所谓"垂直"可以理解为针对不同领域不同场景进行信息检索。"垂直检索"往往要求更高的数据质量，因此，其关键技术是从文档中分离出所需的信息。例如，针对人物的检索要求从文档中分析出人物的各种属性信息（如性别、年龄、工作等）；针对产品的检索要求得到产品的各种属性（如型号、价格、产地等）；针对不同领域的检索，如针对医学文献、生物文献、专利文献、法律文献等的检索。另外，新的网络事物的出现也会引发信息检索的需求，最典型的例子是近几年出现的微博检索。微博由于其和移动互联网的紧密结合而在最近几年蓬勃发展起来。微博检索是基于各大微博推出的一种实时检索，是对微博上的一些信息进行即时、快速检索，实现即搜即得的效果，页面会自动进行刷新，从而面对微博每天的海量信息，找到自己所需内容的一种工具。

3. 移动检索

基于以手机为代表的移动设备普及率高，移动网络的覆盖率高、发展前景广，且手机和用户的紧密绑定等因素，无疑使移动检索具有重要的商业价值。和普通检索一样，移动检索同样要对信息进行获取、组织和提供访问。不同的是，目前移动检索研究的基本出发点是突破手机屏幕显示和输入的限制。由于手机屏幕尺寸的限制，一方面，要求返回的检索结果更精确，尽量过滤垃圾信息；另一方面，要求有限的屏幕空间下的结果布局更合理，显示更简洁，显示重点更突出，以便于用户进行进一步浏览操作。这需要综合排序算法、信息过滤、文本分析、摘要、人机交互等各种技术。另外，移动检索中除了文本检索之外，多媒体检索也是一个重要组成部分。

4. 基于检索的广告技术

用户输入关键词进行检索，在检索结果中常常会出现可能与用户查询信息相关联的广告。在线广告是检索引擎公司巨大收益的主要来源，同时能给广告源商家带来利益，由此衍生了一个叫作计算广告学的新领域。检索引擎会根据用户的输入计算出用户意图，将合适的广告推送给用户。计算广告非常像信息检索，可以看作根据用户的输入在广告库这个集合中进行匹配，将最匹配的广告推送给用户。很显然，信息检索技术能在计算广告中发挥巨大作用，这也是计算广告在信息检索领域被广泛关注的主要原因。在排序时，计算广告要综合各种利益，例如，要同时考虑用户的体验、商家的利益以及商业上的限制等。

5. 个人信息管理及桌面检索

个人信息管理已经成为一个非常重要而且迫切的需求，受到人们的广泛重视。个人信息管理主要研究个人信息的获取、组织、管理、维护和检索，其中用户比较熟悉的是桌面检索。近年来，桌面检索技术，即对用户硬盘中的数据进行检索，已成为检索引擎公司关注的焦点，很多公司开发了自己的桌面检索引擎，如 Google 桌面检索、百度硬盘检索、360 桌面助手等。

6. 社会网络检索

近年来，互联网越来越呈现出明显的社会化趋势，以新浪微博为代表的社交网络得到人们的广泛参与。这些新生的事物既促进了一些新的检索应用的出现，如微博检索等，又由于蕴含了大量社会网络信息，如用户信息、用户关系信息、用户行为信息、信息关联信息等，为其他应用提供了十分宝贵的数据。这些数据可以揭示背后隐藏的规律和深刻内涵，以进一步提高信息检索的效果。

6.5 机器翻译

机器翻译旨在让计算机自动将源语言表示的语句转换为目标语言表示的语句，主要用于书面语翻译和口语翻译。尽管早期的机器翻译研究并不成功，但是随着自然语言理解的研究取得成功，20 世纪 80 年代后，机器翻译的研究重新兴起，并逐步走向实用，现在已开始为普通用户提供实时、便捷的翻译服务，如百度翻译、微信聊天翻译等。

6.5.1 机器翻译的基本模式

简单来说，机器翻译是由一个符号序列转换为另一个符号序列的过程，这种转换有 3 种基本模式，构成了机器翻译的金字塔，如图 6-3 所示。

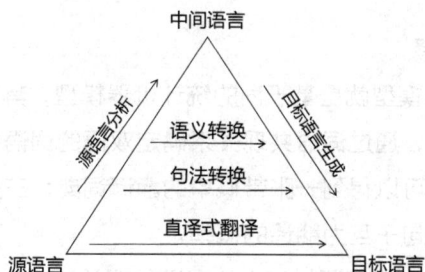

图 6-3 机器翻译的金字塔

（1）直译式翻译（一步式）。直接将特定的源语言翻译成目标语言，翻译过程主要表现为源语言单元（主要是词）向目标语言单元的替换，对语言的分析很少。

（2）中间语言式翻译（二步式）。先分析源语言，并将其转换为某种中间语言形式，再从中间语言出发，生成目标语言。

（3）转换式翻译（三步式）。先分析源语言，形成某种形式的内部表示（如句法结构形式），再将源语言的内部表示转换为目标语言对应的内部表示，最后从目标语言的内部表示生成目标语言。

这3种模式构成了机器翻译的金字塔。塔底对应于直译式，塔顶对应于中间语言式，为翻译的两个极端，中间不同层次统称为转换式。金字塔最下层的直译式主要基于词的翻译，在塔中，从直译式翻译到语义转换，每上升一层，其分析更深一层，向"理解"更逼近一步，翻译的质量也更进一层；越往上逼近，处理的难度和复杂度越大，出错以及错误传播的机会也随之增加，这可能影响翻译质量。

根据知识获取方式的不同，可以将机器翻译分成基于人工规则的方法、基于实例的方法和基于统计模型的方法。

（1）基于人工规则的方法。最典型的知识表示形式是规则，因此，基于规则的机器翻译也成为这类方法的代表。翻译规则包括源语言的分析规则，源语言的内部表示向目标语言内部表示的转换规则，以及目标语言的内部表示生成目标语言的规则。

（2）基于实例的方法。先从实例库中寻找与待翻译的源语言单元最相似的例子，再对相应的目标语言单元进行调整。

（3）基于统计模型的方法。统计翻译模型是利用实例训练模型参数，以参数服务于机器翻译。由于统计机器翻译本质上是带参数的机器学习，与语言本身没有关系，因此该模型适用于任意语言对，也可以方便地迁移到不同应用领域。翻译知识都是通过相同的训练方式对模型进行参数化，翻译以相同的解码算法去推理实现。

6.5.2 统计机器翻译

统计机器翻译是目前主流的机器翻译方法，接下来介绍基于词的统计机器翻译和基于短语的统计机器翻译。

1. 基于词的统计机器翻译

IBM 最早提出的 5 个翻译模型就是基于词的统计机器模型，其有 3 条基本思想：一是对于给定的大规模句子对齐的语料库，通过词语共现关系确定双语的词语对齐；二是一旦得到了大规模语料库中的词语对齐关系，就可以得到一张带概率的翻译词典；三是通过词语翻译概率和一些简单的词语调序概率，计算两个句子互为翻译的概率。

IBM 模型通过利用给定的大规模语料库中的词语共现关系，自动计算出句子之间词语对齐的关系，而不需要利用任何外部知识（如词典、规则等），同时可以达到较高的准确率，这比单纯使用词典方法的正确率要高得多。这种方法的原理就是利用词语之间的共现关系。

例如，"我睡了一整天"和"I slept all day"是互为翻译的。根据直觉，容易猜想"我"翻译成"I"，"睡了"翻译成"slept"，"一整天"翻译成"all day"。但是当有成千上万的句子对，每个句子都有几十个词的时候，依靠人的直觉就不够了。IBM 模型将人的这种直觉用数学公式定义出来，并给出了一种训练算法来实现。通过 IBM 模型的训练，利用一个大规模双语语料库就可以得到一部带概率的翻译词典。

基于词的统计翻译模型，其翻译的过程通常可以理解为一个搜索的过程，或者一个不断猜测的过程。这个过程大致如下：第一步，猜测译文的第一个词是源文的哪一个词翻译过来的；第二步，猜测译文的第二个词应该是什么；第三步，猜测译文的第二个词是源文的哪一个词翻译过来的；以此类推，直到所有源文词语都翻译完。在翻译的过程中，要反复使用翻译模型和语言模型来计算各种可能的候选译文的概率，以避免搜索的范围过大。

IBM 模型可以较好地刻画词语之间的翻译概率，但由于没有采用任何句法结构和上下文信息，它对词语调序的能力非常弱。由于其在词语翻译的时候没有考虑上下文词语的搭配，因此经常会导致词语翻译的错误。

尽管作为一种基于词的翻译模型，IBM 模型的性能已经被新的翻译模型所超越，但是作为一种大规模词语对齐的工具，IBM 模型仍然在统计机器翻译研究中广泛使用，而且几乎是不可或缺的。

2．基于短语的统计机器翻译

目前，基于短语的统计机器翻译模型已经趋于成熟，其性能已经远远超过了基于词的统计机器翻译模型。这种模型建立在词语对齐的语料库的基础上，其中词语对齐的工作仍然要依靠 IBM 模型来实现。基于短语的统计机器翻译模型对于词语对齐的鲁棒性非常好，即使词语对齐的效果不太好，依然可以取得很好的翻译结果。

基于短语的统计机器翻译模型的原理是在词语对齐的语料库中搜索并记录所有的互为翻译的双语短语，并在整个语料库中统计这种双语短语的概率。如图 6-4 所示，假设已经得到以下两个词语对齐的片段，翻译的时候，只要对被翻译的句子与短语库中的源语言短语进行匹配，找出概率最大的短语组合，并适当调整目标短语的语序即可。

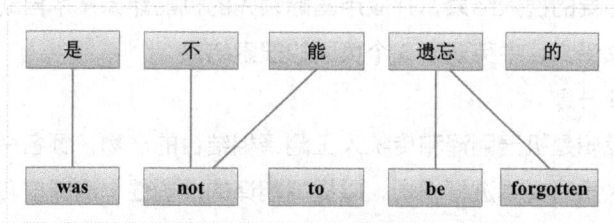

图 6-4　汉英片段对齐

这种方法几乎就是一种机械的死记硬背的方法。基于短语的统计机器翻译模型的性能远远超过了已有的基于实例的机器翻译系统。

6.5.3　机器翻译的应用

机器翻译较早就被广泛应用到了计算机辅助翻译软件上，以更好地辅助专业翻译人员提升翻译效率。随着机器翻译技术的快速发展，其逐渐走向了实用化，和更多其他的人工智能技术有效地结合起来，让人们看到了真正实现"巴别塔之梦"的希望。

（1）翻译机

从出国旅行，到国际文化交流，再到对外贸易，语言障碍是一个天然的痛点，于是许多商家如百度、讯飞等公司，结合文字识别技术和语音识别技术，推出了具有丰富实用功能的翻译机产品，如图 6-5 所示。该类产品可以实时地通过摄像头的取景框来翻译外文景点指示牌、菜单、说明书和实物等；而结合语音技术的会话翻译，可以帮助实现不同语种的无障碍交流。

图 6-5　翻译机产品

（2）语音同传技术

同声传译广泛应用于国际会议等多语言交流的场景。搜狗等公司推出的语音同传技术开始在会议场景下出现，可以将演讲者的语音实时转换成文本，并能进行同步翻译，低延迟显示翻译结果，有望能够取代门槛较高的人工同传，实现不同语言间低成本的有效交流。

（3）跨语言检索

中文信息只占世界信息总量的 10%，面对逐年增加的跨语言检索需求，搜狗推出了海外搜索，它将机器翻译和信息检索技术进行了结合，不论用户输入中文还是英文，系统都会从海量优质的英文网页中选出用户想要的搜索结果，并应用国际领先的机器翻译技术自动对其进行翻译，为用户提供英文原文、中文译文、中英双语 3 个页面的搜索结果。

（4）助力翻译行业升级

机器翻译加后期编辑是机器翻译和传统人工翻译相结合的产物。顾名思义，后期编辑是在机器翻译完之后，翻译人员对文本进行编辑，以提高翻译的准确性、清晰度和流畅性，由人工编辑将翻译的精细度提升至机器所不能达到的高度。机器翻译和传统翻译行业相结合，可以利用机器翻译提高传统翻译行业的效率，提升商业价值。

6.6　情感分析

在信息时代，越来越多的人习惯在网络中抒发对一些人物和事物的情绪，表达不同的观点。特别是随着网络技术的不断发展，博客、微博、论坛公众号等新媒体平台的出现为网络用户提供了更宽阔的平台来交流信息、表达意见。

6.3　情感分析

这些线上的文本信息中不仅蕴含着用户的情感态度，还反映了社会集体的情感状态，这些情感在人们决策时发挥着重要作用。

6.6.1 情感分析概述

在自然语言处理中，情感分析一般是指判断一段文本所表达的情感状态。与其他的人工智能技术相比，情感分析带有强烈的主观因素，而其他的领域一般是根据客观的数据来进行分析和预测。情感分析这项技术最早来源于 2003 年日本两位学者关于商品评论研究的论文。随着微博等社交媒体以及电商平台的发展而产生了大量带有观点的内容，这些内容不仅给情感分析提供了广泛的数据基础，还成为商家识别用户对产品需求、喜好的重要信息来源，商家可据此来提高市场竞争力，同时，这些内容为其他用户提供了有效了解产品的渠道和反应产品质量的"晴雨表"。

6.6.2 情感分析的定义

从自然语言处理的角度来看，情感分析的任务是从评论的文本中提取出评论的实体，以及评论者对该实体所表达的情感倾向和观点。自然语言处理的所有核心技术问题，如词法分析、信息提取、语义分析等都会在情感分析中用到。因此，情感分析被认为是一个自然语言处理的子任务，可以将人们对于某个实体目标的情感统一用一个五元组的格式来表示：（目标实体，实体的某一属性，评价的内容，发表评论的人，评论的时间）。

如图 6-6 所示，目标实体为某餐厅，实体的某一属性为该餐厅的性价比，评价的内容是褒义的，发表评论的人为发表评论者本人，评论的时间为 2020 年 5 月 8 日。这条评论的情感分析可以表示为五元组（某餐厅，性价比，正向褒义，评论者，2020 年 5 月 8 日）。

图 6-6 消费者用餐后的评论

6.6.3 情感分析的任务

情感分析根据处理文本颗粒度的不同，大致可以分为 3 个级别的任务，分别是篇章级、句子级和属性级。

1. 篇章级情感分析

篇章级情感分析的目标是判断整篇文本表达的是褒义还是贬义的情感，例如，对于一篇书评，或者对某时事新闻发表的评论，只要待分析的文本超过了一句话，即可视为篇章级的情感分析。

篇章级的情感分析有一个前提假设，即整个文本所表达的观点仅针对一个单独的实体，且只包含一个观点持有者的观点。这种做法将整个文档视为一个整体，不对篇章中包含的具体实体和实体属性进行研究，使得篇章级的情感分析在实际应用中比较局限，无法对一段文本中的多个实体进行单独分析，对于文本中多个观点持有者的观点也无法辨别。

例如，如果评价的文本是"我觉得这款手机很棒。"，则评价者表达的是对手机整体的褒义评价；但如果是"我觉得这款手机的拍照功能很不错，但信号不是很好。"等类似文本，在同一个评论中既出现了褒义词又出现了贬义词，则篇章级的情感分析是无法分辨出来的，只能将其作为一个整体进行分析。如果需要对评论进行更精确、更细致的分析，则需要拆分文本中的每一句话，这就是句子级的情感分析研究的问题。

2．句子级情感分析

与篇章级的情感分析类似，句子级的情感分析任务是判断一个句子表达的是褒义还是贬义的情感，虽然颗粒度达到了句子级，但是句子级情感分析与篇章级情感分析存在同样的前提假设，即一个句子只表达了一个观点和一种情感，并且只有一个观点持有人。

如果一个句子中包含了两种以上的评价或多个观点持有者的观点，则句子级情感分析是无法分辨的。在现实生活中，绝大多数的句子只表达了一种情感。

在日常用语当中，根据语句中是否带有说话人的主观情感可以将句子分为主观句和客观句，例如，"我喜欢这款新手机。"就是一个主观句，表达了说话人内心的情感或观点；而"这款 App 昨天更新了。"是一个客观句，陈述的是一个客观的事实性信息，并不包含说话人内心的主观情感。

句子级情感分析的意义在于通过分辨一个句子是否为主观句，可以过滤掉一部分不含情感的句子，让数据处理更有效率。

但是在实操过程中，会发现这样的分类方法并不是特别准确，因为一个主观句可能没有表达任何情感信息，只是表达了期望或者猜测。例如，"我觉得此刻他已经在回家的路上了。"这句话是一个主观句，表达了说话人的猜测，但是并没有表达出任何情感。而客观句也有可能包含情感信息，表明说话者并不希望这个事实发生，例如，"昨天刚买的新车被人剐蹭了。"这句话是一个客观句，但其中包含了说话人的负面情感。

因此，仅仅对句子进行主客观的分类还不足以完成对数据进行过滤的需求，人们需要的是对句子中是否含有情感信息进行分类。如果一个句子直接表达或隐含了情感信息，则认为其含有情感观点，对于不含情感观点的句子则可以进行过滤。目前，这种分类技术大多需要大量的已人工标注的特征，如"味道不错""难吃"等，来对句子进行分类。

句子级的情感分析相较于篇章级的情感分析而言，颗粒度更加细分，但同样只能判断整体的情感，忽略了被评价实体的属性，同时它无法判断比较型的情感观点。例如，"A 产品的用户体验比 B 产品好多了。"对于这样一句话中表达了多个情感的句子，不能将其简单地归类为褒义或贬义的情感，而是需要进一步地细化颗粒度，对评价实体的属性进行抽取，并对属性与相关实体进行关联，这就是属性级情感分析。

3. 属性级情感分析

为了在句子级情感分析的基础上更加细化，需要从文本中发现或抽取被评价对象的主体信息，并根据上下文判断评价者针对每一个属性所表达的是褒义还是贬义的情感，这种分析就称为属性级情感分析。

属性级情感分析关注的是被评价实体及其属性，包括评价者以及评价时间，目标是挖掘与发现评论在实体及其属性上的观点信息，生成有关目标实体及其属性的完整五元组观点摘要。具体到技术层面来看，属性级情感分析可以分为以下 6 个步骤。

（1）实体抽取和消解：抽取文档中所有涉及实体的语句，并使用聚类方法将关于同一个实体的语句聚为一类，每一类都对应唯一的一个实体。

（2）属性抽取和消解：抽取文档中所有实体的属性，并对这些属性进行聚类，每个属性类别对应对象实体唯一的一个属性。

（3）观点持有者抽取和消解：抽取文档中的所有观点持有者，并对持有者进行聚类，每个观点持有者类别对应唯一的一个观点持有者。

（4）时间抽取和标准化：抽取每个观点的发布时间，并对不同时间的格式进行标准化操作。

（5）属性的情感分类和回归：对具体的属性进行情感分析，判断它是褒义、贬义还是中性情感，或者通过回归算法给属性赋予一个数值化的情感得分，如 1～5 分。

（6）生成观点五元组：使用步骤（1）～步骤（5）的结果构造文档中所有观点的五元组。

6.6.4 情感分析的应用

随着微博等社交媒体以及电商平台的发展而产生大量带有观点的内容，给情感分析提供了大量所需的数据基础。目前，情感分析已经在多个领域被广泛应用。

（1）在社会舆论领域，通过分析大众对于社会热点事件的点评，可以有效地掌握舆论的走向。

（2）在企业舆论方面，利用情感分析可以快速了解社会对企业的评价，为企业的战略规划提供决策依据，提升企业在市场中的竞争力。

（3）在金融交易领域，分析交易者对于股票及其他金融衍生品的态度，为行情交易提供了辅助依据。

（4）在商品零售领域，用户的评价对于零售商和生产商都是非常重要的反馈信息，通过对海量用户的评价进行情感分析，可以量化用户对产品及其竞争产品的褒贬程度，从而了解用户对于产品的诉求以及产品与竞争产品优劣程度的对比。

下面选取两个案例来详细讲解情感分析的具体应用。

1. 基于民宿客户在线评价的情感分析

选取蚂蚁短租平台中客户对某地方民宿的评论作为文本来源，借助爬虫软件实现对蚂蚁短租某地民宿评论的获取，对所获评论进行数据清洗、分词、停用词过滤及词性标注等预处理操作。

用领域词典对评论集中的所有评论进行情感值计算并进行情感分类,分为正面和负面情感评论集。

通过表 6-1 可以看出某地民宿的优势（即正面主题），包括周边环境、房间设备和房东服务。其中，周边环境包含"交通""公园""环境""景点"等核心关键词；房间设备包含"房间""空调""设施"等核心关键词；房东服务包含"老板""热情""周到""接待"等核心关键词。正面主题词的挖掘有利于民宿管理者更准确地把握已有优势，发展自身特色，从而打造出极具魅力的民宿服务。

与正面主题相比，消费者更应留意某地民宿的劣势（即负面主题），包括诚信问题、停车问题和室内问题。其中，诚信问题包含"骗人""退房""退款""协商"等核心关键词；停车问题包含"收费""停车场""押金"等核心关键词；室内问题包含"霉味""蚂蚁""脏乱""隐私权"等核心关键词。这些页面主题应该引起民宿管理者的注意，并有针对性地对自身服务进行改善。

表 6-1　核心关键词

分类	主题	核心关键词
正面主题	周边环境	交通、入住、公园、位置、出行、环境、夜景、打车、出门、距离、便利店、步行、景点
	房间设备	房间、干净、房东、空调、设施、房子、整洁、卫生间、装修、厨房、做饭、客厅、被子、电视
	房东服务	老板、热情、热心、贴心、店家、周到、帮忙、朋友、客气、细心、便宜、接待、服务态度
负面主题	诚信问题	退房、收拾、缺德、骗人、难受、信任、理解、冒失、倒霉、沟通、骗子、协商、退款、取消
	停车问题	停车、停车场、找到、价格、打车、停车费、性价比、收费、押金、马路、地点
	室内问题	霉味、信号、蚂蚁、超重、水压、停水、拖鞋、霸占、开关、脏乱、漏风、隐私权、污物

对评论文本中的关键词进行词频统计，其分析结果如图 6-7 所示，频率越高的词汇，字号显示越大，图 6-7（a）基于所有评论的实体词生成，图 6-7（b）和图 6-7（c）分别基于正面和负面评论中的情感词生成。从图 6-7（a）可知，"房东""房间""设施""环境""交通"一直是住客的主要关注点；而图 6-7（b）和图 6-7（c）能很直观地展现出住客民宿体验中的感受，如图 6-7（b）中"整洁""舒适"等词直接表达了住客对于民宿卫生状况的满意程度，图 6-7（c）中"潮湿""很脏""不爽"等词反映了住客对于民宿环境的不满。词频统计更利于获悉用户评价，从而便于民宿管理者做出更好的决策。

（a）　　　　　　　（b）　　　　　　　（c）

图 6-7　评论关键词的词频统计分析结果

2. 基于美团外卖用户在线评论的情感分析

选取美团外卖 App 中一线城市（杭州、成都、西安）、二线城市（哈尔滨、济南、乌鲁木齐）、三线城市（临沂、三亚、秦皇岛）和特大城市（北京、上海、广州）等 12 个城市中的部分门店评论数据作为研究对象。门店包括一些大品牌（如必胜客）和若干小品牌，一共 161 家。使用百度 AI 开放平台进行情感分析，根据输出的情感倾向进行统计后发现：在抽取的 161 家门店中，157 家门店的用户评论情感是积极的，2 家门店的用户评论情感是消极的，2 家门店的用户评论情感是中立的。下面对不同城市等级的必胜客门店的消极情绪进行对比分析。先对评论文本进行分词并抽取文本中的关键词，再对关键词进行词频统计，其统计结果如图 6-8 所示，从中可以看到差评中提到的最多的词汇。

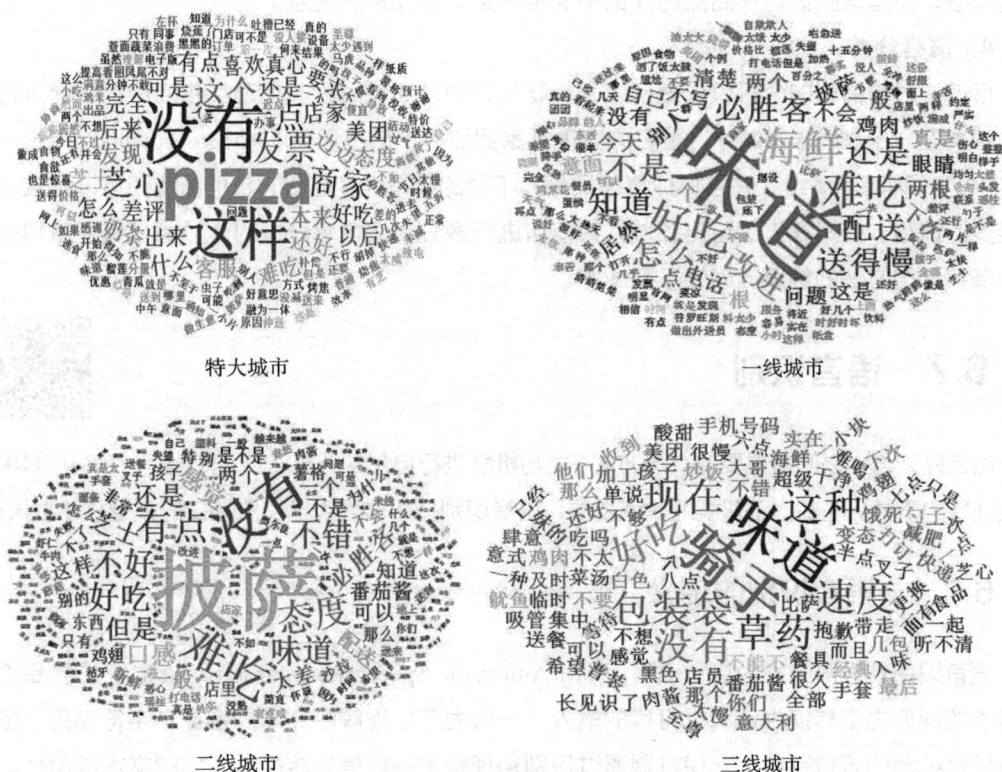

图 6-8　各级城市必胜客消极情绪关键词频率统计

6.6.5　情感分析面临的困难与挑战

随着技术的进步，情感分析的研究已经有了非常大的进展，但依然存在着一些难题是目前尚未解决的，在实操过程中需特别注意以下几种类型的数据。

1. 颜文字和表情包

互联网上大量的情感表达是通过颜文字和表情包来实现的，如经典的表示笑脸的颜文字 ":D"，这类文本表达无法与上下文形成联系，很难判断其评价的实体对象是什么。可以将特定的颜文字作为一种特殊的词组构建成情感字典，并人工进行情感分的赋值；对于 emoji，可以将标准的 emoji 编码编入情感字典。

2．讽刺句

讽刺句从字面上来看可能是褒义，但实际却是贬义，或者字面是贬义但实际却是褒义。例如，"太棒了！这家外卖治好了我多年的便秘！"这种讽刺句在情感分析中是非常难以处理的，需要结合常识或者相关的背景知识才能了解。在舆论或社会新闻的评价中，讽刺句比较常见。

3．比较句

比较句是特殊的情感表达句，例如，"我觉得这件衣服很适合我，但我更喜欢那一件。"这类比较句中通常存在着两个以上的实体或属性，很难分辨观点持有者到底是在对哪一个实体或属性表达情感，但是这类语句在商品的评论中非常常见，需要特别注意。

4．情绪分类

目前，对于情感的分析仅仅做了褒义、贬义、中性 3 种划分，但现实生活中的情绪远远不止这 3 种类型。在心理学领域中，著名的心理学家罗伯特·普拉切克（Robert Plutchik）提出的情绪轮包含了 8 种基本情绪，并且每种情绪又分为不同的情绪强度等级，8 种情绪还可以相互结合形成更多的情绪。但是在人工智能领域，对情绪进行多分类比情感分析的 3 分类任务要难得多，目前大多数分类方法的结果准确性不到 50%。

6.7　语音识别

6.4　语音识别

语言是人与人之间最重要的交流方式，能与机器进行自然的人机交流是人类一直期待的事情。随着人工智能的快速发展，语音识别技术作为人机交流接口的关键技术发展迅速。

6.7.1　语音识别的定义

语音识别，通常被称为自动语音识别（Automatic Speech Recognition，ASR），主要是将人类语音中的词汇内容转换为计算机可读的输入，一般为可以理解的文本内容或者字符序列。语音识别就好比机器的听觉系统，它使机器通过识别和理解将语音信号转换为相应的文本或命令。

语音识别是一项融合多学科知识的前沿技术，覆盖了数学与统计学、声学、语言学、模式识别理论以及神经生物学等学科。自 2009 年深度学习技术兴起之后，语言识别技术的发展已经取得了长足进步。语音识别的精度和速度取决于实际应用环境，在安静环境、标准口音、常见词汇场景下的语音识别准确率已经超过 97%，具备了与人类相仿的语言识别能力。

6.7.2　语音识别的发展历程

20 世纪 50 年代，语音识别的研究工作开始。1952 年，贝尔实验室研发出了世界上第一个能识别 10 个英文数字发音的实验系统。此时，语音识别的重点是探索和研究声音和语音学的基本概念及原理。

20 世纪 60 年代开始，卡耐基梅隆大学的雷伊·雷蒂（Raj Reddy）等开展了连续语音识别的研究，但是进展很缓慢。1969 年，贝尔实验室的约翰·皮尔斯（John Pierce）甚至在一封公开信中将语音识别比作近几年不可能实现的事情。

20 世纪 80 年代开始，以隐马尔可夫模型方法为代表的基于统计模型的方法逐渐在语音识别研究中占据了主导地位。它能够很好地描述语音信号的短时平稳特性，并能将声学、语言学、句法等知识集成到统一框架中。此后，它的研究和应用逐渐成为主流，第一个"非特定人连续语音识别系统"是当时还在卡耐基梅隆大学读书的李开复研发的 SPHINX 系统。到 20 世纪 80 年代后期，人工神经网络也成为语音识别研究的一个方向。但这种浅层神经网络在语音识别任务上的效果一般，表现并不如隐马尔可夫模型。

20 世纪 90 年代开始，语音识别掀起了第一次研究和产业应用的小高潮。这个时期，剑桥大学发布的隐马尔可夫开源工具包大幅度降低了语音识别研究的门槛。在此后将近 10 年的时间中，语音识别的研究进展一直比较有限，基于隐马尔可夫模型的语音识别系统的整体效果还远远达不到实用化水平，语音识别的研究和应用陷入了瓶颈。

2006 年，杰弗里·辛顿提出了深度置信网络，它解决了深度神经网络训练过程中容易陷入局部最优解的问题，自此深度学习的大潮正式拉开。2009 年，杰弗里·辛顿和他的学生将深度置信网络应用在语音识别声学建模中，并且在小词汇量连续语音识别数据库中获得了成功。2011 年，深度神经网络在大词汇量连续语音识别上获得成功，取得了近 10 年来最大的突破。从此，基于深度神经网络的建模方式正式取代隐马尔可夫模型，成为主流的语音识别模型。

6.7.3　语音识别的基本原理

对于不同的语音识别过程，人们采用的识别方法和技术都不尽相同，但其基本原理大致相同，即将经过预处理后的语音信号送入特征提取模块进行特征处理，并利用声学模型和语言模型对语音信号进行解码后，输出识别结果。语音识别的基本原理如图 6-9 所示。

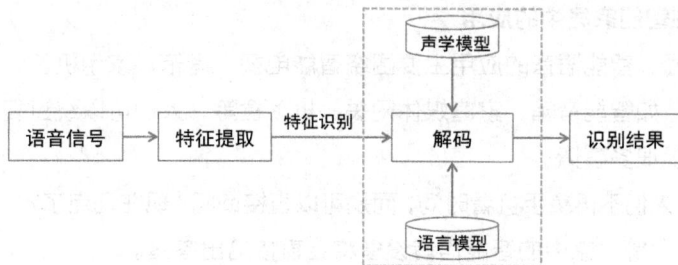

图 6-9　语音识别的基本原理

6.7.4　语音识别的应用

语音识别技术作为近年来最热门的一种先进的技术，涉及信号处理、语言、心理和计算机等多门学科。大量的语音识别产品已经进入市场和服务领域，被广泛地应用于智能终端、移动互联网应用、金融、电信、汽车、家居、教育等行业，推动了车载语音、智能客服、智能家居、语音课件等产品的迅猛发展。近年来，国内外智能语音厂商纷纷进行市场布局，提供了语音识别、语音合成、集成化产品、智能语音云平台等多样化能力服务，如手机端的语音助手 Siri、微软小娜、电话机器人硅语、地图导航高德、智能音箱天猫精灵等，如图 6-10 所示，引发了汽车、家电、银行、家居、电信等多领域传统行业的应用创新。各行各业也纷纷以此为契机，大力创新发展与人工智能技术结合的产品及服务，下面介绍一些语音识别的典型应用。

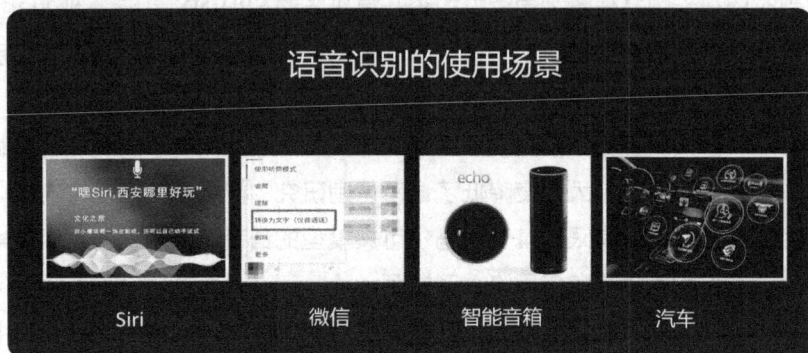

图 6-10　语言识别的使用场景

1．语音识别在移动设备中的应用

在移动设备方面，智能语音语义在智能手机和可穿戴设备中的应用不尽相同。可穿戴设备虽然没有屏幕或屏幕较小，更适合语音交互，但是大多数可穿戴设备（如智能手表）是非生活必需品，本身销量就很有限，并没有太多交互需求，因此实际应用量较少。从效率上看，语音识别在智能手机和各类软件上的应用主要以输入、搜索和调取服务为主，输入信息量并不大。目前，除了重度文字使用者如作家、记者、编辑等，对语音输入和转化有着刚性需求之外，其他人使用语音识别的场景更多的还是在不方便打字时，如走路、开车等场景下。但是随着语音识别和交互体验的不断提升，会有越来越多的人在移动端使用语音识别。

2．语音识别在智能家居中的应用

在智能家居方面，智能语音的应用主要围绕智能电视、音箱、家用机器人展开，通过支持语音识别的智能设备，如智能音箱、家庭媒体网关、机顶盒等，人们可以绕过复杂的按键操作，以语音控制的方式实现很多事情。

（1）早上醒来，人们不再拿手机看时间，而是可以直接询问"现在几点了？""今天天气怎样？""外面是否在下雨？"等，家中的智能语音设备将会直接给出答案。

（2）获取新闻，安排日程。通过智能语音设备，可以收看或收听新闻，也可以询问智能音箱"我今天的日程安排是什么？"，可以轻松开启一天的工作和生活。

（3）当人们想看电视时，可以通过内置了智能语音功能的家庭媒体设备，以语音的方式选择想看、想听的内容；而如果不知道具体的名称，也可以通过"播放励志的电影""听点音乐"等模糊地输入线索，找出相关的内容。

（4）在智能语音设备出现之前，在电视上购物是非常麻烦的，有了智能语音设备，只要说出想要的产品，就能快速便捷地找到心仪的产品。

（5）通过语音识别，可以轻松地控制智能电视，实现开机、关机、调高音量、调低音量等操作，还可以实现对家庭智能设备如灯泡、热水器、电饭煲、空调、电动窗帘等的控制。

据统计，2019 年全球智能音箱出货量达到 1.4 亿台，预计到 2024 年，全球智能音箱的保有量将达到 6.4 亿台。

3. 语音识别在企业客服和教育领域中的应用

在企业客服方面，智能机器人客服的出现可以在很大程度上解决简单、重复性工作，帮助企业节省了人工和座席成本，提升了运营效率。由于客服问题主要聚焦在特定产品或单一垂直领域，因此需要企业拥有完整的结构化知识库，帮助机器人更好地查询和匹配问答内容。目前，按照行业平均水平，机器人客服可以解决 70%左右的问题，其余由人工处理。由于业务量大、付费能力强、知识库完整，金融、电信、航空等大型公司成为智能机器人客服的主要应用群体。

在教育领域，智能语音的应用包括中英文口语评测，以及部分教育机器人的交互功能。它在教育领域的价值表现在两个方面，一方面在于提高教师工作效率，另一方面在于帮助学生提升学习效果。通过大量语音数据的积累，以及和后端大数据分析、机器学习相结合，智能语音有望在机器辅助学习和自适应学习方面发挥重大作用，为教育行业带来颠覆性变革。科大讯飞作为智能语音和教育市场的龙头企业，为一些全国性考试提供技术支持，已经成为智能语音在中英文口语测评方面的领先者。2016 年年底，科大讯飞与新东方联合成立东方讯飞，以新东方的数据和科大讯飞的技术推动教育、培训、学习的智能化进程，智能语音测评技术有望在其中发挥重要作用。

4. 语音识别在医疗行业中的应用

在医疗行业，智能语音的主要应用是电子病历的录入。医生在临床诊断时使用专业麦克风可将诊断信息实时转换成文字，录入医院信息系统，方便后续查询和问答，提高医生的工作效率。由于专业性强、识别难度高，语音录入电子病历的应用最早主要是通过后台人工转写，而随着语音识别技术有了突破性进展，智能语音在医疗领域的应用才真正开始起步。科大讯飞正在和中国科学技术大学附属第一医院、上海交通大学附属第六人民医院南院以及北京大学口腔医院等医院合作，让医生使用定制麦克风，通过定向和降噪，先将语音转换成文字，再通过自然语言处理技术对文字进行结构化处理，医生只需做简单修改即可形成电子病历。目前，语音在医疗领域的应用还处于语音转文字的初级阶段，在实际使用中的部分识别错误还需要医生手动修改。不过，以语音为入口所积累的大量医疗数据会在未来产生巨大价值。此外，随着医疗技术和语音分析技术的进步，通过声音诊断病情也将成为可能。

5. 语音识别在金融行业中的应用

由于金融行业带有明显的客户服务属性，加上完整而庞大的业务及数据积累，因此金融行业成为智能语音的重要应用阵地。一些商业银行已经通过使用语音识别技术实现了语音导航、语音交易、业务办理等基础服务。除了在线客服和呼叫中心之外，智能语音技术还被应用于语音/语义分析、大数据挖掘、身份认证等领域。例如，先通过将语音数据转换为文本，而后建立语义索引、自动提取特征关键词，再对文本数据进行自动分类，生成结构化的客服大数据，为银行等金融机构提供客服质检、大数据挖掘与分析服务。此外，随着声纹识别技术的进步，智能语音也将被应用于金融领域的身份认证，通过语音认证实现业务办理、支付等功能，未来有望和指纹、虹膜、人脸等其他生物特征识别方式一起使用。

6. 语音识别在军事领域中的应用

在军事领域，语音识别技术也有着极为重要的应用价值和极其广阔的应用空间。一些语音识别技术就是着眼于军事活动而研发，并在军事领域首先应用、首获成效的。军事应用对语音识别系统的识别精度、响应时间、恶劣环境下的顽健性都提出了更高的要求。目前，语音识别技术已在军事指挥和自动化控制方面得以应用。例如，将语音识别技术应用于航空飞行控制，可快速提高作战效率，减轻飞行员的工作负担，利用语音输入来代替传统的手动操作控制各种开关和设备，可使飞行员把精力集中于对攻击目标的判断和完成其他操作上，以便更快地获得信息来发挥战术优势。

6.8 自然语言处理面临的问题和展望

自然语言处理已经取得了丰硕成果，新的模型和方法不断被提出，并在多个行业得到成功应用；很多应用系统已经被广泛使用，并直接服务于社会生活的各个方面。然而，自然语言处理仍然面临着若干挑战，远没有达到像人一样理解语言的程度。

6.8.1 自然语言处理面临的问题

自然语言处理当前面临的主要问题可以概括为如下 5 点。

1. 缺乏有效的知识表示和利用手段

这里所说的知识，包括常识、领域知识、专家的经验知识和语言学知识等。对于大多数语言学知识和部分领域知识，可以在一定程度上从大规模训练数据中学习到，但是很多常识和专家经验往往是超出训练数据范围的。例如，"transformers"一词在政治领域中指改革者，在电力系统中指变压器，在儿童玩具中指变形金刚，而在自然语言处理领域中指转换器。其具体含义需要根据上下文背景和领域确定。又如，在鸡兔同笼问题求解中，关键常识是鸡有两条腿、兔子有四条腿。如果没有这种常识，这个问题就无法求解。对于人类而言，这些知识都是常备的；而对于机器而言，却难以从训练数据中归纳学习出来。

2. 缺乏未知语言现象的处理能力

对于任何一个自然语言处理系统来说，总是会遇到未知的词汇、未知的语言结构和未知的语义表达，所谓"未知"即在训练样本和词典中未曾出现过。世界上的任何一种语言都在随着社会的发展而动态变化和演化，新的词汇、新的词义和新的句子结构都在不断出现，这些现象在微博、聊天和日常会话等非规范表述中尤为突出。例如，"李菊福"的意思是"有理有据使人信服"，"内牛满面"的意思是"泪流满面"，等等。因此，一个实用的自然语言处理系统必须具有较好的未知语言现象和噪声的处理能力。

3．模型缺乏解释性和举一反三的能力

尽管很多方法已经在自然语言处理的各种应用任务和关键技术研发中发挥了重要作用，但是这些方法毕竟采用的是以概率计算为基本手段的"赌博"思维，其性能表现严重依赖训练数据的质量和规模，当测试数据与训练数据差异较大时，模型的性能就会急剧下降，举一反三的能力更无从谈起。从纯粹的自然语言理解的角度而言，目前模型的性能还非常有限，尤其缺乏合理的解释性。对于给定的输入，模型在"黑箱"变换过程中产生错误和丢失数据的原因是什么？每一层变换意味着什么？最终结果的可靠性有多大？这些问题目前还没有合理的解释。

4．缺乏交互学习和自主进化的能力

自然语言处理系统在实际使用过程中会持续得到用户的反馈，包括对系统结果的修正、为系统增加新的词汇解释和补充新的标注数据等。传统的算法是将用户的反馈信息添加到训练数据中，重复进行"训练—测试"循环，以达到不断优化模型的目的。但是这种方法通常需要较长的迭代周期，难以有效利用实时的反馈信息。类比人的交互学习能力，一个智能系统应该具备在线交互学习的能力，即从用户与系统的交互过程中不断学习、补充和修正已有的知识，以达到模型自主进化的效果，而这个学习和进化的过程是终生的。

5．单一模态信息处理的局限性

目前的自然语言处理研究通常指以文本为处理对象的研究领域，一般不涉及其他模型信息的处理，如语音、图像和视频等信息，最多在某些场景下利用语音识别或文字识别作为前端预处理，各模块之间是独立的，与语音、图像和视频等信息处理过程是相脱节的，这严重违背了"类人智能"的基本前提。对于人类而言，通常是"眼观六路，耳听八方"，说出来的话，写出来的字，与看到的实际情况是一致的，而来自各个器官的信息是可以相互补充和验证的。试想，同样一句话借助不同的语调、重音和手势表达，意思很可能完全不同。因此，多模态信息的综合利用、协调处理是人工智能必然的发展方向。

6.8.2 自然语言处理的展望

作为人工智能领域重要的研究方向和分支，自然语言处理不仅涉及词法、句法、篇章和语义等语言学本身的特点和规律，需要解决基础性关键问题，还需要面向实际应用构建机器翻译、自动文摘、情感分析、对话系统等特定任务的模型和方法。自然语言处理最终要能够解决人类语言理解的问题，使相关应用系统的性能达到更高的水平，满足个性化用户的需求，甚至真正做到像人一样理解语言。以下 3 方面将成为自然语言处理未来发展的重要方向。

（1）与神经科学密切结合，探索人脑理解语言的神经基础，构建更加精准、可解释、可计算的语义表征和计算方法。

人脑是如何表征和处理文本语义的？这是一道难解之题。相比于视觉、听觉等神经系统，目前人类对于人脑语言系统的了解还非常初步。近年来，数据驱动的自然语言处理方法在很多方面有效地弥补了传统方法的不足，但是数据驱动的方法存在很多固有的弊端，包括性能对训练数据的依赖性、模型的可解释性和常识的表示、获取和利用等问题。而人脑在小样本数据上的归纳、抽象和举一反三的能力恰恰是目前深度学习方法所不具备的，那么如何发现和模拟人脑语言理解的机理，构建类脑语言理解模型，是当前面临的一个挑战性问题。

（2）构建高质量的基础资源和技术平台。

无论是以符号逻辑和规则运算为基础的理性主义方法，还是数据驱动的经验主义方法，高质量的基础资源都是不可或缺的。这里所说的基础资源包括高质量、大规模的知识库，双语对照的平行句对和词典，面向特定任务的标注样本等。对于很多语言，尤其是小语种而言，可利用的数据资源十分稀少，甚至很多语言连与汉语对应的双语词典都没有，如波斯语与汉语、乌尔都语与汉语、达利语与汉语等，更别说大规模双语平行语料。高质量的关键技术工具无论对于哪种后续的应用任务都是不可或缺的，如命名实体识别工具、某些语言的形态分析工具等。

（3）打通不同模态信息处理的壁垒，构建多模态信息融合的处理方法和模型。

已有的语音、语言、图像和视频处理研究基本上是"井水不犯河水"，研究成果无法互相打通，而在真实情况下的应用任务中往往需要多模态信息的综合利用，从模拟人脑理解语言过程的角度而言，各类感知信息的综合利用也是情理之中的事情。

综上所述，目前的自然语言处理技术已经得到了广泛应用，但其性能水平基本上还是停留在"处理"层面，远没有达到"理解"的水平，未来的任务艰巨而充满挑战。同时，中文以其独特的规律和特点给词性标注等问题带来了一定的困难，研究和开发以中文为核心的自然语言处理技术都应该作为重点。

6.9 小结

（1）自然语言处理是指利用计算机对自然语言的形、音、义等信息进行处理，即对字、词、句、篇章的输入、输出、识别、分析、理解、生成等的操作和加工。

（2）计算机处理自然语言的整个过程一般可以概括为语料预处理、特征工程、模型训练和指标评价4部分。

（3）自然语言理解是指让计算机能够理解自然语言文本的意义，它可以分为语音分析、词法分析、句法分析、语义分析和语用分析5个层次。

（4）自然语言生成是指让计算机按照一定的语法和语义规则生成自然语言文本，通俗来讲，它指对语义信息以人类可读的自然语言形式进行表达。

（5）词法分析的主要目的是从句子中切分出单词，找出词汇的各个词素，从中获得单词的语言学信息并确定单词的词义。

（6）句法分析的作用是确定构成句子的各个词、短语之间的关系以及各自在句子中的作用等，并将这些关系用层次结构加以表达，并规范句法结构。

（7）语义分析的任务是把分析得到的句法成分与应用领域中的目标表示相关联，从而确定语言所表达的真正含义或概念。语义分析的方法主要有语义文法和格文法。

（8）信息检索是信息按一定的方式进行加工、整理、组织并存储起来，并根据用户特定的需要将相关信息准确地查找出来的过程。

（9）机器翻译是让计算机自动将源语言表示的语句转换为目标语言表示语句的过程，它有直译式翻译、中间语言式翻译和转换式翻译 3 种基本模式。统计机器翻译是目前主流的机器翻译方法，分为基于词的统计机器翻译和基于短语的统计机器翻译两种。

（10）情感分析是从评论的文本中提取出评论的实体，以及评论者对该实体所表达的情感倾向和观点。根据处理文本颗粒度的不同，情感分析大致可以分为篇章级、句子级和属性级 3 个级别的任务。

（11）语音识别是将人类语音中的词汇内容转换为计算机可读的输入，一般为可以理解的文本内容或者字符序列。语音识别的基本原理如下：先将经过预处理后的语音信号送入特征提取模块，再利用声学模型和语言模型对语音信号进行特征识别，最后输出识别结果。

6.10　习题

（1）简述自然语言处理的定义。

（2）简述自然语言处理的一般工作原理。

（3）简述自然语言理解的定义和层次。

（4）简述词法分析的目的和作用。

（5）简述句法分析的作用。

（6）简述语义分析的作用和常用方法。

（7）简述信息检索的基本原理。

（8）简述机器翻译的基本模式。

（9）简述情感分析的常见任务。

（10）简述语音识别的基本原理和过程。

第7章

知识图谱

07

【本章导读】

知识图谱是一种揭示实体之间关系的语义网络，它以结构化的形式描述客观世界中概念、实体及其关系，是人工智能发展的核心驱动力之一。本章主要介绍知识图谱的相关概念及应用。

【本章要点】

① 知识图谱的定义、发展历史、类型和重要性
② 知识表示
③ 知识建模
④ 知识抽取
⑤ 知识存储

⑥ 知识融合
⑦ 知识推理
⑧ 语义搜索
⑨ 问答系统

7.1 知识图谱简介

知识图谱（Knowledge Graph）是一种揭示实体之间关系的语义网络。2012 年 5 月 17 日，谷歌正式提出了知识图谱的概念，其初衷是优化搜索引擎返回的结果，增强用户搜索质量及体验。

7.1.1 知识图谱的定义

知识图谱以结构化的形式描述客观世界中的概念、实体及其关系，将互联网的信息表达成更接近人类认知世界的形式，提供了一种更好地组织、管理和理解互联网海量信息的能力。知识图谱给互联网语义搜索带来了活力，同时在问答系统中显示出了强大作用，已经成为互联网知识驱动的智能应用的基础设施。知识图谱与大数据和深度学习一起，成为推动互联网和人工智能发展的核心驱动力之一。

7.1 知识图谱定义和历史

知识图谱不是一种新的知识表示方法，而是知识表示在工业界的大规模知识应用，它对互联网中可以识别的客观对象进行关联，以形成客观世界实体和实体关系的知识库，其本质上是一种语义网络，其中的节点代表实体或者概念，边代表实体/概念之间的各种语义关系。知识图谱的架

构包括知识图谱自身的逻辑结构，以及构建知识图谱所采用的技术（体系）架构。知识图谱的逻辑结构可分为模式层与数据层，模式层在数据层之上，是知识图谱的核心，模式层存储的是经过提炼的知识，通常采用本体库来管理知识图谱的模式层，借助本体库对公理、规则和约束条件的支持能力，规范实体、关系以及实体的类型和属性等对象之间的联系。数据层主要由一系列的事实组成，而知识将以事实为单位进行存储。在知识图谱的数据层，知识以事实为单位存储在数据库中。如果以（实体，关系，实体）或者（实体，属性，性值）三元组作为事实的基本表达方式，则存储在数据库中的所有数据将构成庞大的实体关系网络，形成知识图谱。图 7-1 所示为知识图谱的表示。

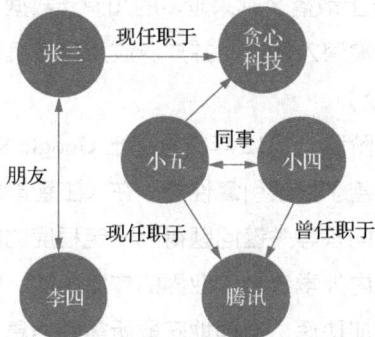

图 7-1 知识图谱的表示

7.1.2 知识图谱的发展历史

知识图谱的发展始于 20 世纪 50 年代，至今大致分为如下所述的 3 个发展阶段。

1. 第一阶段（1955 年—1977 年）

第一阶段是知识图谱的起源阶段，在这一阶段中，研究者们提出了引文网络和语义网络的概念。1955 年，尤金·加菲尔德（Eugene Garfield）提出了将引文索引应用于检索文献的思想。1965 年，德瑞克·普赖斯（Derek Price）在 *Networks of Scientific Papers* 一文中指出引文网络与科学文献之间的引证关系，类似于当代科学发展的"地形图"，从此分析引文网络开始成为一种研究当代科学发展脉络的常用方法，进而形成了知识图谱的概念。1968 年，奎林（Quillian）提出了语义网络，最初是作为人类联想记忆的一个明显公理模型，随后在人工智能中用于自然语言理解，表示命题信息。语义网络是一种以网络格式表达人类知识构造的形式，是人工智能程序运用的表示方式之一。

2. 第二阶段（1977 年—2012 年）

第二阶段是知识图谱的发展阶段，语义网络得到快速发展，"知识本体"的研究开始成为计算机科学的一个重要领域，知识图谱吸收了语义网、本体在知识组织和表达方面的理念，使得知识更易于在计算机之间和计算机与人之间交换、流通和加工。1977 年，在第五届国际人工智能会议上，美国计算机科学家阿曼德·菲根堡姆（Armand Feigenbaum）首次提出了知识工程的概念，知识工程是通过存储现存的知识来实现对用户的提问进行求解的系统，其中最典型和成功的知识工程的应用是基于规则的专家系统，此后以专家系统为代表的知识库系统开始被广泛研究和应用。1991年，美国计算机专家尼彻斯（Niches）等人在完成美国国防部高级研究计划局（Defense Advanced Research Projects Agency，DARPA）关于知识共享的科研项目中提出了一种构建智能系统的新思想，该智能系统由两部分组成，一部分是知识本体（Ontologies），另一部分是问题求解方法（Problem Solving Methods，PSMs）。知识本体是知识库的核心，涉及特定领域共有的知识结构，是静态的知识；PSMs涉及在相应领域的推理知识，是动态的知识，PSMs使用知识本体中的静态知识进行动态推理。自1998年万维网之父蒂姆·李（Tim Lee）提出语义网的概念，以及链接开放数据（Linked Open Data）的规模激增，互联网上散落了越来越多的知识元数据。2002年，机构知识库的概念被提出，知识表示和知识组织开始被深入研究，并广泛应用到各机构单位的资料整理工作中。

3. 第三阶段（2012年至今）

第三阶段是知识图谱的繁荣阶段，2012年谷歌提出Google Knowledge Graph，知识图谱正式得名，谷歌通过知识图谱技术改善了搜索引擎性能。在人工智能的蓬勃发展下，知识图谱涉及的知识抽取、表示、融合、推理、问答等关键问题得到一定程度的解决和突破，知识图谱成为知识服务领域的一个新热点，受到国内外学者和工业界的广泛关注。随着互联网的蓬勃发展，信息量呈爆炸式增长，人们开始渴望更加快速、准确地获取所需的信息。知识图谱强调语义检索能力，关键技术包括从互联网的网页中抽取实体、属性及关系，旨在解决自动问答、个性化推荐和智能信息检索等方面的问题。目前，知识图谱技术正逐渐改变现有的信息检索方式，如谷歌、百度等主流搜索引擎都在采用知识图谱技术提供信息检索，一方面，通过推理实现概念检索（相对于现有的字符串模糊匹配方式而言）；另一方面，以图形化方式向用户展示经过分类整理的结构化知识，从而使人们从人工过滤网页寻找答案的模式中解脱出来。

7.1.3　知识图谱的类型

目前，常用的知识图谱主要有以下4种类型。

7.2　知识图谱的类型

1. 事实知识

事实知识是知识图谱中最常见的知识类型。大部分事实是在描述实体的特定属性或者关系，例如，三元组（柏拉图，出生地，雅典）中的"出生地"就是其中一个属性。需要说明的是，有些实体的相关事实未必存在典型的属性或者关系与之对应，只能通过复杂的文本来描述。例如，"亚里士多德是西方古典哲学的集大成者"这一事实很难找到明确的属性加以陈述。例如，在"柏拉图继承和发展了苏格拉底的哲学思想"这一事实中，显然柏拉图与苏格拉底之间是有关系的，但这类关系无法简单概括。很多以实体为中心组织的知识图谱均富含事实知识，如DBpedia、Freebase及CN-DBpedia等。

2. 概念知识

概念知识分为两类：一类是实体与概念之间的类属关系，另一类是子概念与父概念之间的子类关系。一个概念可能有子概念也可能有父概念，这使得全体概念构成层级体系。概念之间的层级关系是本体定义中最重要的部分，是构建知识图谱的第一步模式设计的重要内容。典型的概念知识图谱包括 YAGO、Probase、WikiTaxonomy 等。

3．词汇知识

词汇知识主要包括实体与词汇之间的关系（实体的命名、称谓、英文名等）以及词汇之间的关系（同义关系、反义关系、缩略词关系、上下位词关系等）。例如，（"Plato"，中文名，柏拉图）、（赵匡胤，庙号，宋太祖）、（妻子，同义，老婆）。一些跨语言知识库专注于建立实体和概念在不同语言中的描述形式。词汇知识是知识图谱目前在实际应用中已经取得较好效果的一类知识。因为领域语料往往是丰富的，所以从这些语料中自动挖掘领域词汇，建立词汇之间的语义关联以及词汇与实体之间的关联，已经成为构建知识图谱最重要的一步。领域词汇知识是相对简单的知识，人类学习某个领域的知识时往往也是从该领域的词汇开始学习的。典型的词汇知识图谱有 WordNet。

4．常识知识

常识是人类通过身体与世界交互而积累的经验与知识，是人们在交流时无须言明就能理解的知识。例如，我们都知道鸟有翅膀、鸟能飞等；又如，如果 X 是一个人，则 X 要么是男人要么是女人。常识知识的获取是构建知识图谱时的一大难点。常识的表征与定义、常识的获取与理解等问题一直都是人工智能发展的瓶颈问题。常识知识的基本特点是每个人都知道，所以很少出现在文本中。面向文本的信息抽取方法对于常识获取显得无能为力。典型的常识知识图谱包括 Cyc、ConceptNet 等。

除了上述 4 类知识图谱之外，还有一些知识图谱侧重知识表示的不同维度。首先，很多事实的成立是有时空条件的，有些知识的存在是有时间限制的，必须为这些知识加上时间维度。例如，（奥巴马，职业，美国总统，2009-01-20，2017-01-20）这个五元组表示"奥巴马是美国总统"这一事实从 2009 年 1 月 20 日开始生效，至 2017 年 1 月 20 日失效；又如，在表达某一天的温度时，（2019-01-01，平均温度，16℃，上海）和（2019-01-01，平均温度，-5℃，北京）这两个四元组分别表示了 2019 年 1 月 1 日这一天上海与北京两地不同的温度。其次，一些知识含有主观性因素。例如，对于薯条是否为健康食品这一问题，不同人的认识是不同的。最后，有些知识关注实体的多模态表示。例如，（柏拉图，图片，plato.jpg）表示了柏拉图的适用图片。

7.1.4 知识图谱的重要性

哲学家柏拉图把知识定义为"Justified True Belief"，即知识需要满足合理性（Justified）、真实性（True）、被相信（Believed）这 3 个核心要素。简单而言，知识是人类通过观察、学习和思考有关客观世界的各种现象而获得和总结出的所有事实、概念、规则和原则（Rules and Principles）的集合。人类发明了各种手段来描述、表示和传承知识，如自然语言、绘画、音乐、数学语言、物理模型、化学公式等，可见对客观世界规律的知识化描述对于人类社会发展的重要性。具有获取、表示和处理知识的能力是人类心智区别于其他物种心智的重要特征，知识图谱已成为推动机器基于人类知识获取认知能力的重要途径，并将逐渐成为未来智能社会的重要生产资料。

1. 知识图谱是人工智能的重要基石

知识图谱对于人工智能的重要价值在于，知识是人工智能的基石。机器可以模仿人类的视觉、听觉等感知能力，但这些感知能力并非人类的专属，动物也具备感知能力，甚至某些感知能力比人类更强，如狗的嗅觉。而"认知语言是人区别于其他动物的能力，同时，知识使人不断地进步，不断地凝练、传承知识，是推动人不断进步的重要基础"，知识对于人工智能的价值就在于让机器具备认知能力。

有了知识的人工智能会变得更强大，可以做更多的事情。反过来，更强大的人工智能可以帮助人们更好地从客观世界中去挖掘、获取和沉淀知识，这些知识和人工智能系统形成正循环，两者共同进步。机器通过人工智能技术与用户的互动，从中获取数据、优化算法，更重要的是构建和完善知识图谱，认知和理解世界，进而服务于这个世界，让人类的生活更加美好。

2. 知识图谱推动智能应用

知识图谱将知识智能地连接起来，能够对各类应用进行智能化升级，为用户带来更智能的应用体验。知识图谱是一个宏大的数据模型，可以构建庞大的知识网络，包含客观世界存在的大量实体、属性以及关系，为人们提供了一种快速便捷进行知识检索与推理的方式。近年来，蓬勃发展的人工智能本质上是一次知识革命，其核心在于通过数据观察与感知世界，实现分类预测、自动化等智能化服务。知识图谱作为人类知识描述的重要载体，推动着信息检索、问答系统等众多智能应用。

3. 知识图谱是强人工智能发展的核心驱动力之一

尽管人工智能依靠机器学习和深度学习取得了快速进展，但是由于严重依赖人类的监督以及大量的标注数据，仍属于弱人工智能范畴，离强人工智能具有较大差距。强人工智能的实现需要机器掌握大量的常识性知识，将信息中的知识或者数据加以关联，同时以人类的思维模式和知识结构来进行语言理解、视觉场景解析和决策分析。知识图谱技术是由弱人工智能发展到强人工智能的必要条件，对于实现强人工智能有着重要的意义。

7.2 知识表示和知识建模

知识表示与知识建模是知识图谱中的重要内容，在构建知识图谱的时候，首先要建立知识表达的数据模型，也就是知识图谱的整个数据组织体系。

7.2.1 知识表示

知识表示学习主要是面向知识图谱中的实体和关系进行表示学习，使用建模方法将实体和向量表示在低维稠密向量空间中，并进行计算和推理。

1. 知识表示概述

知识是人类在认识和改造客观世界的过程中总结出的客观事实、概念、定理和公理的集合。

知识具有不同的分类方式，例如，按照知识的作用范围可分为常识性知识与领域性知识。知识表示是将现实世界中存在的知识转换成计算机可识别和处理的内容，是一种描述知识的数据结构，用于对知识进行描述或约定。知识表示在人工智能的构建中具有关键作用，通过适当的方式表示知识，形成尽可能全面的知识表达，可使机器通过学习这些知识，表现出类似于人类的行为。知识表示是知识工程中一个重要的研究课题，也是知识图谱研究中知识抽取、存储、融合、推理的基础。

2. 知识表示方法

知识表示方法主要分为基于符号的知识表示方法与基于表示学习的知识表示方法。

（1）基于符号的知识表示方法

基于符号的知识表示方法分为一阶谓词逻辑表示法、产生式规则表示法、框架表示法与语义网络表示法。

一阶谓词逻辑表示法是基于谓词逻辑的知识表示方法，通过命题、逻辑连接词、个体、谓词与量词等要素组成的谓词公式，描述事物的对象、性质、状况和关系。一阶谓词逻辑表示法以数理逻辑为基础，表示结果较为精确，表达较为自然，形式上接近人类自然语言。但是其也存在表示能力较差，只能表达确定性知识，对于过程性和非确定性知识表达能力有限的问题。

产生式规则表示法是 20 世纪 40 年代由逻辑学家埃米尔·波斯特（Emil Post）提出的。根据知识之间具有因果关联关系的逻辑，形成了"IF-THEN"的知识表示方法，是早期专家系统常用的知识表示方法之一。这种表示方法与人类的因果判断方式大致相同，直观、自然、便于推理。除此之外，产生式规则表示法的知识表达范畴较广，包括确定性知识、设置置信度的不确定性知识、启发式知识与过程性知识。但是产生式规则表示法由于具有统一的表示格式，当知识规模较大时，知识推理效率较低，容易出现组合爆炸问题。

框架表示法是 20 世纪 70 年代初由人工智能专家马文·明斯基提出的一种用于表示知识的框架理论，来源于人们对客观世界中各种事物的认识都是以一种类似框架的架构存储在记忆中的思想。框架是一种通用数据结构，用于存储人们过去积累的信息和经验。在框架结构中，能够借助过去经验中的概念分析和解释新的信息情况。在表达知识时，框架能够表示事物的类别、个体、属性和关系等内容。框架结构一般由"框架名-槽名-侧面-值"4 部分组成，即一个框架由若干个槽组成，其中，槽用于描述事物某一方面的属性；一个槽由若干个侧面组成，侧面用于描述相应属性的一个方面；每个侧面拥有若干值。框架具有继承性、结构化、自然性等优点，但复杂的框架构建成本较高，对知识库的质量要求较高，同时表达不够灵活，很难与其他的数据集相互关联使用。例如，通过框架表示法来表示"计算机主机"，它总共有 6 个属性，也就是 6 个槽，包括"主机品牌""生产厂商"等，框架表示法示意图如图 7-2 所示。

语义网络表示法是以 1960 年由认知科学家艾伦·柯林斯（Allan Collins）提出的语义网络为基础的知识表示方法。语义网络是一种通过实体以及实体间语义关系表达知识的有向图，在图中，节点表示事物、属性、概念、状态、事件、情况、动作等含义，节点之间的弧表示它所连接的两个节点之间的语义关系。根据表示的知识情况需要定义弧上的标识，一般该标识是谓词逻辑中的谓词，常用的标识包括实例关系、分类关系、成员关系、属性关系、包含关系、时间关系、位置关系等。语义网络由语义基元构成，语义基元可通过三元组（节点 1，弧，节点 2）来描述，语义网络由若干个语义基元及其之间的语义关联关系组成。语义网络表示法具有广泛的表示范围和强大的表示能力，表示形式简单直接、容易理解、符合自然规律。然而，语义网络存在节点与边的值没有标准、完全由用户自己定义、不便于知识共享及无法区分知识描述与知识实例等问题。例如，通过语义网络，可以把"重庆坐落于中国西南部"表示为三元组形式（重庆，坐落于，中国西南部），三元组表示示意图如图 7-3 所示。

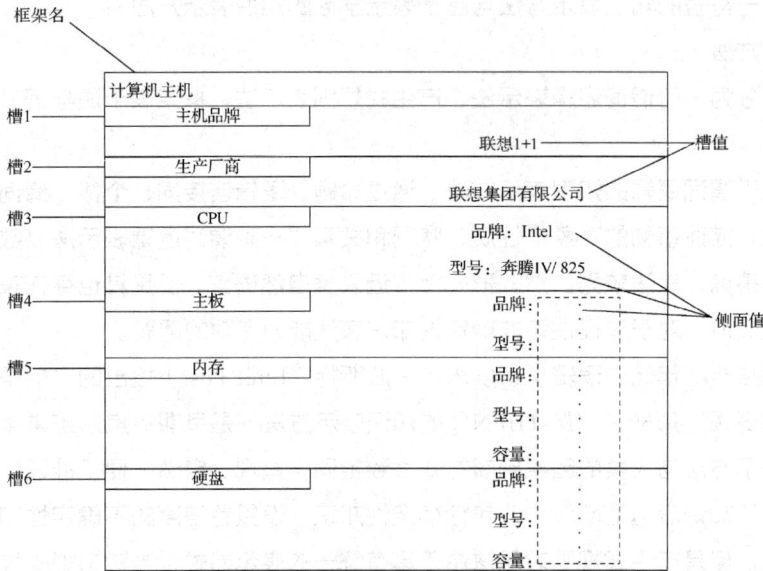

图 7-2　框架表示法示意图

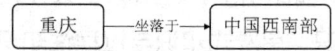

图 7-3　三元组表示示意图

（2）基于表示学习的知识表示方法

早期知识表示方法与语义网络知识表示法通过符号显式地表示概念及其关系。事实上，许多知识具有不易符号化、隐含性等特点，因此仅通过显式表示的知识无法获得全面的知识特征。此外，语义计算是知识表示的重要目标，基于符号的知识表示方法无法有效计算实体间的语义关系。基于表示学习的知识表示经典模型 TransE 如图 7-4 所示。

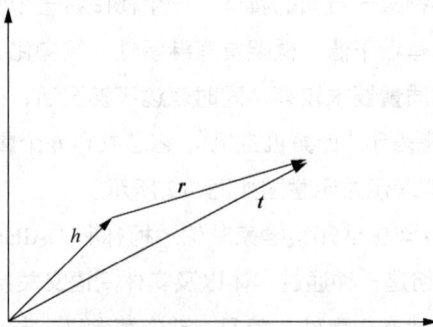

图 7-4　基于表示学习的知识表示经典模型 TransE

TransE 模型将每个三元组实例（head，relation，tail）中的关系 relation 看作从实体 head 到实

体 tail 的翻译，通过不断调整 h、r 和 t（分别为 head、relation 和 tail 的向量），使（$h+r$）尽可能与 t 相等，即 $h+r=t$。

3. 技术发展趋势

知识表示作为知识抽取、存储、融合、推理的基础，侧重于表达实体、概念之间的语义关联，针对知识图谱的语义增强在未来依旧是知识表示的重要任务。知识表示的研究趋势和技术发展趋势包括以下 4 个方面。

（1）符号与表示学习的融合统一

基于符号的知识表示方法由于考虑了人类的自然语言理解方式，具有严密性、自然性、通用性、知识易表达等优点，但是也存在计算效率低、无法捕捉隐含语义知识等不足。而基于表示学习的知识表示方法计算效率高，却存在可靠性低、推理效果不佳等问题。因此，研究基于符号逻辑与表示学习融合统一的知识表示方法有助于知识表达性能的进一步提升，也是未来的发展方向。

（2）面向事理逻辑的知识表示

事理逻辑是指事件之间的演化规律和模式。已有的知识图谱以实体、实体属性、实体与实体或属性之间的关系为核心，缺乏针对事件之间的演化规律与模式的知识挖掘。事实上，事理逻辑是一种非常有价值的常识，挖掘这种知识对认识和分析人类行为与社会发展变化规律意义重大。面向事件实体、事理逻辑关系（顺承、因果、条件、上下位、组成等）的事件知识表示方法是表达和丰富事理图谱的重要基础。

（3）融合时空间维度的知识表示

现实世界中，许多知识具有时间和空间属性，例如，"王菲的丈夫是李亚鹏"这条知识具有潜在的时间信息；"早餐是豆浆和油条"这条知识潜在的空间信息是中国的北方地区，从时空维度拓展知识表示对许多特定领域具有较强的现实意义。德国马普研究所研制的 YAGO 知识库为许多知识条目增加了时间和空间维度的属性描述，丰富了知识库内容。人们关心当前事实的同时，也会关注过去和未来的知识情况以及不同空间的知识表达含义，形成融合时间或空间维度的知识表示是增强知识表达的有效方式。

（4）融合跨媒体元素的知识表示

当前的知识图谱主要以文本为主，事实上，跨媒体元素包括图像、视频、音频等数据对于丰富和增强知识图谱的知识语义具有重要作用。不同的跨媒体元素能够表达相同的语义信息，能比单一模态反映更加全面、正确的知识内容。建立基于跨媒体元素的统一知识表示方法对于分析挖掘跨媒体要素的语义信息，以及构建跨媒体知识图谱具有重要意义。

7.2.2 知识建模

知识建模是通过各种知识获取方法获得突发事件领域的主要概念和概念之间的关系，用精确的语言加以描述的过程。

7.3 知识建模

1. 知识建模概述

知识建模是指建立知识图谱的数据模型，即采用什么样的方式来表达知识，构建一个本体模型对知识进行描述。在本体模型中需要构建本体的概念、属性以及概念之间的关系。知识建模的过程是知识图谱构建的基础，高质量的数据模型能避免许多不必要、重复性的知识获取工作，有效提高知识图谱构建的效率，降低领域数据融合的成本。不同领域的知识具有不同的数据特点，可分别构建不同的本体模型。

知识建模一般有自顶向下和自底向上两种构建方法。自顶向下的方法是指在构建知识图谱时先定义数据模式（即本体），一般通过领域专家人工编制，再从最顶层的概念开始定义，逐步细化，形成结构良好的分类层次结构。自顶向下的知识建模构建方法如图 7-5 所示。

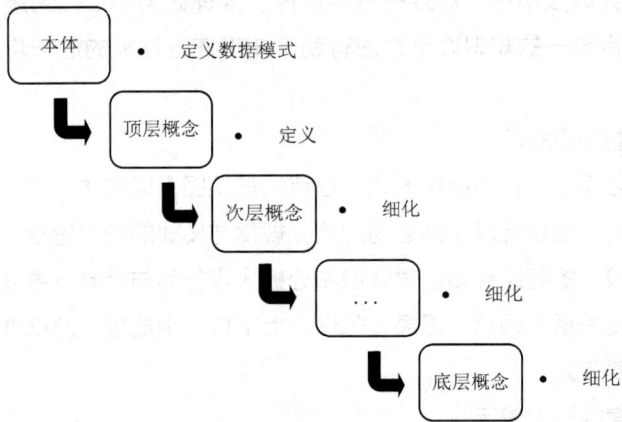

图 7-5　自顶向下的知识建模构建方法

自底向上的方法则相反，先对现有实体进行归纳组织，形成底层的概念，再逐步往上抽象形成上层的概念。自底向上的方法多用于开放域知识图谱的本体构建，因为开放的世界太过复杂，用自顶向下的方法无法考虑周全，且随着世界变化，对应的概念还在增长，自底向上的方法可满足概念不断增长的需要。自底向上的知识建模构建方法如图 7-6 所示。

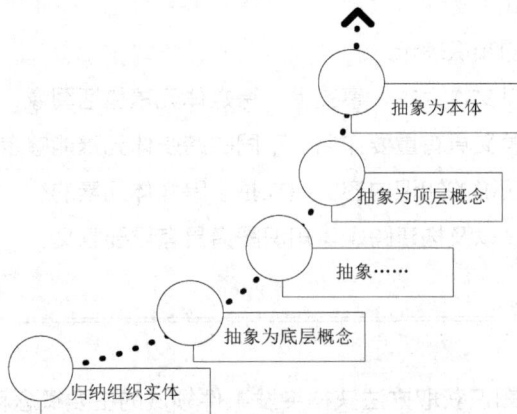

图 7-6　自底向上的知识建模构建方法

2. 知识建模方法

目前，知识建模的实际操作过程可分为手工建模方式和半自动建模方式。手工建模方式适用于容量小、质量要求高的知识图谱，但是无法满足大规模的知识构建，是一个耗时、昂贵、需要专业知识的任务；半自动建模方式将自然语言处理与手工方式结合，适用于规模大且语义复杂的知识图谱。

（1）手工建模方式

手工建模方式的过程主要可以分为 6 个步骤：明确领域本体及任务、模型复用、列出本体涉及领域中的元素、明确分类体系、定义属性及关系和定义约束条件。在手工建模的过程中，以上的 6 个步骤并不是按顺序一一执行的，可以根据知识建模的具体需求，组合其中的步骤达到知识建模的目的。手工建模方式流程图如图 7-7 所示。

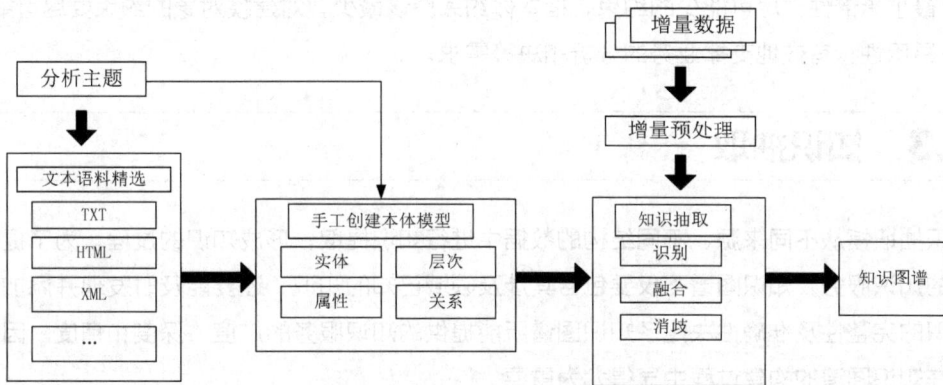

图 7-7　手工建模方式流程图

（2）半自动建模方式

半自动建模方式先通过自动方式获取知识图谱，再进行大量的人工干预。运用自然语言处理技术半自动建模的方法可以分为三大类：基于结构化数据的知识建模方法、基于半结构化数据的知识建模方法和基于非结构化数据的知识建模方法。近年来，对于非结构化数据的知识建模方法研究较多，涌现出一批优秀的基于非结构化数据的知识建模方法的高水平研究成果。半自动建模方式流程图如图 7-8 所示。

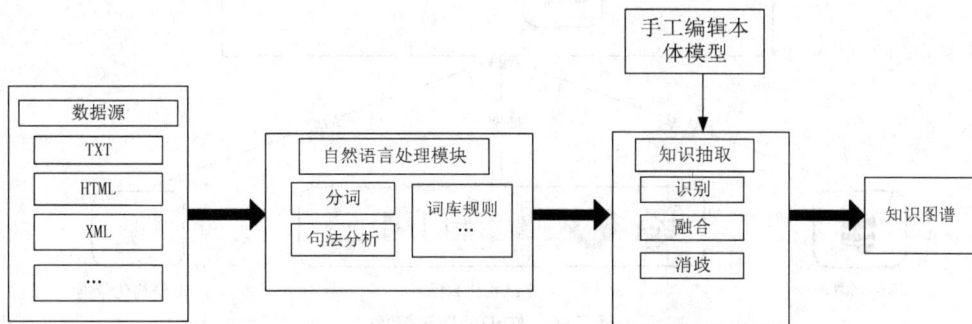

图 7-8　半自动建模方式流程图

（3）知识建模质量评价

对知识建模的质量评价也是知识建模的重要组成部分，通常与实体对齐任务一起进行。质量评价的作用在于可以对知识模型的可信度进行量化，通过舍弃置信度较低的知识来保障知识库的质量。一个合理的本体模型应满足以下标准。

① 明确性和客观性：用自然语言对所定义的术语给出明确的、客观的语义定义。

② 完全性：定义是完整的，完全能表达所描述领域内术语的含义。

③ 一致性：正确、一致地展示数据、对象和信息，由术语得出的推论与术语本身的含义不会产生矛盾。

④ 最大单调可扩展性：添加通用或专用的术语时，不需要修改已有的内容，便于知识图谱扩展。

⑤ 最小承诺性：尽可能少的约束，指本体约束应该最少，对建模对象的约束要尽可能少。

⑥ 易用性：有效地支撑业务的分析和决策需求。

7.3 知识抽取

知识抽取指从不同来源、不同结构的数据中进行知识提取，形成知识的过程。为了提供令用户满意的知识服务，知识图谱不仅要包含其涉及领域已知的知识，还要能及时发现并添加新的知识。知识的完整性及准确性决定了知识图谱所能提供的知识服务的广度、深度和精度。因此，知识抽取在知识图谱的构建过程中显得尤为重要。

知识抽取往往采用一些自动化的抽取方法从结构化、半结构化和非结构化的信息源中提取出实体、关系、属性等信息，形成三元组或多元组关系。知识抽取的关键技术包括实体抽取、关系抽取和属性抽取。其中，知识抽取示意图如图 7-9 所示。

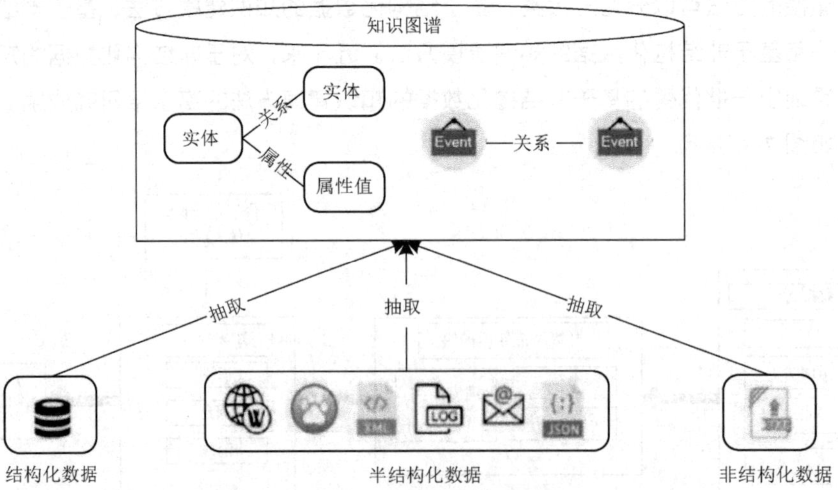

图 7-9 知识抽取示意图

7.3.1 实体抽取

实体抽取也被称为命名实体识别（Named Entity Recognition，NER），指从原始数据中自动识别出命名实体。由于实体是知识图谱中最基础的知识要素，关系和属性都与实体息息相关，因此实体的抽取质量直接影响了图谱中知识的质量。

实体抽取的方法主要有基于规则与词典的方法、基于机器学习的方法以及面向开放域的方法。基于规则与词典的方法主要利用用户手工制定的实体规则和词典，通过匹配的方式在信息源中标记出实体；基于机器学习的方法主要利用统计机器学习的方式对原始数据进行训练，利用训练完成的模型进行实体的识别；面向开放域的方法则主要对海量的 Web 数据中的实体进行分类与聚类。

7.3.2 关系抽取

关系抽取的目标是抽取语料中命名实体的语义关系。实体抽取技术会在原始的语料上标记一些命名实体。为了形成知识结构，还需要从中抽取命名实体间的关联信息，从而利用这些信息将离散的命名实体连接起来，这就是关系抽取技术。

早期的关系抽取技术主要通过人工构造语义和语法规则的方式识别实体关系。但是这种方法需要规则构造者对领域的知识具有专业和深入的理解，并且需要对语言学有较好的认知；人工制定实体关系规则的工作量巨大，难以适应丰富的语言表达形式，并且很难扩展至其他领域。后来，利用统计机器学习抽取实体关系的技术不断发展，逐步替代了人工构造规则的方法。但是利用统计机器学习仍然需要提前定义实体关系的类型，如整体与部分的关系、位置关系等。面向开放域的关系抽取方法利用原始语料中的关系词来构建实体间的关系模型，解决了需要预先定义关系类型的难题。目前，由于面向开放域的关系抽取方法仍然存在一些性能上的不足，因此在实际应用中常采用多种抽取技术相结合的方式进行关系抽取。

7.3.3 属性抽取

实体的属性可以使实体对象更加丰满。属性抽取的目的是从多种来源的数据中抽取目标实体的属性内容。实体的属性可以看作连接实体与属性值的关系，因此，在实际应用中，一些学者将属性抽取问题转换为关系抽取问题。例如，将人物的属性抽取问题转换为实体关系的抽取问题，利用支持向量机实现人物属性抽取和关系预测。

目前，实体的属性抽取的数据主要来源于百科类网站包含的半结构化数据。例如，本体知识库 YOGA 便是从 Wikipedia 和 WordNet 的网页中自动抽取属性名和属性值等信息，并扩展得到的。但是半结构化数据中包含的知识是社会知识总量的一小部分，大部分实体属性信息仍然隐藏在非结构化的文本数据中。从文本中提取实体属性的方法主要有两种：一种是利用数据挖掘技术，从原始语料中发现属性和属性值之间的关系模式，并据此定位文本中的属性名和属性值；另一种是从百科类网站的半结构化数据中自动抽取出结构化的训练数据，并将其应用于非结构化数据的属性名和属性值的定位。

7.4 知识存储

知识存储是针对知识图谱的知识表示形式设计底层存储方式，完成各类知识的存储，以支持对大规模数据的有效管理和计算。

7.4.1 知识存储概述

知识存储的对象包括基本属性知识、关联知识、事件知识、时序知识和资源类知识等。知识存储方式的质量直接影响了知识图谱中知识查询、知识计算及知识更新的效率。

7.4.2 知识存储方式

从存储结构上看，知识存储分为基于表结构的存储和基于图结构的存储，如图 7-10 所示。

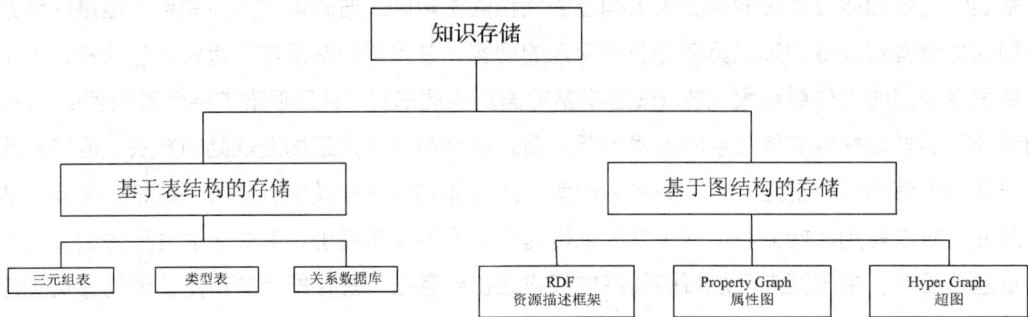

```
                            知识存储
                               │
          ┌────────────────────┴────────────────────┐
    基于表结构的存储                             基于图结构的存储
          │                                          │
  ┌───────┼───────┐                       ┌──────────┼──────────┐
三元组表  类型表  关系数据库            RDF          Property Graph   Hyper Graph
                                      资源描述框架      属性图          超图
```

图 7-10 知识存储方式的类型

1. 基于表结构的存储

基于表结构的存储是指运用二维的数据表对知识图谱中的数据进行存储。根据不同的设计原则，可以具有不同的表结构，如三元组表、类型表和关系数据库。三元组表的优点是简单直接、易于理解；缺点是整个知识图谱都存储在一张表中，导致单表的规模太大，相应的插入、删除、查询、修改的操作开销也大，因此实用性大打折扣。复杂查询在这种存储结构上的开销巨大，复杂查询将会拆分成若干个简单查询的操作，降低了查询的效率。

2. 基于图结构的存储

基于图结构的存储即使用图模型描述和存储图谱数据。这种方式能直接反映图谱的内部结构，有利于知识的查询，结合图计算算法，进行知识的深度挖掘与推理。目前业界公认的图模型有 3 种，分别是属性图（Property Graph）、资源描述框架（RDF）和超图（Hyper Graph），其中，属性图和资源描述框架已广泛运用到多个图数据库产品中。

（1）属性图

属性图或带标签的属性图（Labeled-Property Graph）由顶点（圆圈）、边（箭头）、属性（键值对）和标签组成，顶点和边可以有标签。属性图的表达很贴近现实生活中的场景，也可以很好地描述业务中所包含的逻辑。常见的属性图结构中，顶点的标签是 USER，边的标签是 FOLLOWS，如图 7-11 所示。

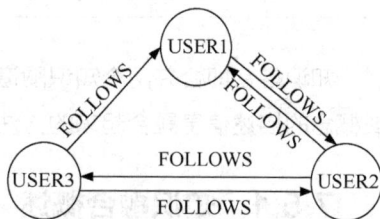

图 7-11　常见的属性图结构

（2）资源描述框架

鉴于传统关系数据库拥有较高的通用性、可靠性、稳定性及成熟的技术，基于 RDF 的知识形式也广泛使用关系数据库作为其存储方式。目前，主要有基于三元组的三列表存储方式、水平存储方式、基于类型的属性表存储方式和基于谓词的存储方式等。对于基于 RDF 知识的三列表存储方式，其将关系数据库表的三列分别存储为 RDF 知识三元组的主语、谓语和宾语，即对应（实体，关系，实体）或者（实体，属性，属性值）。该三列表存储方式与传统的结构化数据存储方式相兼容，通用性好。但面向大规模的知识图谱时，由于其本身包含大量的三元组，因此会造成关系数据库的查询性能低。

（3）超图

超图概念的提出是为了解决简单图中的共指消解和分割等问题。对于熟悉的图而言，简单图的一个边（Edge）只能和两个顶点连接；而对于超图来讲，人们定义它的超边（Hyper Edge）可以和任意个数的顶点连接。超图可以完美解决标签网络中一条边只能和两个顶点连接的问题。

7.4.3　知识存储工具

知识图谱的存储并不依赖特定的底层结构，一般的做法是按数据和应用的需求采用不同的底层存储，甚至可以基于现有的关系数据库进行构建。关系数据库是典型的基于表结构的存储，图数据库是典型的基于图结构的存储。

1. 关系数据库

关系数据库是通过属性对现实世界中的事物进行描述，采用关系模型来组织数据的数据库，其以行和列的形式存储数据。一行表示一个记录，一列表示一个属性。用户通过查询来检索数据库中的数据，而查询是用于限定数据库中某些区域的执行代码。

2. 图数据库

图数据库起源于欧拉和图论（Graph Theory），也可称为面向/基于图的数据库，图数据库的基本含义是以"图"这种数据结构存储和查询数据。它的数据模型主要是以节点和边来体现的，也可处理键值对，优点是能够快速解决复杂的关系问题。图数据库是一种非关系型数据库，支持对图结构进行查询、增加、删除、更新等操作。相对于传统的关系数据库而言，图数据库查询速度快、操作简单、能提供更为丰富的关系展现方式。

⫻⫻ **7.5** 知识融合

知识融合即合并两个知识图谱（本体），基本的问题是研究将来自多个来源的关于同一个实体或概念的描述信息融合起来的方法。

7.5.1 知识融合概述

知识融合的概念最早出现在克莱德·霍尔萨普尔（Clyde Holsapple）和安德鲁·温士顿（Andrew Whinston）在 1983 年发表的文章 *A Software Tools For Knowledge Fusion* 中，并在 20 世纪 90 年代得到研究者的广泛关注。而另一种知识融合的定义是指对来自多源的不同概念、上下文和不同表达等信息进行融合的过程。斯米尔诺夫、利亚索夫和希洛夫在 *Context-Based Knowledge Fusion Patterns in Decision Support System for Emergency Response* 一文中认为，知识融合的目标是产生新的知识，对松耦合来源中的知识进行集成，构成一个合成的资源，以补充不完全的知识和获取新知识。唐晓波和魏巍发表的文章《知识融合：大数据时代知识服务的增长点》在知识融合概念的基础上认为，知识融合是知识组织与信息融合的交叉学科，它面向需求和创新，通过对众多分散、异构资源上知识的获取、匹配、集成、挖掘等处理，获取隐含的或有价值的新知识，同时优化知识的结构和内涵，提供知识服务。

7.5.2 知识融合过程

知识融合是一个不断发展变化的概念，尽管以往研究人员的具体表述不同、所站角度不同、强调的侧重点不同，但这些研究成果中还是存在很多共性，这些共性反映了知识融合的固有特征，可以将知识融合与其他类似或相近的概念区分开来。知识融合是面向知识服务和决策问题，以多源异构数据为基础，在本体库和规则库的支持下，通过知识抽取和转换获得隐藏在数据资源中的知识因子及其关联关系，进而在语义层次上组合、推理、创造出新知识的过程，并且这个过程需要根据数据源的变化和用户反馈进行实时动态调整。知识融合的过程如图 7-12 所示。

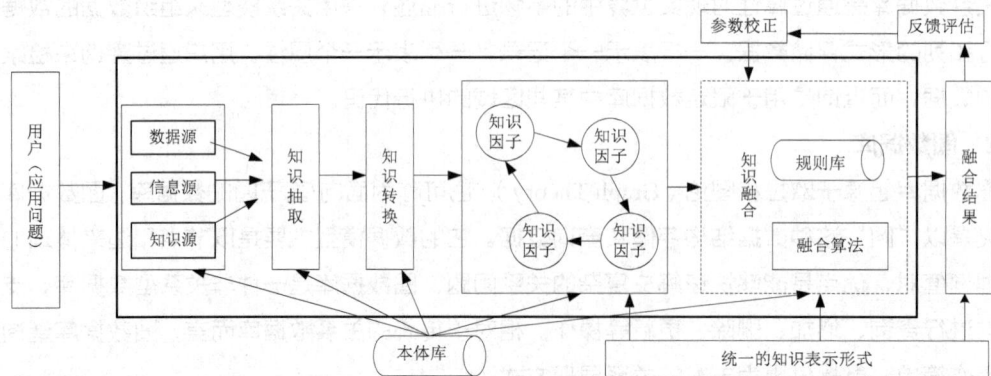

图 7-12　知识融合的过程

7.6 知识推理

知识图谱的推理首先需要考虑的是知识如何表达的问题，即知识图谱的知识表示，本节介绍基于图结构的表示和相应的逻辑基础，以及基于张量的表示；其次需要考虑的是逻辑推理算法以及优化方法，以实现高效的逻辑推理；再次需要考虑基于统计的知识图谱推理算法，重点介绍基于表示学习的方法和基于图特征的方法；最后介绍从知识图谱中通过统计方法来学习本体的方法。

7.6.1 知识图谱的表示

知识图谱的表示指的是用什么数据结构来表示一个知识图谱。顾名思义，知识图谱是以图的方式来展示知识，但是这并不代表知识图谱必须采用图的表示。从图的角度看，知识图谱是一个语义网络，即一种用互连的节点和边来表示知识的结构。语义网络中的节点可以代表概念、属性、事件或者实体，而边则用来表示节点之间的关系，边的标签指明了关系的类型。语义网络中的语义主要体现在图中边的含义上，为了赋予这些边语义，研究人员先是提出了术语语言（Terminological Language），并最终提出了描述逻辑（Description Logic），描述逻辑是一阶谓词逻辑的一个子集，推理复杂度是可判定的（Decidable）。W3C 采用了以描述逻辑为逻辑基础的本体网络语言（Ontology Web Language，OWL）作为定义 Web 术语的标准语言，还推出了另外一种用于表示 Web 本体的语言 RDF Schema（简称 RDFS）。虽然描述逻辑以及 RDFS 的理论已经成熟，但是这些理论还没有很好地应用于知识图谱，目前缺乏针对知识图谱的一个逻辑表示语言。最近，基于向量的知识表示开始流行，这类表示将知识图谱三元组中的主谓宾表示成数值向量，通过向量的知识表示，可以采用统计或者神经网络的方法来进行推理，对知识图谱中的实体间的关系进行预测。知识图谱的向量表示主要考虑事实性（Factual）知识图谱的表示，而如何对模式（Schematic）知识图谱进行数值表示是一个难点。

7.6.2 并行知识推理

基于符号的知识图谱推理一般是应用推理规则到知识图谱上，通过触发规则的前件来推导出新的实体关系，这里的推理规则可能是知识表示语言所有的，也可能是人工设定或者通过机器学习技术获取的。基于符号的推理虽然有能够提高推理效率的各种优化方法，但是还是跟不上数据增长的速度，特别是在数据规模大到目前基于内存的服务器无法处理的情况下。为了应对这一挑战，研究人员开始对描述逻辑和 RDFS 的推理进行并行推进以提升推理的效率和可扩展性，并且取得了很多成果。

并行推理工作所借助的并行技术分为单机环境下的多核、多处理器技术（多线程、GPU 技术等）和多机环境下基于网络通信的分布式技术（MapReduce 计算框架、Peer-To-Peer 网络框架等）两大类技术。现有的并行推理方法主要集中在前向链推理，即应用推理规则到知识图谱中以生成新的三元组，所以对于动态知识图谱的推理处理效果不佳。另外，前向链推理会导致知识图谱存储大量冗余知识，也不利于高效的知识检索和查询。

7.6.3　实体关系知识推理

实体关系知识推理的目的是通过统计方法或者神经网络方法，学习知识图谱中实体之间的关系。这方面的研究非常多，也是最近几年知识图谱的一个热门研究方向。实体关系知识推理可以分为基于表示学习的方法和基于图特征的方法两大类。

基于表示学习的方法将知识图谱中的实体与关系统一映射至低维连续向量空间，以此来刻画它们的潜在语义特征。通过比较、匹配实体与关系的分布式表示，可以得到知识图谱中潜在成立的实体间的关系。此类方法灵活自由，通常具有较高的计算效率，但可解释性较差，对于困难的推理问题往往精度不足。如何提升这类方法的推理精度仍然是研究的热点与难点。

基于图特征的方法利用从知识图谱中观察到的图特征来预测一条可能存在的边，代表性工作包括归纳逻辑程序设计、关联规则挖掘、路径排序算法等。此类方法在推理的同时能从知识图谱中自动挖掘推理规则，具备明确的推理机理。然而，图特征的提取效率较低，对于超大规模的知识图谱更是如此。提高效率是基于图特征的方法亟待突破的壁垒。

7.6.4　模式归纳知识推理

模式归纳知识推理是从知识图谱中学习本体的模式层信息或丰富已有本体，包括对概念层次、属性层次、不相交公理、属性的值域与定义域和属性或概念的约束等公理的学习。知识图谱的迅猛增长为人们提供了日益丰富的相互关联的可用数据。但是，这些数据大都处于实例层，描述了个体及个体之间的关系，缺少用于约束个体的模式层信息，如概念层次、属性层次、不相交公理等。模式层信息的缺失，为知识图谱的整合、查询和维护等关键任务带来了重重困难。

针对这些问题，研究人员提出了不少模式归纳的方法，基于知识图谱进行各种各样模式层公理的学习。这方面的主要研究大致分为基于归纳逻辑编程进行模式归纳的研究、基于关联规则挖掘进行模式归纳的研究，以及基于机器学习进行模式归纳的研究三大类。

基于归纳逻辑编程进行模式归纳的研究方法结合了机器学习和逻辑编程技术，从实例和背景知识中获得逻辑结论，构建本体；基于关联规则挖掘进行模式归纳的研究方法先从知识图谱中收集所需信息，将其用事务表示出来，再利用传统的关联规则挖掘方法找出规则，而这些规则往往可直接转换成本体中的公理；基于机器学习进行模式归纳的研究方法使用一些机器学习的方法，如贝叶斯网络和聚类，将本体学习转换成一个机器学习的问题，将知识图谱以采纳的学习模型进行表示、建模和推理，获得新的公理。

知识图谱采用的是开放世界假设，而传统的关联规则挖掘或者机器学习采用的是封闭世界假设，如何应对不同世界假设的问题是研究者们不断努力的方向。另外，由于知识图谱的规模巨大，开发高效的、扩展性强的模式归纳算法也是一大难点。

7.7　知识图谱的应用

知识图谱的应用场景很多，在不同行业、不同领域中都有广泛应用，知识图谱在商业领域的应用主要体现在语义搜索和问答系统两方面。

7.7.1　语义搜索

与传统搜索技术不同，语义搜索是指搜索引擎的工作不再拘泥于用户所输入请求语句的字面本身，而是透过现象看本质，准确地捕捉到用户的真实意图，并依此来进行搜索，从而更准确地向用户返回最符合其需求的搜索结果。

语义搜索的研究涉及多个领域，包括搜索引擎、语义网、数据挖掘和知识推理等。运用的主要方法有图论、匹配算法和逻辑（特别是描述逻辑、模糊逻辑等方法）。

（1）图论：在语义网的技术框架中，RDF 是一个非常基础又非常重要的数据模型。通过 RDF 数据模型可将语义网中的本体组织为图结构，图中的弧和由节点及弧组成的路径中都包含着信息，因此在语义搜索中应用到了不同形式的图遍历方法，如实例扩展及查询的形式化方法等。

（2）匹配算法：在语义搜索中需进行概念与关键字或者实例与关键字的匹配，关键字提供了一种快速定位信息的入口，而关键字和概念的匹配方法是语义搜索中重要的一环。

（3）逻辑：描述逻辑、模糊逻辑等方法已经被整合到语义网框架中。描述逻辑是知识的一种形式化表示方法，作为本体语言的基础为人们所熟知。语义搜索的目的是准确地理解用户的输入，因此必须要使计算机具有逻辑推理能力，即如果用户输入为"小米 Note 3 是 Note 2 的升级版吗？价格是多少？"，则计算机要确切理解"小米""Note 2""Note 3"代表的含义，并且理解"Note 2"和"Note 3"之间的关系。

Google Knowledge Graph、百度的百度知心等都是知识图谱在互联网语义搜索中的典型应用。例如，在百度百科中搜索"阿里巴巴"，搜索结果会显示"阿里巴巴是一个多义词"，并列出"中国电子商务公司""小说《一千零一夜》中的人物"等多个义项。通过采用知识图谱，搜索引擎可以采用基于实体的搜索来代替基于字符串的搜索，从而消除搜索中存在的歧义。

Swoogle 和 TUCUXI 是两个典型的基于本体的语义搜索引擎。其中，Swoogle 从搜索返回结果的 Web 文档中提取出本体，并依据本体间的语义关联性确定出文档间的语义关系；TUCUXI 则通过所获得的本体在 Web 上以特定规则爬行，并通过语义处理找出最符合要求的网页。目前已开发出许多建立于本体的语义搜索引擎，如 Congnition、Hakia、FactBites、DeepDyve、Kngine 等。

Swoogle 是由马里兰大学计算机科学和电气工程系在美国国家科学基金会和美国国防部下属高级研究计划署的资助下所建立的。与传统意义上的语义网搜索引擎不同，Swoogle 在资源获取方面拥有一系列突出的解决方案，可自动发现语义网中 RDF 格式的文档，通过链接跟踪（Link-Following）技术和元搜索（Meta-Search）的方式识别出语义网文档，通过语义分析不断发现新的语义网文档，并可对其中的元数据建立相关索引提供高效率的查询服务，利用理性随机冲浪（Rational Random Surfing）模型提供高质量的排序结果。

Swoogle 的核心功能有提取语义网中的实例数据；支持对语义网的浏览，提供语义网中文档的元数据；搜索语义网中的术语，如通过属性与类定义的 URIs 等；搜索提取语义网中的本体，并使用独有的算法提供高质量的排序结果；可存储各种类型的语义网文档。与通常的本体存储器或本体标注系统相比，Swoogle 的最大不同在于能够鉴别出异源本体，且其具有语义网文档自动发现机制。

TUCUXI（Intelligent Hunter Agent for Concept Understanding and LeXical ChaIning），是一个智能 Web 搜索工具，它能对网络知识进行语义分析，并通过用户提供的输入信息来进行结构匹配。

Congnition 目前可提供 3 个产品，分别是 Congnition Q&A、Medline Semantic Search 及 Wikipedia Semantic Search，涉及法律、医学与消费者信息等深度内容，是首个真正实现人机对话界面的语义搜索引擎。

Hakia 是由 Xerox 公司推出的搜索引擎，它通过理解用户查询并利用本体进行查询扩展，将各种基于主题的相关信息汇总起来。其利用的技术包括词形变换、同义词扩展、概念具体化、自然语言理解等，可为用户提供语义搜索范围内的解决方案，能够满足用户对低成本、高效率的搜索需求。其搜索范围包括新闻、网页、博客、Wikipedia、PubMed 等，返回结果的呈现方式有深度语义（Galleries、PubMed、可信站点）、表面语义（新闻、博客、网页）、常规搜索加结果页面链接。

FactBites 可依据事实进行回答，与结果链接相比，其更专注于内容分析，并可使搜索结果更有意义，到目前为止，其只有简单搜索方式。其搜索结果呈现方式是从网页中所抽取出的有意义的、完整的语句清单加 URL。

DeepDyve 是深网或隐形网络搜索引擎，可提供深度网络学术资源租赁服务与全文预览服务。其搜索范围包括来自 Nature、IEEE、Elsevier、Wiley-Blackwell、Springer 等一流出版机构的有关健康科学、生命科学、社会科学、物理科学与工程学等领域的权威评审期刊及专利等深度网络学术资源，其也可搜索 Wikipedia，其搜索范围正慢慢扩展至更多的领域。其搜索结果主要为 PDF 文档，而搜索结果的呈现方式是结果过滤项，如主题、类型（可租用、仅供预览、免费）、时间、作者、期刊加结果页面链接。

Kngine 可对任何主题进行搜索，支持移动端搜索，其搜索方式包括语音搜索和简单搜索，其语种包括英语、德语、西班牙语、阿拉伯语。其以选项卡形式展现搜索结果，在选项卡下方可选择显示与每项相关的术语和网页。

7.7.2　问答系统

问答系统也是知识图谱应用较为广泛的领域，问答系统需要理解查询的语义信息，将输入的自然语言转换为知识库中的实体和关系的映射。例如，输入"阿里巴巴的创始人"，系统会到知识

库中寻找"马云"这个实体，并搜索该实体下"创始人"这个属性的值，将其展现在系统页面中。目前，此类问答系统有 Google、百度、Wolfram | Alpha、Watson 等。

1. 定义、目标和研究意义

问答系统是指让计算机自动回答用户所提出的问题，是信息服务的一种高级形式。不同于现有的搜索引擎，问答系统返回用户的不再是基于关键词匹配的相关文档排序，而是精准的自然语言形式的答案。

2011 年，华盛顿大学奥伦·埃齐奥尼（Oren Etzioni）教授在 *Nature* 上发表文章 *Search Needs a Shake-Up*，明确指出："以直接而准确的方式回答用户自然语言提问的自动问答系统将构成下一代搜索引擎的基本形态"。问答系统被认为是未来信息服务的颠覆性技术之一，是机器具备语言理解能力的主要验证手段之一。因此，对其开展研究具有非常重要的学术和实际意义。特别是近些年，随着人工智能热潮的到来，无论是学术界还是产业界，都对其给予了极大的关注和投入。

纵观问答系统的技术演进，其一直伴随人工智能技术的发展而发展。近些年，问答系统更是取得了一系列备受关注的成果。2011 年，IBM Watson 自动问答机器人在美国家喻户晓的智力竞赛节目 Jeopardy!中战胜人类选手，在业内引起了巨大的轰动。随着人工智能技术的突飞猛进，各大公司相继推出了以问答系统为核心技术的产品和服务，如移动生活助手（Siri、小爱同学、小娜等）、智能音箱（HomePod、Alexa、小爱音箱等）等，这似乎让人们看到了黎明的曙光，甚至认为现有的问答系统已经十分成熟。

尽管 IBM Watson 系统在 Jeopardy!中战胜了人类选手，但是其核心技术并没有突破传统的基于"检索+抽取"的问答模式，缺乏对于文本语义深层次的分析和处理，难以实现知识的深层逻辑推理，无法达到人工智能的高级目标。Watson 的成功也已经被证明仅仅局限于限定领域、特定类型的问题，离达到语义的深度理解以及智能问答还有很大的距离，其他问答系统如 Siri 等，也存在同样的问题。因此，面对已有问答模式的不足，为了提升信息服务的准确性与智能性，研究者近些年逐步把目光投向知识图谱。其意图是通过信息抽取、关联、融合等手段，将互联网文本转换为结构化的知识，利用实体以及实体间的语义关系对整个互联网文本内容进行描述和表示，从数据源头对信息进行深度的挖掘和理解。同时，互联网中已经有一些可以获取的大规模知识图谱，如 DBpedia、Freebase、YAGO 等。这些知识图谱多是以实体、关系为基本单元所组成的图结构。

基于结构化的知识分析用户自然语言问题的语义，进而在已构建的结构化知识图谱中通过检索、匹配或推理等手段获取正确答案，这一任务称为知识库问答（Question Answering over Knowledge Base，KBQA）。这一问答范式由于已经在数据层面通过知识图谱的构建对文本内容进行了深度挖掘与理解，因此能够有效地提升问答的准确性。

2. 研究内容和关键问题

知识库问答系统在回答用户问题时，需要正确理解用户所提出的自然语言问题，抽取其中的关键语义信息，在已有单个或多个知识库中通过检索、推理等手段获取答案并返回给用户。其中所涉及的关键技术包括词法分析、句法分析、语义分析、信息检索、逻辑推理、语言生成等。传统知识库问答系统多集中在限定领域，针对有限类型的问题进行回答。然而，伴随大数据的飞速发展，已有知识图谱的规模在不断扩大，所涉及的领域不断增多。现有研究趋向于面向大规模、开放域、多源异构知识库构建问答系统。总体来讲，主要面临如下3个关键问题。

（1）问句语义解析

问答系统要回答用户的问题，首先就要正确理解用户所提问题的语义内容。面对结构化知识库，需要将用户问题转换为结构化的查询语句，进而在知识图谱中进行查询、推理等操作，获取正确答案。因此，对于用户问题的语义解析是知识库问答系统研究所面临的首要问题。具体过程是需要分析用户问题中的语义单元，与知识图谱中的实体、概念进行链接，并分析问句中的语义单元之间的语义关系，将用户问题解析为知识图谱中所定义的实体、概念、关系所组成的结构化语义表示形式。其中涉及词法分析、句法分析、语义分析等多项关键技术，需要自底向上从文本的多个维度理解其中包含的语义内容。在词法层面，需要在开放域环境下，研究实体和术语（Terminology）的识别、答案类型词（Lexical Answer Type）识别、实体消歧（Entity Disambiguation）等关键技术；在句法层面，需要解析句子中词与词之间、短语与短语之间的句法关系，分析出句子的句法结构；在语义层面，需要根据词语层面、句法层面的分析结果，将自然语言问句解析成可计算的、结构化的逻辑表达形式（如一阶谓词逻辑表达式）。传统知识库问答方法面对单一领域有限规模知识图谱，涉及的实体、概念、关系规模通常较小，一般采用模板或者小规模机器学习算法进行语义解析。但是当其面对大规模、多领域知识库时，随着实体、概念、关系规模的增大，语义解析算法的复杂度呈指数级增加，如何获取实体、如何进行开放域关系抽取等问题仍然是学术界需要面对的难点。目前，已有一些研究利用深度神经网络将用户问题解析为隐式表达的分布式数值向量的形式，其中蕴含了用户问句的关键语义，但是如何在分布式表示过程中与知识图谱相关联，反映其中所蕴含的实体、关系等关键语义是另一个关键问题。

（2）大规模知识推理

在问答过程中，并不是所有的问题都能通过在知识图谱中进行检索或查询就可以获取答案。主要原因是已有知识库本身的覆盖度有限，需要在已有的知识体系中，通过知识推理的手段获取这些隐含的答案。例如，知识库中包括了一个人的出生地信息，但是没包括这个人的国籍信息，虽然知识库中人物对应了"国籍"属性，但是没有直接给出该属性的值，因此还是不能回答诸如"某某是哪国人？"这样的问题。但是实际上我们知道，一般情况下，一个人的出生地所属的国家就是他（她）的国籍。这些知识存在于人的常识体系中，但并未被编码在已有知识库中。面对知识库问答，就需要通过推理的方式得到答案。传统推理方法基于符号的知识表示形式，通过人工构建的推理规则推理出答案。但是面对大规模、开放域的问答场景，如何自动进行规则学习，如何解决规则冲突仍然是亟待解决的问题。目前，伴随深度学习的飞速发展，基于分布式表示的知识表示学习方法能够将实体、概念以及它们之间的语义关系表示为低维空间中的对象（向量、矩阵等），通过在低维空间中的数值计算完成知识推理任务。就目前来说，虽然这类推理的效果离投入使用还有一段距离，但是值得研究。特别是将已有的基于符号表示的逻辑推理与基于分布式表示的数值推理相结合，研究融合符号逻辑和表示学习的知识推理技术，是知识推理任务中的关键问题。

（3）异构知识关联

由于用户问题的复杂性和多样性，问题的答案往往不能在单一知识库中找到，需要综合多个知识库（多种语言、多个领域、多种模态）中的知识才能给出答案。例如，对于"谁出演了《变形金刚》并且和 *Monkey Business* 的演唱者结婚了？"这个问题，"出演了《变形金刚》"的信息需要在电影知识库中搜寻答案；而有关"结婚"的信息通常位于人物知识库中；"*Monkey Business* 的演唱者"信息则位于音乐知识库中。因此，对于这个问题，需要综合电影、人物以及音乐 3 个不同知识库的信息，才能推出最终的答案："乔什·杜哈明"。由于多源知识库之间存在结构差异、内容差异、语言差异、模态差异，要完成这一任务并不简单。在面向多源异构知识库问答的过程中，相对于面向单一知识库的问答，问句文本歧义更加严重，同一短语在不同知识库中会被映射为更多的概念（实体、关系）候选，使得问题的语义解析更加困难。问题中不同的子问题需要在不同的知识库中进行求解，这需要问答系统对子问题进行精准划分，同时确定子问题求解范围。不同源异构知识库之间存在冗余关联，不同知识库中的不同实体、关系间具有同指关系。多知识库问答需要利用这种同指关系对多个知识库中的知识进行综合，从而回答用户问题，然而，多源异构知识库间的同指关系通常并没有显式给出，而是一种隐式关系。因此，系统需要挖掘知识库间的同指关系，完成异构知识库的关联与对齐，这对于构建多源异构知识库的问答系统有着重要的作用。

7.8　小结

（1）知识图谱以结构化的形式描述客观世界中的概念、实体及其关系。

（2）知识表示方法主要分为基于符号的知识表示方法、基于表示学习的知识表示方法。

（3）知识抽取指从不同来源、不同结构的数据中进行知识提取，形成知识的过程。

（4）知识存储是针对知识图谱的知识表示形式设计底层存储方式，完成各类知识的存储，以支持对大规模数据的有效管理和计算。

（5）知识融合的目标是产生新的知识，对松耦合来源中的知识进行集成，构成一个合成的资源，以补充不完全的知识和获取新知识。

（6）知识图谱的推理首先需要考虑的是知识如何表达的问题，即知识图谱的知识表示，它包括基于图结构的表示和相应的逻辑基础，以及基于张量的表示。

（7）语义搜索是指搜索引擎的工作不再拘泥于用户所输入请求语句的字面本身，而是透过现象看本质，准确地捕捉到用户的真实意图，并依此来进行搜索，从而更准确地向用户返回最符合其需求的搜索结果。

（8）知识库问答系统在回答用户问题时，需要正确理解用户所提出的自然语言问题，抽取其中的关键语义信息，在已有单个或多个知识库中通过检索、推理等手段获取答案并返回给用户。

7.9 习题

（1）简述知识图谱的定义。

（2）简述知识图谱的类型。

（3）简述知识表示的定义。

（4）简述知识建模的方法。

（5）简述知识存储的相关概念。

（6）简述知识融合的过程。

（7）简述知识推理的方式。

（8）简述语义搜索运用的主要方法。

（9）简述知识库问答系统面临的关键问题。

第8章
人工智能技术应用场景

08

【本章导读】

近年来，人工智能的发展极为迅猛，正在多维度地影响人们的生活。本章主要介绍人工智能技术在智慧交通、智慧电商、智能医学、智能制造场景的应用，推动战略性新兴产业融合集群发展。

【本章要点】

① 智慧交通
② 智慧电商

③ 智能医学
④ 智能制造

8.1 智慧交通

时代的进步以及科技的不断发展，使人们的日常生活发生了巨大的变化。大数据技术和人工智能技术的广泛应用让生活变得更加方便快捷，而以此为基础创建的智慧交通管理模式，能够使我国目前的交通拥堵问题得到有效的解决，使我国的交通领域实现规范发展，提高交通方面的管理效率。

8.1 智慧交通

8.1.1 智慧交通的概念

近年来，人工智能的发展极为迅猛，正在多维度地影响人们的生活。与人们生活息息相关的交通行业，同样需要用新的思维、理念进行探索创新。这就为人工智能在交通领域的运用奠定了基础。

智慧交通指在智能交通的基础上，融入物联网、云计算、大数据、移动互连等技术，汇集交通信息，提供实时交通数据下的交通信息服务。智慧交通是未来交通系统的发展方向，它是将先进的信息技术、数据通信传输技术、电子传感技术、控制技术及计算机技术等有效地集成运用于整个地面交通管理系统，建立的一种大范围、全方位发挥作用的，且实时、准确、高效的综合交通运输管理系统。在人工智能的发展与应用下，未来的交通是车路协同的交通，由智能的路和智能的车构成；未来的交通信号系统将成为以信号为核心的类脑城市交通计算中心，各交通参与单元都将具备自主思维。

交通是由人、车及环境等综合因素构成的，人工智能的加入可以让交通变得更加智慧。目前，人工智能对智慧交通的影响主要有以下几点。

（1）采用人工智能技术，如异常检测、图像识别、视频分析等技术，可以提高交通管理机构的监控能力和准确度，从而避免一些交通安全事故的发生，同时能够规范交通驾驶行为，促进交通文明。

（2）利用人工智能技术可以实时对全城、区域、商圈等的交通路况（拥堵、事故等行为）进行分析，通过对历史数据的深度挖掘和理解，按年、月、日等形式形成多维度的综合交通管理应急指挥预案，进而提高交通效率。

（3）人工智能算法可以根据城市民众的出行偏好、生活、消费习惯等方式，分析出城市人流、车流的迁移与城市建设及公众资源的数据。基于这些大数据的分析结果，可以帮助政府决策部门进行城市规划，特别是为公共交通设施的基础建设提供指导和借鉴。

此外，人工智能可以将各个方面的资源联系在一起，通过大数据平台的辅助，智能地调度资源，减少资源错配，减少各类交通空载率，减少汽车数量，从而达到环境保护和节约能源的目的。

8.1.2 智慧交通中的人工智能应用

目前，人工智能技术在智慧交通中的应用较多，如自动驾驶汽车、智慧交通管理以及无人驾驶飞机等，下面对它们分别进行介绍。

1. 自动驾驶汽车

自动驾驶汽车又称无人驾驶汽车、计算机驾驶汽车或轮式移动机器人，是一种通过计算机系统实现无人驾驶的智能汽车。它依靠人工智能、视觉计算、雷达、监控装置和全球定位系统协同合作，让计算机可以在没有任何人类主动操作的情况下，自动安全地操作机动车辆。人工智能技术突破性的应用之一就是自动驾驶汽车。自动驾驶汽车曾经只是科学幻想中的一个概念，现在已经成为现实。虽然人们在发展阶段对这项技术持怀疑态度，但是目前无人驾驶车辆已经在交通运输领域得到了应用。谷歌自动驾驶汽车已于 2012 年 5 月获得了美国首个自动驾驶车辆许可证，图8-1 所示为谷歌的自动驾驶汽车。

图 8-1 谷歌的自动驾驶汽车

2. 智慧交通管理

人们每天都要面对的一个交通问题是交通拥挤，很多公司希望采用人工智能技术解决这个问题。目前，公路上无处不在的传感器和摄像头收集了大量的交通细节，这些数据会被发送到云端，使用大数据和人工智能驱动的系统进行分析和流量模式启示，人们可以从数据处理中收集有关流量预测等有价值的见解，并为通勤者提供交通预测、事故或道路堵塞等重要细节。此外，根据这些收集而来的大量数据可以帮助人们分析到达目的地的最短路线，从而帮助他们避开交通拥堵的情况。这样，人工智能不仅可以帮助人们减少不必要的交通流量，还可以帮助人们提高道路安全性，减少大量等待时间。

3. 无人驾驶飞机

目前，非常令人兴奋的人工智能应用之一就是无人驾驶飞机。无人驾驶飞机的应用可以极大程度地消除碳排放，消除交通拥堵，并减少对昂贵基础设施建设计划的需求。此外，无人驾驶飞机将帮助人们更快地到达目的地，最大限度地缩短他们的通勤时间。此外，不断增长的人口使城市规划者承受着巨大的压力，需要在不影响资源的情况下确保城市规划的智能化和基础设施的建设，而无人驾驶飞机的大量应用可以为智能出行提供参考思路。图 8-2 所示为无人驾驶飞机。

图 8-2 无人驾驶飞机

8.1.3 智慧交通中的核心技术

智慧交通中的核心技术主要包括人工智能识别技术、无线传感网络技术、云计算技术、大数据处理技术以及智能控制系统等。

1. 人工智能识别技术和无线传感网络技术

人工智能识别技术和无线传感网络技术是物体感知和标识的主要方式，同时是建设智慧交通的核心技术。

物品中带有独有的二维码或者条形码等能够代表其身份的识别标签，其中记载着独有的位置信息和特征，通过人工智能设备能够对这些信息进行准确识别，随后将读取出来的信息上传到控制系统中心，进行分析与决策，这就是人工智能识别技术。

无线传感网络技术主要是在监控目标区域中设置大量微型传感器，并由其组成全面的监控网络，各个节点之间主要通过无线网络进行信息交流，其突出优势为部署方便、成本运行低、布置灵活等。智慧交通中的传感器主要包括汇聚节点和采集节点，每一个单独的采集节点实际上都是一种小型的信息处理系统，能够自动收集并负责区域内的数据信息，随后将收集上来的各种信息统一传送到其他的节点，或是传送到节点汇聚中心，汇聚节点再将综合信息发送到处理中心进行统一处理。

2. 云计算技术

智慧交通系统中的各个模块目前还处于一种单独作战、信息分离的状态，无法促进各种数据信息之间的有效连接，导致数据浪费现象较为严重。智慧交通云就是以交通服务领域为主要目标的一种融合云计算的管理技术，它具有云计算中的资源统一分析、信息安全与海量信息存储等优势，从而为城市交通的数据管理和共享提供了有效的渠道。云计算实际上就是指在网络中集中大量高速计算机，形成一种大型的虚拟资源管理场所，能够为远程网络终端用户提供存储与分析计算的服务，用户可以租用服务商提供的云计算服务，而不用另外购买各种独立硬件。和云计算十分相似，智能交通中的云服务同样可以分为软件服务、平台服务和基础设施服务等3部分。此外，云处理平台是智慧交通主要的研究方向，它能够对海量数据进行分析、计算和存储预处理等操作，从而降低数据实时存储的压力，提高开发潜力。

3. 大数据处理技术

智慧交通中的数据信息具有异构性、多样性和海量性等特征，增加了数据信息的处理难度。从简单的对来往车辆、各种交通设施的数据收集，到复杂的在交通事件中进行检测、判断等，都离不开数据的处理。智慧交通中较为常见的数据处理技术包括数据可视化、数据活化、数据挖掘、数据融合等。此外，还应该对数据进行选择性上传，从而维护好个人隐私。数据融合也涉及决策、通信以及人工智能等多个领域的数据处理技术，可以从决策层、特征层和数据层3种角度出发，全面探测多源信息。数据融合这一过程会涉及大量的传感器和信息获取工作，因此在正式进行融合工作之前，还应该对相关数据空间和数据时间进行预处理，通过校准时空能够有效避免数据管理混乱的状况，以提高数据可靠性和一致性。

4. 智能控制系统

现代城市发展过程中的一大问题就是交通拥堵，要彻底解决城市发展中的这一顽疾，就需要以人工智能技术为支撑，建造城市中的智慧交通系统，从源头入手，彻底解决城市拥挤的问题。智能控制系统中包括即时反馈、集中指挥、云端处理和信息采集等几个重要的组成部分。城市中的出租车司机、城市交警以及视频监控系统等是主要的信息采集源，将所收集到的信息数据及时传送到城市指挥中心中，随后由相关计算机系统对大数据进行集中分析，并制定出城市交通的优化方案，将其反馈到相关管理人员和交通设施当中，从而对城市交通进行智能控制。例如，对于城市交通中的重要组成因素红绿灯系统，传统的运行模式是根据固定的时间进行变化，容易导致某一方向出现严重压车等问题。但是在智慧交通系统的管理下，智能控制系统能够结合收集到的车辆速度、数量以及分布密度等因素，对相同方向的路段进行智能分析，随后结合相应的分析结果，科学调控红绿灯的转换，能够有效降低车辆的等待时间。此外，智能控制系统中包括智能警示系统，通过智能警示系统，能够进一步提高公众的文明出行观念，对于城市交通中翻越护栏、车辆逆行、闯红灯以及违反导向行驶等违法行为进行有效的警戒。在人脸识别和车牌号识别等人工智能识别技术的基础上，利用公安机构中的相关信息系统能够对违法人员进行准确定位，从而将具体的警示信息传送到违法人员的手机当中，或是利用城市中的公共显示屏幕来曝光具体的违法人员，追究其法律责任。

综上所述，智慧交通是一种比较复杂的管理系统，涉及各方面的内容，需要多种系统和行业部门之间的有效配合。想要建设成智慧交通系统，就应该以先进的科技为基础，在政府部门的带领下，打造智慧交通，形成一种高效的管理机制，发挥出城市管理者的重要作用，促进交通领域的健康发展。

8.2 智慧电商

近十年来，电子商务发展迅速，为消费者的生活带来了种种便利。消费者在享受着这种便利的同时，也对其服务质量提出了更高的要求。为了顺应消费者的需求，各大电商平台不断寻求创新，以优化运营效率，提升服务品质。人工智能技术的进步，为电子商务的发展打开了新的思路和格局，它在电商行业的价值体现将是全方位的。

8.2 智慧电商

8.2.1 智慧电商的概念

电子商务是一种现代商务活动，最早由 IBM 公司提出，指利用网络开展的电子交易活动。随着智能硬件和人工智能技术的发展，全球电子商务行业迅猛发展，产业规模迅速扩大，智慧电子商务也随之产生。

智慧电子商务简称智慧电商，它可以利用网络技术、信息安全等先进手段，打造电商云环境，并将电商实体、消费市场、交易事务、信息流、资金流、物流等基本要素整合起来，从而实现金融、保险、物流等商业应用的实时感知、动态信息发布以及智能商务管理等功能，最终提升电商管理水平。

8.2.2 智慧电商中的人工智能应用

随着人工智能技术的引入，电子商务正在以前所未有的速度蓬勃发展。电子商务行业以一种新的形式，给消费者带来了新的体验水平，应用人工智能可以改善各种流程、客户体验，并最终提高收益。

1. 智能客服机器人

智能客服机器人是指在售前咨询、产品服务、售后维护、投诉管理等客服工作中使用了人工智能技术的智能客服系统。企业使用智能客服机器人能够实现访客分流、自动回复、智能辅助人工、智能监控和智能质检等，使客服工作的各个环节实现自动化和智能化，从而降低人工客服成本、提升客户服务质量。

例如，使用智能客服机器人可以提高客服接待效率，在功能上主要表现为引导客户自助服务、人工接待辅助两个方面：一方面，智能机器人能够单独进行客户接待，一个训练成熟的客服机器人的问题解决率能够达到 80%~90%，从而使大部分的客户问题得到快速解决；另一方面，除了机器人自动接待之外，在人工客服接待过程中，机器人可以通过答案推荐或客服搜索知识库的方式提供接待辅助，提高人工客服的接待效率。图 8-3 所示为智能客服机器人。

图 8-3 智能客服机器人

2. 电子商务物流

在很多情况下，仓储物流主要靠人工，大量的工人要投入很多时间和精力进行包裹的管理和分拣工作，难免会产生误差。而人工智能的应用可以大大降低仓储物流中的人力成本。

目前，人工智能在物流行业的应用具体表现在仓库环节、配送环节和装卸环节。

（1）仓库环节

① 无人仓：自动化立体仓库，可利用立体仓库设备实现仓库高层合理化、存取自动化、操作简便化。自动化立体仓库的主体由货架、巷道式堆垛起重机、入库/出库工作台和自动运进/出及操作控制系统组成。货架是钢结构或钢筋混凝土结构的建筑物或结构体，货架内是标准尺寸的货位空间，巷道堆垛起重机穿行于货架之间的巷道中，完成存/取货的工作，在管理上采用计算机及条形码技术。无人仓如图 8-4 所示。

图 8-4 无人仓

② 穿梭车：穿梭车在仓储物流设备中主要有两种形式，即穿梭车式出入库系统和穿梭车式仓储系统，以往复或者回环方式，在固定轨道上运行台车，将货物运送到指定地点或接驳设备。其配备有智能感应系统和自动减速系统，能自动记忆原点位置。穿梭车是一种智能机器人，可以对其进行编程，完成取货、运送、放置等任务。它还可以与上位机或 WMS 系统进行通信，结合 RFID、条码等识别技术，实现自动化识别、存取等功能。穿梭车如图 8-5 所示。

图 8-5　穿梭车

（2）装卸环节

① 无人搬运车：无人搬运车（Automated Guided Vehicle，AGV）指装备有电磁或光学等自动导引装置，能够沿规定的导引路径行驶，具有安全保护以及各种移载功能的运输车。它是在工业中应用的无须驾驶员的搬运车，以可充电蓄电池为动力来源。一般可通过计算机来控制其行进路线以及行为，或利用电磁轨道来设定其行进路线，电磁轨道粘贴在地板上，AGV 依循电磁轨道所带来的信息进行移动与动作。AGV 如图 8-6 所示。

图 8-6　AGV

② 装卸机械手：装卸机械手能模仿人手和臂的某些动作功能，是一个以固定程序抓取、搬运物件或进行其他操作的自动操作装置。装卸机械手的常见任务是将某传送带上的物件搬运到另一条传送带上。装卸机械手处理的产品量大、自动化程度高、机构运动速度快。装卸机械手如图 8-7 所示。

图 8-7　装卸机械手

（3）配送环节

① 配送机器人：配送机器人会根据目的地自动生成合理的配送路线，在行进途中避让车辆、过减速带、绕开障碍物，到达停靠点后，配送机器人就会向用户发送短信通知用户收货，用户可直接通过验证或人脸识别开箱取货。京东配送机器人如图 8-8 所示。

图 8-8　京东配送机器人

② 无人机快递：无人机快递即通过无线电遥控设备和自备的程序控制装置，操纵无人机运载包裹自动送达目的地。其优点主要在于能够解决偏远地区的配送问题，提高配送效率，同时减少人力成本；缺点主要在于恶劣天气下无法使用，在飞行过程中无法避免人为破坏等。目前，顺丰速运已将无人机快递投入使用，但未大范围推广。无人机快递如图 8-9 所示。

图 8-9　无人机快递

3．大数据分析与精准营销

人工智能对电子商务还有一个重要价值，那就是它能够对大量的来自消费者的数据进行精确的分析。由于人工智能具备一定的学习能力和思考能力，其分析出的结果往往更接近消费者的真实想法。因此，通过人工智能得出的用户画像对于服务的优化以及提升用户体验更有参考价值，公司也可以使用这些方法来捕捉客户的行为模式。

同时，高精准的用户分析势必会带来高精准的营销，高精准的营销势必会带来高效的转化率，人工智能的运用能帮助各大电商将广告精准地投放给所需的人群。图 8-10 所示为人工智能技术在电商中精准营销的应用场景。

此外，通过数据分析还能进行预测性销售。预测性销售有助于组织和管理仓库的库存，确保公司库存充足，特别是对于需求较高的产品而言。

图 8-10　人工智能技术在电商中精准营销的应用场景

8.2.3　智慧电商案例分析

目前，智慧电商的成功案例较多，如阿里巴巴、亚马逊、淘宝、京东、eBay 等都有较为领先的产品和出色的表现。

1．阿里巴巴

阿里巴巴推出了天猫精灵和阿里助手，其客户服务聊天机器人的功能十分强大，能够处理多达 95%的咨询业务，如语音及文字咨询等。阿里巴巴表示，人工智能能够推动内部及客户服务运营。此外，阿里巴巴使用人工智能绘制了最有效的物流路线，智能物流的推广使车辆使用量减少了 10%，行驶距离减少了 30%。

在 2018 年杭州云栖大会上，阿里巴巴发布了太空蛋和太空梭两款最新产品，用于未来酒店和医院等设施。

2. 亚马逊

Alexa 是亚马逊旗下著名的人工智能产品，通过提升算法的性能可以帮助亚马逊制订有针对性的营销策略。与此同时，亚马逊的推荐系统已能根据用户搜索记录预测其喜好，并进行产品推荐。

3. eBay

eBay 利用人工智能维护消费者兴趣，提升公司竞争优势。例如，eBay 通过自然语言处理技术找出客户感兴趣的产品，而客户能够通过文字、语音以及手机拍摄的照片与机器人进行交流。

8.3　智能医学

随着大数据时代的到来，人工智能迎来了蓬勃发展的阶段，各个行业随之出现颠覆性的变革，医学领域也不例外。2017 年 7 月，国务院发布《新一代人工智能发展规划》，特别提出要"围绕教育、医疗、养老等迫切民生需求，加快人工智能创新应用，为公众提供个性化、多元化、高品质服务"，并且要"推广应用人工智能治疗新模式新手段，建立快速精准的智能医疗体系。探索智慧医

8.3　智能医学

院建设，开发人机协同的手术机器人、智能诊疗助手，研发柔性可穿戴、生物兼容的生理监测系统，研发人机协同临床智能诊疗方案，实现智能影像识别、病理分型和智能多学科会诊。基于人工智能开展大规模基因组识别、蛋白组学、代谢组学等研究和新药研发，推进医药监管智能化。加强流行病智能监测和防控"。2018 年 3 月，《政府工作报告》中提到，要"加强新一代人工智能研发应用，在医疗、养老、教育文化、体育等多领域推进'互联网＋'"。目前，人工智能专家与医学专家联合开展了人工智能应用性研究，取得了初步成果，医疗领域内的重复性操作以及不适合人类的现场工作正逐步被人工智能机器所取代，这将成为提升我国医疗服务水平的重要因素。

8.3.1　智能医学的概念

人工智能在医学领域的应用将会把医学带入新的时代——智能医学时代。智能医学，顾名思义，即通过人工智能的方法，辅助或替代人类进行医疗行为的科学。在智能医学中，智能是手段，医学是目的。

8.3.2　智能医学的发展历程

人工智能在医疗领域的最早探索出现于 1972 年，利兹大学研发的 AAPHelp 是有据可考的最早出现的医疗人工智能系统，主要用于急腹症的辅助诊断。1975 年，斯坦福大学开发了可以用于血液感染源诊断的智能诊断系统 MYCIN。在一次测试中，MYCIN 给出的诊断准确率达到了 69%，高于依据当时的标准进行诊断的临床医生。但是，由于当时计算机的运算性能有限以及伦理争议等诸多问题，MYCIN 始终没有投入实际应用。1986 年，哈佛大学医学院开发了第一个商业化人工智能诊断系统 DXPlain。DXPlain 是第一种临床决策支持系统（Clinical Decision Support System，CDSS）。在 1991 年的一次测试中，DXPlain 对 46 例不同类型的患者进行了诊断，其诊断准确率

和由 5 名医生组成的评委会相比没有显著差异。

目前，人工智能在医学中最成熟的应用是 IBM 的 Watson for Oncology 系统。Watson for Oncology 的训练数据集包含了 500 份医学期刊和教科书、数千万份病历和 1 200 万页的医学文献。在遇到肿瘤患者时，Watson for Oncology 可以根据患者的症状和检查数据，给出初步诊断和有排序的治疗方案供医生选择。

8.3.3　智能医学涵盖的内容

智能医学涵盖的内容较为广泛，在智能诊断、智能治疗、疾病预防以及伦理与安全等方面都有涉及。

1. 智能诊断

可以用 CDSS 的运作方法来描述智能诊断的原理。其会收集既往的患者病历、文献和教科书等资料，作为训练数据集来训练智能诊断系统。在经过反复训练后，智能诊断系统在遇到患者时会根据患者的症状和主诉判断可能的疾病范围，开展相应的有针对性的检查，并根据检查结果给出初步诊断和治疗方案。而在疾病诊疗结束之后，该患者的数据又会被上传至数据平台，对系统进行进一步的优化。

目前，智能诊断所需要的技术基础已经基本成熟，面临的更多的是实施过程中的问题。一方面，尽管现在已经有数个智能诊断系统投入应用，但是这些诊断系统都只能对某一类疾病进行诊断，诊断疾病谱较窄。如果智能诊断系统需要医生进行预诊断之后才能运作，则其实用意义将会大大降低。只有当智能诊断系统可以覆盖绝大多数的常见疾病时，这一系统才具有广泛的实用价值。另一方面，智能诊断系统需要海量的训练数据作为支撑，而现在医院和医院之间的数据壁垒严重，临床大数据库的建立难度较大。这两方面的问题都在不断解决的过程中，解决上述问题之后，智能诊断就会走进人们的生活。

2. 智能治疗

相较于智能诊断，智能治疗目前离应用尚有一定的距离。总体来讲，目前人工智能的研究可以分为 3 个层面：运算智能、感知智能和认知智能。运算智能即快速计算和记忆储存的能力。智能诊断的核心是基于运算智能的，但是如果想让人工智能辅助甚至是替代医生进行疾病的治疗，就涉及感知智能和认知智能层面的内容了。感知智能是通过各种智能感知能力与自然界进行交互，如人脸识别、声音识别等，都属于感知智能的范畴。而认知智能是一个目前尚具有争议的内容，前两个层面的人工智能都是要做到使机器像人一样思考，而认知智能则要求机器用人类的方式进行学习，思考并实施行为。

治疗涉及的是患者和机器的直接交互，所以在智能治疗的过程中，感知智能和认知智能必不可少。治疗的内容包括方方面面，从对人体的作用来说，可以分为非侵入性治疗（药物治疗、放疗等）和侵入性治疗（手术、穿刺等）。非侵入性治疗在实现上比较容易，而侵入性治疗（如手术），需要的是机器对人体各方面状态的实时识别，并根据相应的情况进行处理，实现难度较大。在智能治疗的实现过程中，可以以非侵入性治疗作为突破口，再逐渐拓展到侵入性治疗的领域。

3．疾病预防

在疾病的预防—诊断—治疗体系中，最重要的是预防，预防在各方面的成本都要远远小于治疗。但预防却是整个医疗行为中最容易被忽略的一环，其中的一个原因是疾病预防的过程较为复杂。但是当前，智能设备的逐渐普及使得个体细致到每一个生命体征、每一次医疗行为都能留下可回溯的痕迹，这大大降低了进行疾病预防的难度，同时为针对性、个体化的疾病预防提供了必要的条件。

在应用中，可以通过智能设备收集的健康数据进行聚类分析，找到各种疾病的高危人群，进而有针对性地分析个体的发病风险，从而达到疾病预防的目的。与此同时，医疗的边界将远远超出看病治病这一范围，而延伸至健康管理的方方面面，甚至包括生活、饮食习惯等，其目的在于"防患于未然"。随之而来的是，医生和患者的交互模式将从医院之内扩展至医院之外，甚至医患间关系也会发生变化，从现在的患者找医生变成以后的医生找患者。

4．伦理与安全

随着技术的进步，人工智能在医疗行为中的方方面面超越人类只是时间问题。到那时是否应该在医疗过程中给予机器人自主权？能否保证机器人进行医疗行为的安全性？智能诊疗过程中如果出现了意外情况，责任应该如何判定？这些都是智能医学的实现过程中一定会遇到的问题，应当在政策和法律上对相关问题提前做出约束和规范。

另外，人文方面的问题也是需要人们考虑的。例如，患者需要治疗，但除了治疗以外，患者还需要沟通、交流、被理解、被安慰，而这恰好又是机器人（现行技术条件下的弱人工智能机器人）的弱点。因此，人工智能在医疗行为中可以在多大程度、哪些岗位上替代人类，不单单是技术层面的问题。试想两种极端情况：一种是与患者面对面交流，但是并不将患者放在心上的医护人员；另一种是将对患者的关心模拟得淋漓尽致的、可以表达情感的人工智能机器人，哪一种对患者更加有利呢？这些问题同样值得人们去深入思考。

8.3.4　医学中的人工智能应用

人工智能在医学中的应用主要包括医学影像智能诊断、基于语音识别技术的人工智能虚拟助理、智能医用机器人、基于人工智能的药物研发以及基于大数据处理的智能健康管理等。

1．医学影像智能诊断

医学影像诊断是研究借助某种介质（如 X 射线、电磁场、超声波等）与人体相互作用，把人体内部组织器官结构、密度以影像方式表现出来，供诊断医师根据影像提供的信息进行判断，从而对人体健康状况进行评价的一门科学。在传统医疗场景中，要培养出优秀的医学影像专业医生，耗费时间长、投入成本大。另外，人工读片时主观性太大，信息利用不足，在判断过程中容易出现误判。人工智能技术在医疗影像的应用主要指通过计算机视觉技术对医疗影像进行快速读片和智能诊断。人工智能技术能够通过快速准确地标记特定异常结构来提高图像分析的效率，以供放射科医师参考。使用人工智能技术能够提高图像分析效率，可让放射学家将精力聚焦在需要更多解读或判断的内容审阅上，从而缓解放射科医生供给缺口问题。2018 年，在全球首场神经影像人工智能人机大赛上，头部疾病 MRI、CT 影像人工智能辅助诊断机器人"BioMind 天医智"以更高的读片准确率和更快的速度，击败了由 25 名全球神经影像领域顶尖专家、学者、优秀临床医生组成的战队。将人工智能技术应用于医疗领域，让人们不禁期待它在提升医疗服务质量和效率、减轻患者就医压力方面的作用。

2. 基于语音识别技术的人工智能虚拟助理

电子病历是记录医生与病人的交互过程以及病情发展情况的电子化病情档案，包含病案首页、检验结果、住院记录、手术记录、医嘱等信息。基于语音识别技术的人工智能虚拟助理可以为医生的诊断和治疗提供极大的方便。例如，语音识别技术可以帮助医生书写病历，为普通用户在医院导诊提供了极大的便利。通过语音识别、自然语言处理等技术，将患者的病症描述与标准的医学指南作对比，从而为用户提供医疗咨询、自诊、导诊等服务。又如，智能语音录入可以解放医生的双手，帮助医生通过语音输入完成查阅资料、文献精准推送等工作，并将医生口述的医嘱按照患者基本信息、检查史、病史、检查指标、检查结果等形式形成结构化的电子病历，可以大幅提升医生的工作效率。

3. 智能医用机器人

医用机器人种类很多，按照其不同用途，可分为临床医疗用机器人、护理机器人、医用教学机器人和为残疾人服务机器人等。随着我国对医疗领域机器人应用的逐渐认可和各诊疗阶段应用的普及，医用机器人尤其是手术机器人，已经成为机器人领域的"高需求产品"。在传统手术中，医生需要长时间手持手术工具并保持高度紧张状态，而手术机器人的广泛使用使医疗技术有了极大的提升。手术机器人视野更加开阔，手术操作更加精准，有利于患者伤口愈合，能够减小创伤面和失血量，减轻疼痛等。

4. 基于人工智能的药物研发

人工智能助力药物研发可大大缩短药物研发时间、提高研发效率并控制研发成本。目前，我国制药企业纷纷布局人工智能领域，主要应用在新药发现和临床试验阶段。对于药物研发工作者来说，他们没有大量的时间和精力关注所有新发表的研究成果和大量新药的信息，而人工智能技术恰恰可以从这些散乱无章的海量信息中提取出能够推动药物研发的知识，以及新的可以被验证的假说，从而加速药物研发的过程。

5. 基于大数据处理的智能健康管理

通过人工智能的应用，健康管理服务也取得了突破性的发展。例如，通过智能设备进行身体检测，血压、心电、脂肪率等多项健康指标便能被快速检测出来，将采集到的健康数据上传到云数据库形成个人健康档案，即可通过数据分析制定个性化健康管理方案。此外，智能健康管理系统可以通过大数据平台收集用户个人生活习惯的数据，再经过人工智能技术进行数据处理，最终对用户整体状态给予评估，根据个性化健康管理方案来辅助健康管理人员帮助用户规划日常健康安排，进行健康干预等。人工智能技术还能够依托可穿戴设备和智能健康终端，持续监测用户生命体征，提前预测险情并进行处理。

8.3.5　智能医学的发展

由于人工智能在医疗领域的应用有特殊性，包括病例的复杂程度和多样性，导致目前机器学习还未能达到人们需要的精准度。想要把人工智能与医疗大规模结合并应用到临床，恐怕还难以在短时间内实现。

但是随着技术的发展和数据的积累，可以预见，智能医学的发展与应用是大势所趋，随着人工智能技术的不断发展，终究会有一天，机器会逐渐取代医生这一传统的知识密集型职业。

8.4　智能制造

智能化是制造自动化的发展方向，是先进制造业发展的重要形态，目前，制造过程中的各个环节几乎都在广泛应用人工智能技术。

8.4　智能制造

8.4.1　智能制造的概念

智能制造（Intelligent Manufacturing，IM）是一种由智能机器和人类专家共同组成的人机一体化智能系统，它能在制造过程中进行智能活动，如分析、推理、判断、构思和决策等。通过人与智能机器的合作，可以扩大、延伸和取代部分人类专家在制造过程中的脑力劳动。

从技术上看，智能制造是基于物联网、云计算、大数据等新一代信息技术，贯穿于设计、生产、管理、服务等制造活动的各个环节，具有信息深度自感知、智慧优化自决策、精准控制自执行等功能的先进制造过程、系统和模式的总称。因此，智能制造把制造自动化的概念更新并扩展到柔性化、智能化和高度集成化。但受限于人工智能技术的发展水平与制造业应用尚未成熟，目前的智能制造还远未达到"自适应、自决策、自执行"的完全智能化阶段，智能化制造仍是制造业未来的主要发展目标。

8.4.2　智能制造的特征

智能制造以智能工厂为载体，以全流程的智能化为切入点，以端对端的数据流为基础，以网络互连为支撑。智能制造不仅采用了新型制造技术和装备，还能将迅速发展的信息通信技术渗透到工厂，在制造业领域构建信息物理系统，从而彻底改变制造业的生产组织方式和人际关系，并带来制造方式和商业模式的创新转变，甚至可以说这是一种生产方式的变革和革命。智能制造具有以下 5 个特征。

1. 生产设备网络化

生产设备网络化主要依靠物联网技术来实现。物联网是指通过各种信息传感设备，实时采集任何需要监控、连接、互动的物体或过程等各种需要的信息，其目的是实现物与物、物与人、所有物品与网络的连接，方便识别、管理和控制。例如，在制造企业车间中，数控编程人员可以在自己的计算机上进行编程，将加工程序上传至服务器，设备操作人员可以在生产现场通过设备控制器下载所需要的程序，待加工任务完成后，再通过网络将数控程序回传至服务器，由程序管理员或工艺人员进行比较或归档，从而在整个生产过程中实现网络化、可追溯化管理。

2．生产文档无纸化

生产文档进行无纸化管理后，工作人员在生产现场即可快速查询、浏览、下载所需要的生产信息，生产过程中产生的资料能够即时进行归档保存，从而杜绝了文件、数据丢失，进一步提高了生产准备效率和生产作业效率，实现了绿色、无纸化生产。

3．生产数据可视化

生产数据可视化主要依靠大数据技术来实现。在生产现场，每隔几秒就收集一次数据，包括设备开机率、主轴运转率、主轴负载率、运行率、故障率、生产率、设备综合利用率、零部件合格率、质量百分比等。利用这些数据可以实现很多形式的分析，在生产工艺改进方面，在生产过程中使用这些大数据能分析整个生产流程，了解每个环节是如何执行的。例如，一旦有某个流程偏离了标准工艺，就会产生一个报警信号，能更快速地发现错误或者瓶颈所在，也就能更容易地解决问题。利用大数据技术，还可以对产品的生产过程建立虚拟模型，仿真并优化生产流程，当所有流程和绩效数据都能在系统中重建时，这种透明度将有助于制造企业改进其生产流程。又如，在能耗分析方面，在设备生产过程中利用传感器集中监控所有的生产流程，能够发现能耗的异常或峰值，由此便可在生产过程中优化能源的消耗，对所有流程进行分析以降低能耗。

4．生产过程透明化

在机械、汽车、航空、船舶、轻工、家用电器和电子信息等离散制造行业，企业发展智能制造的核心目的是拓展产品价值空间，侧重从单台设备自动化和产品智能化入手，基于生产效率和产品效能的提升来实现价值增长。因此，智能工厂建设模式为推进生产设备（生产线）智能化，通过引进各类符合生产所需的智能装备，建立了基于制造执行系统的车间级智能生产单元，提高了精准制造、敏捷制造、透明制造的能力。

5．生成现场无人化

在离散制造企业生产现场，数控加工中心智能机器人和三坐标测量仪及其他所有柔性化制造单元进行自动化排产调度，工件、物料、刀具进行自动化装卸调度，可以达到无人值守的全自动化生产模式。在不间断单元自动化生产的情况下，可以设置生产任务的优先和暂缓，远程查看管理单元内的生产状态情况。如果在生产中遇到问题，则可以立刻解决并及时恢复自动化生产。整个生产过程无须人工参与，真正实现了"无人"智能生产。

8.4.3　智能制造中的人工智能应用

智能制造中的关键技术主要有智能决策、智能管理、智能物流与供应链、智能研发、智能产线、智能车间、智慧工厂、智能产品、智能装备以及智能服务等。

1. 智能决策

企业在运营过程中会产生大量的数据，如合同、回款、费用、库存、现金、产品、客户、投资、设备、产量、交货期等，这些数据一般是结构化的数据，可以进行多维度的分析和预测。同时，应用这些数据可以提炼出企业的关键绩效指标（Key Performance Indicator，KPI），并与预设的目标进行对比。

2. 智能管理

制造企业核心的运营管理系统包括人力资产管理系统、客户关系管理系统、企业资产管理系统、能源管理系统、供应商关系管理系统、企业门户、业务流程管理系统等。要想实现智能管理和智能决策，最重要的条件是基础数据准确和主要信息系统无缝集成。

3. 智能物流与供应链

制造企业内部的采购、生产、销售流程都伴随着物料的流动，因此，越来越多的制造企业在重视生产自动化的同时，也越来越重视物流自动化，如自动化立体仓库、AGV、智能吊挂系统等得到了广泛应用；而在制造企业和物流企业的物流中心，智能分拣系统、堆垛机器人、自动轨道系统的应用日趋普及。仓储管理系统（Warehouse Management System，WMS）和运输管理系统（Transport Management System，TMS）也受到了制造企业和物流企业的普遍关注。

4. 智能研发

研发对制造企业来讲至关重要。企业要开发智能产品，需要多学科的协同配合；要缩短产品研发周期，需要深入应用仿真技术，建立虚拟数字化样机，实现多学科仿真，通过仿真减少实物试验；需要贯彻标准化、系列化、模块化的思想，以支持大批量客户定制或产品个性化定制；需要将仿真技术与试验管理结合起来，以提高仿真结果的置信度。

5. 智能产线

自动化生产线就是智能产线的一种形式。很多行业的企业高度依赖自动化生产线，如钢铁、化工、制药、食品饮料、烟草、芯片制造、电子组装、汽车整车和零部件制造等。自动化生产线可以分为刚性自动化生产线和柔性自动化生产线。为了提高生产效率，工业机器人、吊挂系统在自动化生产线上的应用越来越广泛。

6. 智能车间

一个车间通常有多条生产线，要实现车间的智能化，需要对生产状况、设备状态、能源消耗、生产质量、物料消耗等信息进行实时采集和分析，进行高效排产和合理排班，来提高设备利用率。因此，无论是哪个制造行业，制造执行系统（Manufacturing Execution System，MES）都是企业的必然选择。MES 是一套面向制造企业车间执行层的生产信息化管理系统，它能通过信息传递对从订单下达到产品完成的整个生产过程进行优化管理。因此，MES 可以为企业提供包括制造数据管理、计划排程管理、生产调度管理、库存管理、质量管理、人力资源管理、工作中心/设备管理、工具工装管理、采购管理、成本管理、项目看板管理、生产过程控制、底层数据集成分析、上层数据集成分解等模块，并为企业打造一个扎实、可靠、全面、可行的制造协同管理平台。

7. 智慧工厂

智慧工厂也称智能工厂，如图 8-11 所示，它重点研究智能化生产系统和过程，以及网络化分布式生产设施的实现，是现代工厂信息化发展的新阶段，与智能制造密不可分。所谓智慧工厂，简单来说就是指将工厂内所有的机器、设备，通过物联网等形式，对设备所产生的数据进行收集、分析，最终实现生产系统的数字化、高效化、智能化，并在此基础之上产生新的附加价值。在智慧工厂中，一个工厂通常由多个车间组成，大型企业可有多个工厂。作为智慧工厂，不仅生产过程应实现自动化、透明化、可视化、精益化，产品检测、质量检验和分析、生产物流也应当与生产过程实现闭环集成。目前，随着工业互联网、工业 4.0、物联网、5G、人工智能等概念的流行以及相应技术的发展和推动，许多制造业大国，包括我国在内，都开始了智慧工厂建设的实践，以解决传统制造业生产管理效率低、设备和人力成本高的顽疾。

图 8-11　智能工厂

8. 智能产品

任何制造企业都应该思考如何在产品上加入智能化的单元，以提升产品的附加值。典型的智能产品包括智能手机、可穿戴设备、无人机、智能汽车、智能家电、智能售货机等。

9. 智能装备

智能装备指具有感知、分析、推理、决策、控制功能的制造装备，它是先进制造技术、信息技术和智能技术的集成和深度融合。智能装备也是一种智能产品，可以补偿加工误差，提高加工精度。

10. 智能服务

智能服务是一种大数据技术，它基于传感器和物联网感知产品的状态，从而进行预防性维修维护，及时帮助客户更换备品、备件，甚至可以通过了解产品运行的状态为客户带来商业机会。智能服务还可以采集产品运营的大数据，辅助企业进行市场营销的决策。

8.4.4　智能制造的发展

智能制造代表着先进制造技术与信息化的融合，它的起源可以追溯至 20 世纪中叶，从 20 世纪中叶到 20 世纪 90 年代中期的数字化制造以计算、通信和控制应用为主要特征。从 20 世纪 90

年代中期发展至今的网络化制造，伴随着互联网的大规模普及应用，制造业进入了以万物互联为主要特征的网络化阶段。当前，在大数据、云计算、机器视觉等技术突飞猛进的基础上，人工智能逐渐融入制造领域，制造业开始步入以新一代人工智能技术为核心的智能化制造阶段。

当前，智能制造日益成为未来制造业发展的重大趋势和核心内容，是加快发展方式转变，促进工业向中高端迈进，建设制造强国的重要举措，也是新常态下打造新的国际竞争优势的必然选择。

从全球范围来看，除了美国、德国和日本走在全球智能制造前端之外，其余国家也在积极布局智能制造发展。例如，欧盟将发展制造业作为重要的战略，在 2010 年制定了第七框架（FP7）的制造云项目，并在 2014 年实施欧盟"2020 地平线计划"，将智能型先进制造系统作为创新研发的优先项目。同时，大数据、云计算等一批前端科技的发展引发了制造业加速向智能化的转型升级。2017 年，具有连接和感知能力的机器人继续引领智能制造发展，随着人工智能技术的进步，工业机器人也变得更加智能，并能够感知、学习和决策。结合当前全球智能制造的发展现状和发展趋势，保守估计未来几年全球智能制造行业将保持 15% 左右的年均复合增速，预计到 2023 年，全球智能制造的产值将达到 23 108 亿美元左右。

8.5 小结

（1）智慧交通指在智能交通的基础上，融入物联网、云计算、大数据、移动互连等技术，汇集交通信息，提供实时交通数据下的交通信息服务，是未来交通系统的发展方向。

（2）智慧电子商务简称智慧电商，它可以利用网络技术、信息安全等先进手段，打造电商云环境，并将电商实体、消费市场、交易事务、信息流、资金流、物流等基本要素整合起来，从而实现金融、保险、物流等商业应用的实时感知、动态信息发布以及智能商务管理等功能，最终提升电商管理水平。

（3）智能医学即通过人工智能的方法，辅助或替代人类进行医疗行为的科学。

（4）智能化是制造自动化的发展方向，是先进制造业发展的重要形态。智能制造是一种由智能机器和人类专家共同组成的人机一体化智能系统，它能在制造过程中进行智能活动，诸如分析、推理、判断、构思和决策等。通过人与智能机器的合作，可以扩大、延伸和取代部分人类专家在制造过程中的脑力劳动。

8.6 习题

（1）简述智慧交通的概念。
（2）简述智慧电商的概念。
（3）简述智能医学的概念。
（4）简述智能制造的概念。

第9章

智能机器人

09

【本章导读】

当前，人工智能与机器人的研究与应用越来越受人们欢迎，人类生活的方方面面都有人工智能机器人的身影。本章主要介绍机器人的实现原理以及智能机器人的应用。

【本章要点】

① 机器人的实现原理
② 机器人的应用
③ 智能机器人的前景

④ 智能机器人的核心技术
⑤ 智能机器人的应用

9.1 智能机器人概述

信息技术的发展为智能机器人技术的发展奠定了坚实基础，全球机器人产业正在迈入智能化的新时代。当前，以图像识别、语音识别、自然语言理解等为代表的人工智能技术在实用化上的突破，带动了机器人感知、交互、决策能力的显著提升。目前的人脸识别准确率已经高达 99.55%，超过准确率为 97.35% 的人眼识别率，语音输入辨识成功率也达到 97% 以上，机器人已经具备了"看得见、听得懂"的技术条件，同时，随着深度学习、无监督学习的逐步应用，机器人具备了更为关键的"思考"能力，机器人开始真正迈入智能化的新时代。

9.1 智能机器人
概述

9.1.1 机器人简介

机器人的组成与人类极为类似，一个典型的机器人有一套可移动的身体结构、一部类似于电动机的装置、一套传感系统、一个电源和一个用来控制这些要素的计算机"大脑"。从本质上讲，机器人是由人类制造的"动物"，它是模仿人类和动物行为的机器。

1. 机器人的物理结构

机器人的定义范围很广，大到为工厂服务的工业机器人，小到居家打扫的机器人。机器人是一种自动化的机器，它具备一些与人或其他生物相似的能力，如感知能力、规划能力、动作能力和协同能力，是一种具有高度灵活性的自动化机器。

　　从物理结构上看，首先，几乎所有机器人都有一个可以移动的身体。有些拥有的只是机动化的轮子，而有些则拥有大量可移动的部件，这些部件一般是由金属或塑料制成的。与人体用关节连接骨骼类似，机器人的轮与轴是用某种传动装置连接起来的。有些机器人使用电动机和螺线管作为传动装置，有一些则使用液压系统，还有一些使用气动系统。

　　其次，机器人需要一个能量源来驱动传动装置。大多数机器人会使用电力供电。此外，液压机器人需要一个泵来为液体加压，而气动机器人则需要气体压缩机或压缩气罐。所有传动装置都通过导线与一块电路相连，该电路直接为电动机和螺线圈供电，并控制电子阀门来启动液压系统，阀门可以控制承压流体在机器内流动的路径。如果机器人要移动一条由液压驱动的腿，则它的控制器会打开一只阀门，这只阀门由液压泵通向腿上的活塞筒，承压流体将推动活塞，使腿部向前旋转。通常，机器人使用可提供双向推力的活塞，以使部件能向两个方向活动。

　　机器人的计算机可以控制与电路相连的所有部件，为了使机器人动起来，计算机会打开所有需要的电动机和阀门。大多数机器人是可重新编程的，如果要改变机器人的行为，则只需将一个新的程序写入它的计算机即可。

　　并非所有的机器人都有传感系统，很少有机器人具有视觉、听觉、嗅觉或味觉（智能机器人除外）。机器人拥有的最常见的一种感觉是运动感，也就是它监控自身运动的能力。在标准设计中，机器人的关节处装有刻有凹槽的轮子，在轮子的一侧有一个发光二极管，它发出一道光束，穿过凹槽，照在位于轮子另一侧的光传感器上。当机器人移动某个特定的关节时，有凹槽的轮子会转动，在此过程中，凹槽将挡住光束，即实现了它对自身运动的监控。

　　以上这些是机器人的基本组成部分。机器人专家有无数种方法可以将这些元素组合起来，从而制造出无限复杂的机器人。

2. 机器人的逻辑结构

　　机器人的逻辑结构主要由机械部分、传感部分和控制部分组成。这三大部分又可分为驱动系统、机械结构系统、感知系统、机器人-环境交互系统、人机交互系统和控制系统，如图9-1所示。

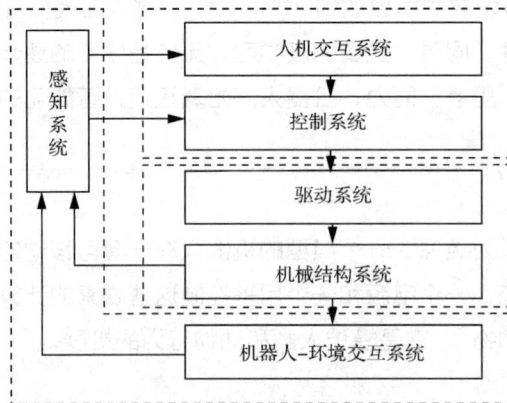

图 9-1　机器人的逻辑结构

（1）驱动系统

要使机器人运作起来，就需为各个关节即每个运动自由度安装传动装置，这就是驱动系统。驱动系统可以是液压传动、气压传动、电动传动或者是把它们结合起来的综合系统，也可以直接驱动或者通过同步带、链条、轮系、谐波齿轮等机械传动机构进行间接驱动。

（2）机械结构系统

机器人的机械结构系统由基座、手臂、末端操作器三大部分组成，每一个大件都有若干个自由度的机械系统。若基座具备行走机构，则构成行走机器人；若基座不具备行走及弯腰机构，则构成单机器人臂中，手臂一般由上臂、下臂和手腕组成；末端操作器是直接装在手腕上的一个重要部件，它可以是二手指或多手指的手爪设备，也可以是喷漆枪、焊具等作业工具。

（3）感知系统

感知系统由内部传感器模块和外部传感器模块组成，用以获得内部和外部环境状态中有意义的信息。智能传感器的使用提高了机器人的机动性、适应性和智能化的水准。人类的感受系统对感知外部世界信息是极其灵巧的，然而，对于一些特殊的信息，传感器比人类的感受系统更有效。

（4）机器人-环境交互系统

机器人-环境交互系统是现代工业机器人与外部环境中的设备互相联系和协调的系统。工业机器人与外部设备集成为一个功能单元，如加工单元、焊接单元、装配单元等。当然，其也可以是多台机器人、多台机床或设备、多个零件存储装置等集成为一个执行复杂任务的功能单元。

（5）人机交互系统

人机交互系统是操作人员控制机器人并与机器人联系的装置，例如，计算机的标准终端、指令控制台、信息显示板、危险信号报警器等。该系统归纳起来可分为两大类：指令给定装置和信息显示装置。

（6）控制系统

控制系统的任务是根据机器人的作业指令程序以及传感器反馈的信号，控制机器人的执行机构完成规定的运动和功能。若机器人不具备信息反馈特征，则为开环控制系统；若具备信息反馈特征，则为闭环控制系统。根据控制原理，控制系统可分为程序控制系统、适应性控制系统和人工智能控制系统。根据控制运行的形式，控制系统可分为点位控制和轨迹控制。

3. 机器人的工作原理

机器人大多用来从事繁重的重复性制造工作，它们主要负责那些对人类来说非常困难、危险或枯燥的任务。

机器人的工作主要由机器臂来完成。一部典型的机器臂由 7 个金属部件构成，它们是用 6 个关节连接起来的，计算机将控制与每个关节分别相连的步进式电动机旋转，以便控制机器人（某些大型机器臂使用液压或气动系统）。与普通电动机不同，步进式电动机会以增量方式精确移动。这使得计算机可以精确地移动机器臂，使机器臂不断重复完全相同的动作，机器人利用运动传感器来确保自己完全按正确的量移动。这种带有 6 个关节的工业机器人与人类的手臂极为相似，它具有相当于肩膀、肘部和腕部的部位，它的"肩膀"通常安装在一个固定的基座结构上。这种类型的机器人有 6 个自由度，也就是说，它能向 6 个不同的方向转动，与之相比，人的手臂有 7 个自由度。图 9-2 所示为机器臂的组成。

人类手臂的作用是将手移动到不同的位置，类似的，机器臂的作用是移动末端执行器。有一种常见的末端执行器能抓握并移动不同的物品，它是人手的简化版本。机械手往往有内置的压力传感器，用来将机器人抓握某一特定物体时的力度反馈给计算机，以使机器人手中的物体不致掉落或被挤坏。

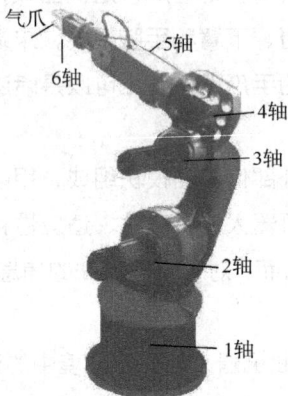

图 9-2　机器臂的组成

4．机器人的应用

早期智能机器人主要用于工业和军事领域，大多数是机械手和机器臂。工业机器人是广泛用于工业领域的多关节机械手或多自由度的机器装置，具有一定的自动性，可依靠自身的动力能源和控制能力实现各种工业加工制造功能。图 9-3 所示为工业机器人。

图 9-3　工业机器人

工业机器人专门用来在受控环境下反复执行完全相同的工作。例如，某台机器人可能会负责给装配线上传送的花生酱罐子拧上盖子。为了教会机器人如何做这项工作，程序员会用一只手持控制器来引导机器臂完成整套动作，机器人会将动作序列准确地存储在内存中，此后，每当装配线上有新的罐子传送过来时，它就会反复地执行这套动作。

工业机器人有如下几个显著特点。

（1）可编程

生产自动化的进一步发展是柔性自动化。工业机器人可随其工作环境变化的需要而再编程，因此能在小批量、多品种、具有均衡高效率的柔性制造过程中发挥很好的功用，是柔性制造系统（Flexible Manufacturing System，FMS）中的一个重要组成部分。

（2）拟人化

工业机器人在机械结构上有类似人的行走、腰转、大臂、小臂、手腕、手爪等部分，在控制上有计算机作为"大脑"。此外，智能化工业机器人有许多与人类类似的"生物传感器"，如皮肤型接触传感器、力传感器、负载传感器、视觉传感器、声音传感器等，传感器提高了工业机器人对周围环境的自适应能力。

（3）通用性

除了专门设计的专用的工业机器人外，一般工业机器人在执行不同的作业任务时具有较好的通用性。例如，更换工业机器人手部末端操作器（手爪、工具等）便可执行不同的作业任务。

（4）机电一体化

工业机器人技术涉及的学科相当广泛，但是归纳起来是机械学和微电子学的结合——机电一体化技术。第三代智能机器人不仅具有获取外部环境信息的各种传感器，还具有记忆能力、语言理解能力、图像识别能力、推理判断能力等人工智能，这些都和微电子技术的应用，特别是计算机技术的应用密切相关。因此，机器人技术的发展必将带动其他技术的发展，机器人技术的发展和应用水平也可以验证科学技术和工业技术的发展及应用水平。

9.1.2 认识智能机器人

机器人是一种可编程和多功能的，用来搬运材料、零件、工具的操作机，或是为了执行不同的任务而具有可改变和可编程动作的专门系统。智能机器人是第三代机器人，这种机器人带有多种传感器，能够对多种传感器得到的信息进行融合，能够有效适应变化的环境，具有很强的自适应能力、学习能力和自治功能。

因此，智能机器人是一个在感知、思维、效应方面全面模拟人类的机器系统。它是人工智能技术的综合试验场，可以全面地考察人工智能各个领域的技术，研究它们相互之间的关系，还可以在有害环境中代替人类从事危险工作。

目前，一般认为智能机器人应该具备 3 个方面的能力：感知环境的能力、执行某种任务而对环境施加影响的能力和联系感知与行动的能力。

随着智能机器人应用领域的扩大，人们期望智能机器人在更多领域为人类服务，代替人类完成更复杂的工作。然而，智能机器人所处的环境往往是未知的、很难预测，智能机器人所要完成的工作任务也越来越复杂，对智能机器人行为进行人工分析、设计也变得越来越困难。

9.1.3 智能机器人的发展现状

目前研制中的智能机器人智能水平并不高，只能说是智能机器人的初级阶段。智能机器人研究中的当前核心问题分为两方面：一方面是提高智能机器人的自主性，这是就智能机器人与人的关系而言的，即希望智能机器人进一步独立于人，具有更为友善的人机界面，从长远来说，希望只要操作人员给出要完成的任务，机器人就能自动形成完成该任务的步骤，并自动完成它；另一方面是提高智能机器人的适应性，提高智能机器人适应环境变化的能力，这是就智能机器人与环境的关系而言的，希望加强它们之间的交互关系。

在各国的智能机器人发展中，美国的智能机器人技术在国际上一直处于领先地位，其技术全面、先进，适应性也很强，性能可靠、功能全面、精确度高，其视觉、触觉等人工智能技术已在航天、汽车工业中广泛应用。日本得益于一系列扶持政策，各类机器人包括智能机器人的研究发展迅速。欧洲各国在智能机器人的研究和应用方面在世界上处于公认的领先地位。我国的智能机器人研究起步较晚，但在人工智能、云计算、大数据等技术的兴起下，我国已经成为全球最大的工业机器人消费市场以及世界上最大的潜在服务机器人市场，智能机器人产业发展拥有得天独厚的环境优势。然而，由于起步较晚、技术滞后等多重因素，我国智能机器人产业发展与国际领先水平仍然存在较大差距，需奋力追赶。

9.1.4 智能机器人的前景

机器人在不断地向着更高级发展，对于未来智能机器人可能的几大发展趋势，这里概括性地分析一下。

1. 语言交流功能越来越完美

出于人机交互的目的，机器人语言功能的完善是一个非常重要的环节。目前，机器人的语言能力主要依赖于其存储器内预先存储的大量语音语句和文字词汇，其语言的能力取决于数据库内存储语句量的大小及其存储的语言范围。

2. 各种动作的完美化

机器人的动作是相对于模仿人类动作来说的，我们知道人类能做的动作是多样化的，招手、握手、走、跑、跳等都是人类的惯用动作。现代智能机器人虽然能模仿人的部分动作，但是相对有一些僵化的感觉，或者动作是比较缓慢的。今后智能机器人将装配更灵活的类似人类的关节和仿真人造肌肉，以模仿更多的动作，使其更像人类。

3. 外形越来越酷似人类

科学家研制越来越高级的智能机器人时主要是以人类自身形体为参照对象的，在这一方面日本应该是相对领先的，当然，目前国内的技术也是非常优秀的。随着仿真程度的不断提升，今后可能无法仅通过外形来辨别智能机器人与人类。

4. 复原功能越来越强大

只要是人类都会有生老病死，而对于机器人来说，虽然不存在生物的常规死亡现象，但是会存在一系列的故障，如内部元件故障、线路故障、机械故障、干扰性故障等，这些故障就相当于人类的病理现象。未来智能机器人将具备越来越强大的自行复原功能，对于自身内部零件等运行情况，机器人会随时自行检索，并及时排除问题。它的检索功能就像人类感觉身体哪里不舒服一样，是智能意识的表现。

5. 体内能量存储越来越大

智能机器人的一切活动都需要体内持续的能量供应，机器人的动力源多数使用电能，供应电能就需要大容量的蓄电池，只有大容量的电池才能满足机器人的日常电能消耗。

6. 逻辑分析能力越来越强

人类的大部分行为能力需要借助于逻辑分析，例如，思考问题需要非常明确的逻辑推理分析能力，而相对平常化的走路其实是一种简单逻辑。因为走路需要的是平衡性，大脑在根据路况不断地分析、判断该怎么走才不会摔倒，而机器人走路要通过复杂的计算来进行，因此提升智能机器人的逻辑分析能力在一定程度上可以提高机器人的运行能力。

9.2 智能机器人的核心技术

随着人工智能技术的进步，我国服务机器人产业迎来了蓬勃发展，2019年，我国服务机器人市场规模约为 22 亿美元。基于不同的应用场景，各领域衍生出了各类形态不一的服务机器人，如餐厅送餐机器人、商场导购机器人、银行柜台机器人等，虽然功能不同，但是这些机器人想要拥有高效的感知、识别等能力，离不开定位导航和人机交互这两大核心技术。

9.2 智能机器人的核心技术

9.2.1 定位导航

定位导航技术是实现机器人智能行走的第一步，本质上就是帮助机器人实现自主定位、建图、路径规划及避障等能力。定位导航技术需要机器人的感知能力，需要借助视觉传感器（如激光雷达）来帮助机器人完成周围环境的扫描，并配合相应的算法，构建有效的地图数据，以完成运算，最终实现机器人的自主定位导航。

同步定位与地图构建（Simultaneous Localization And Mapping，SLAM）主要用于解决移动机器人在未知环境中运行时即时定位与地图构建的问题。SLAM 问题可以描述如下：机器人在未知环境中从一个未知位置开始移动，在移动过程中根据位置估计和传感器数据进行自身定位，同时构建增量式地图。目前，SLAM 算法已被应用于无人机、无人潜艇、行星探测车、家政机器人等。

利用 SLAM 技术，可以让机器人在未知的环境中实时地知道自己的位置，并同步绘制环境地图。在机器人的定位、跟踪和路径规划技术中，SLAM 都扮演了核心角色。没有 SLAM 的机器人就好比在移动互联网时代不能上网的智能手机，发挥不了重要作用。因此，SLAM 更像是一个概念而不是一个算法，它本身包含许多步骤，其中的每一个步骤均可以使用不同的算法实现。

1. 同步定位

在机器人定位导航技术中，目前主要涉及激光 SLAM 及视觉 SLAM。激光 SLAM 主要采用 2D 或 3D 激光雷达进行数据采集。在室内机器人（如扫地机器人）上，一般使用 2D 激光雷达；在无人驾驶领域，一般使用 3D 激光雷达。

激光 SLAM 的定位过程如下：通过激光雷达实时采集周围物体的环境信息，最初采集到的物体信息呈现的是一系列分散的、具有准确角度和距离的点云数据（数据以点的形式记录，每一个点是包含三维坐标，甚至颜色信息的数据），图 9-4 所示为点云数据。激光 SLAM 系统可以对不同时刻的两片点云数据进行匹配与比对，并通过计算激光雷达相对运动的距离和姿态的改变，来完成对机器人本身的定位。

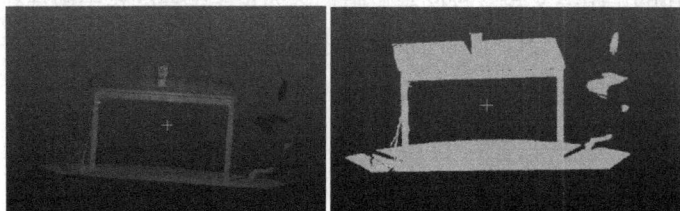

图 9-4　点云数据

视觉 SLAM 方案目前主要有两种实现路径：一种是基于 RGBD 的深度摄像机，如 KINECT；另一种基于单目、双目或鱼眼摄像头。基于深度摄像机的视觉 SLAM 与激光 SLAM 类似，也是通过收集到的点云数据来计算障碍物的距离；基于单目、双目或鱼眼摄像头的视觉 SLAM，主要利用多帧图像来估计自身的位姿变化，并通过累计位姿变化来计算距离物体的距离，并进行定位与地图构建。

2. 地图构建

和人类绘制地图一样，机器人描述环境、认识环境的过程主要依靠地图。这里说的地图，是用来在环境中定位，以及描述当前环境以便于规划航线的一个概念，它通过记录以某种形式的感知获取的信息，用以和当前的感知结果相比较，以支撑对现实定位的评估。

地图构建是研究如何把从一系列传感器收集到的信息，集成到一个一致性的模型上的问题，它的核心部分是环境的表达方式以及传感器数据的解释。地图构建利用环境地图来描述其当前环境信息，并根据使用的算法与传感器的差异采用不同的地图描述形式。因此，在机器人技术中，SLAM 的地图构建通常指的是建立与环境几何一致的地图。

目前，机器人学中地图的表示方法主要有 4 种：栅格地图、特征点地图、直接表征法以及拓扑地图。

（1）栅格地图

机器人对于环境地图的最常见的描述方式为栅格地图。栅格地图就是把环境划分成一系列栅格，其中每一个栅格给定一个可能值，表示该栅格被占据的概率。这种地图看起来和人们所认知的地图没有什么区别，其本质是一张位图图片，但其中每个"像素"表示了实际环境中存在障碍物的概率分布。一般来说，当采用激光雷达、深度摄像头、超声波传感器等可以直接测量距离数据的传感器进行 SLAM 时，可以使用栅格地图。这种地图也可以通过距离测量传感器、超声波（早期）、激光雷达（现在）绘制出来。栅格地图既能表示空间环境中的很多特征，机器人可以用它来进行路径规划；又不直接记录传感器的原始数据，相对实现了空间和时间消耗的最优解。因此，栅格地图是目前机器人所广泛应用的地图存储方式。图 9-5 所示为栅格地图。

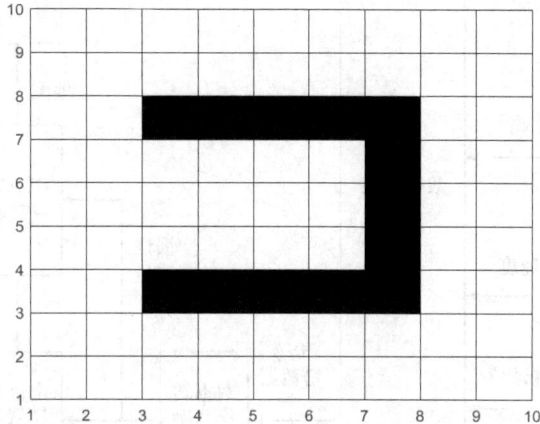

图 9-5　栅格地图

（2）特征点地图

特征点地图使用有关的几何特征（如点、直线、面）表示环境，常见于视觉 SLAM 中。与栅格地图相比，这种地图看起来不那么直观。它一般通过诸如 GPS、UWB 以及摄像头配合稀疏方式的视觉 SLAM 算法产生，优点是数据存储量和运算量相对比较小，多见于最早的 SLAM 算法中。

（3）直接表征法

在直接表征法中，省去了特征或栅格表示这一中间环节，直接用传感器读取的数据来构造机器人的位姿空间。这种方法就像卫星地图一样，直接将传感器原始数据通过简单处理拼接形成地图，相对来说更加直观。但是直接表征法的信息冗余度较大，对于数据存储是很大的挑战，从中提取出有用的数据相对麻烦，因此在实际应用中很少使用。

（4）拓扑地图

拓扑地图是一种相对更加抽象的地图形式，它把室内环境表示为带节点和相关连接线的拓扑结构图，其中，节点表示环境中的重要位置点（拐角、门、电梯、楼梯等），边表示节点间的连接关系，如走廊等。当扫地机器人要进行房间清扫的时候，就会建立一张拓扑地图。

图 9-6 所示为 SLAM 模块在智能机器人中的应用，其中 CAN 通信是一种现场总线技术，常用于串行通信网络中。

3. 路径规划

导航技术是移动机器人技术的核心，而路径规划是导航研究的一个重要环节。例如，导航仪的核心就是路径规划，在谷歌的无人驾驶汽车研究中，主要的工作量都在导航算法上。路径规划就是依据某个或某些优化准则，在机器人工作空间中找到一条从起始状态到目标状态、可以避开障碍物的最优路径。

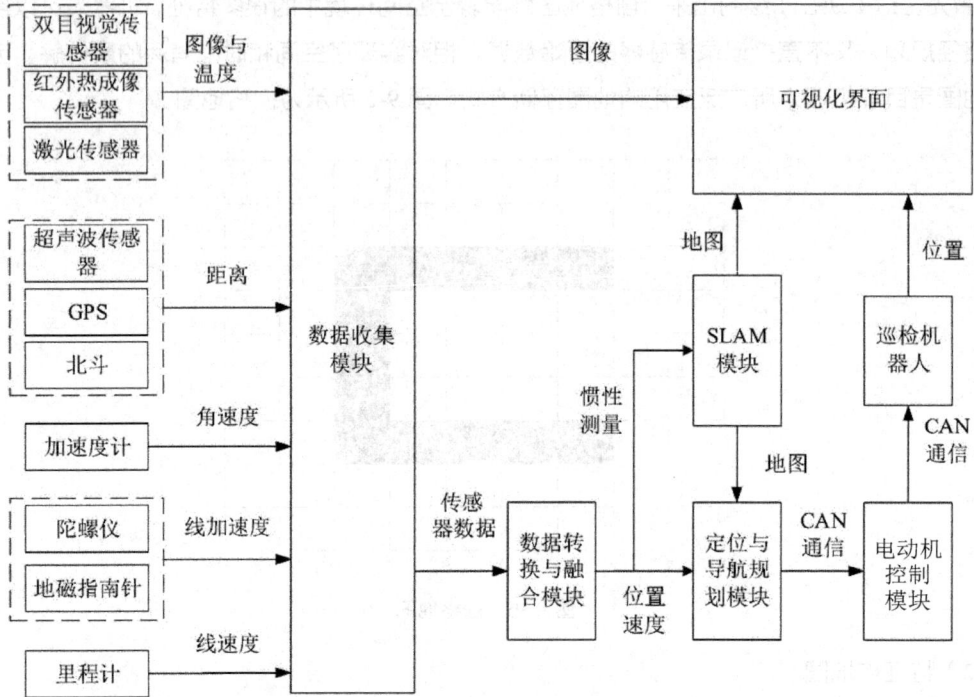

图 9-6　SLAM 模块在智能机器人中的应用

目前，移动智能机器人路径规划的主要方法有如下 3 种。

（1）基于事例的学习规划方法

基于事例的学习规划方法依靠过去的经验进行学习及问题求解，一个新的事例可以通过修改事例库中与当前情况相似的旧事例来获得。将其应用于移动机器人的路径规划中可以描述如下：首先，利用路径规划所用到的或已产生的信息建立一个事例库，库中的任一事例包含每一次规划时的环境信息和路径信息，这些事例可以通过特定的索引取得；其次，把由当前规划任务和环境信息产生的事例与事例库中的事例进行匹配，以找出一个最优匹配事例；最后，对该事例进行修正，并以此作为最终结果。移动机器人导航需要良好的自适应性和稳定性，而基于事例的方法能满足这个要求。

（2）基于环境模型的规划方法

基于环境模型的规划方法首先需要建立一个机器人运动环境的环境模型。在很多情况下，由于移动机器人的工作环境具有不确定性（包括非结构性、动态性等），使得移动机器人无法建立全局环境模型，而只能根据传感器信息实时地建立局部环境模型，因此局部模型的实时性、可靠性成为影响移动机器人安全、连续和平稳运动的关键因素。环境建模的方法基本上可以分为两类，即网络/图建模方法和基于网格的建模方法，前者主要包括自由空间法、顶点图像法、广义锥法等，它们可得到比较精确的解，但所耗费的计算量相当大，不适合实际的应用，而后者在实现上要简单许多，所以应用比较广泛，其典型代表是四叉树建模法及其扩展算法等。

（3）基于行为的路径规划方法

基于行为的路径规划方法是由生物系统启发而产生的自主机器人设计方法。它采用了类似动物进化的自底向上的原理体系，尝试从简单的智能体来建立一个复杂的系统。将其用于解决移动机器人路径规划问题是一种新的发展趋势，它把导航问题分解为许多相对独立的行为单元，如跟踪、避碰、目标制导等。这些行为单元是一些由传感器和执行器组成的完整的运动控制单元，具有相应的导航功能，各行为单元所采用的行为方式各不相同，它们通过相互协调工作来完成导航任务。

基于行为的路径规划方法大体可以分为反射式行为、反应式行为和慎思行为 3 种类型的路径规划方法。反射式行为类似于膝跳反射，是一种应激性反应，它可以对突发性情况做出迅速响应，如移动机器人在运动中的紧急停止等，但该方法不具备智能性，一般需要与其他方法结合使用；反应式行为是指机器人的系统类型是纯反应式的，不能形成记忆，也不能利用过去的经验来做出当前的决定，因此它们无法以交互方式参与实际应用，相反，每当这些机器遇到同样的情况时，它们的行为都会完全相同；慎思行为是指利用已知的全局环境模型为智能体系统到达某个特定目标提供最优动作序列，适用于复杂静态环境下的规划，移动机器人在运动中的实时重规划就是一种慎思行为，机器人可能出现倒退的动作以走出危险区域，但由于慎思规划需要一定的时间去执行，所以它对于环境中不可预知的改变反应较慢。

反应式行为和慎思行为可以通过传感器数据、全局知识、反应速度、推理论证能力和计算的复杂性来加以区分。近年来，在慎思行为的发展中出现了一种类似于人类记忆的陈述性认知行为，应用这种规划不仅仅依靠传感器和已有的先验信息，还取决于所要到达的目标。例如，对于距离较远且暂时不可见的目标，有可能存在一个行为分叉点，即有几种行为可供采用，机器人要择优选择，这种决策性行为就是陈述性认知行为。将它用于路径规划中能使移动机器人具有更高的智能，但由于决策的复杂性，该方法难以用于实际之中，还有待进一步研究。

图 9-7 所示为智能机器人的路径规划实现。当机器人要从点 P 运动到点 Q 时，如果在途中遇到了障碍物（图 9-7 中的 3 个大圆形），机器人会根据一系列的算法自动避开障碍物，从而顺利走到目的地并完成任务。

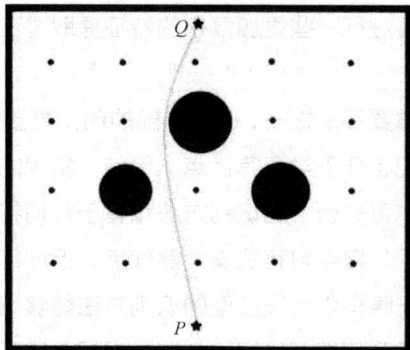

图 9-7　智能机器人的路径规划实现

9.2.2　人机交互

在拥有基础的自主定位导航技术后，机器人要想进一步发挥自身作用，还需要拥有人机交互能力。人机交互技术可让机器人进一步了解人类，了解用户诉求，从而为用户提供更个性化的服务。过去的机器人以机器为中心，人类手把手教机器人怎么干活；未来的机器人应该以人类为中心，让机器人来适应人类，人类说一句话，机器人就能理解这句话从而做出行动，这是一个根本性的改变。

从第一代以键盘鼠标为交互方式的 PC 互联网时代，到第二代以触屏为主的移动互联网时代，再到今天以多模态人机交互方式为主的第三代互联网，人机交互的形式发生了巨大的变化。

目前，人机交互技术主要包括语音识别、语义理解、人脸识别、图像识别、体感/手势交互等技术。通过语音识别、合成、理解等技术，可以实现更精准的营销和专属服务；通过人脸识别，可帮助商家精准地识别用户，提升用户体验等。这些交互方式的改变将会深刻地影响人们日常生活的应用场景。

1. 语音交互

基于语音的人机交互是当前人机交互技术中最为主要的表现形式，语音人机交互过程中包含信息输入和输出的交互、语音处理、语义分析、智能逻辑处理以及知识与内容的整合。结合语音人机交互过程，人机交互中的关键技术中包含了自然语音处理、语义分析和理解、知识构建和学习体系、语音技术、整合通信技术以及云计算处理技术。经过科研人员的不断努力，目前语音交互技术已成功投入商用，如今智能手机、智能音箱、智能电视等设备中大多采用了语音人机交互技术，随着语音人机交互技术应用价值的逐渐显现，众多企业纷纷布局语音人机交互领域，随着布局企业的不断增多，语音人机交互的产业规模也在不断扩大，并带动了机器人、家电、汽车等相关产业的发展。

2. 视觉交互

除了语音人机交互之外，基于视觉的人机交互技术也是目前研究的一大热点。未来机器人需要理解人的感情，此时会涉及人脸识别技术，包括特征提取及分类。目前，在这种技术中，对于人类基本的 7 种表情的识别率可达到 80%左右。但在自然交流过程中，人的表情比较平淡，机器人难以对其进行准确分辨，需要进行一些更加复杂的特征提取过程。

3. 手势交互

手势识别也是人机交互的重要手段之一，通过手部的动作直接控制计算机，相比传统的键盘、鼠标等控制方式，具有自然直观和便于学习等优点。目前，常用的手势识别方法主要包括基于神经网络的识别方法、基于隐马尔可夫模型的识别方法和基于几何特征的识别方法。基于神经网络的识别方法具有抗干扰、自组织、自学习和抗噪声等优点，但训练时需要采集的样本量大，且对时间序列的处理能力不强；基于隐马尔可夫模型的识别方法能够细致地描述手势信号，但拓扑结构一般，计算量相对较大；基于几何特征的识别方法是根据手的区域及边缘几何特征关系进行手势识别，该方法无须对手势进行时间上的分割，计算量小。

9.3 智能机器人的应用

早期智能机器人主要用于工业和军事领域，大多数是机械手和机器臂。如今，智能机器人的应用已经深入各行各业，在军事、制造业、医疗、服务等方面有着广泛的应用。

按照工作场所的不同，智能机器人可以分为管道、水下、空中、地面机器人等。管道机器人可以用来检测管道使用过程中的破裂、腐蚀和焊缝质量情况，在恶劣环境下承担着管道的清扫、喷涂、焊接、内部抛光等维护工作，以及对地下管道进行修复；水下机器人可以用于进行海洋科学研究、海上石油开发、海底矿藏勘探、海底打捞救生等；空中机器人可以用于通信、气象、灾害监测、农业、地质、交通、广播电视等；服务机器人以半自主或全自主方式工作，为人类提供服务，其中医用机器人具有良好的应用前景；仿人机器人的形状与人类似，具有移动功能、操作功能、感知功能、记忆和自治功能，能够实现人机交互；微型机器人以纳米技术为基础在生物工程、医学工程、微型机电系统、光学、超精密加工及测量（如扫描隧道显微镜）等方面具有广阔的应用前景。图 9-8 所示为医用机器人，图 9-9 所示为水下机器人，图 9-10 所示为微型机器人，图 9-11 所示为火星探测机器人。

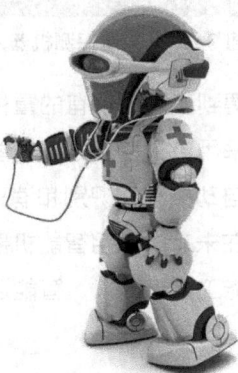

图 9-8 医用机器人

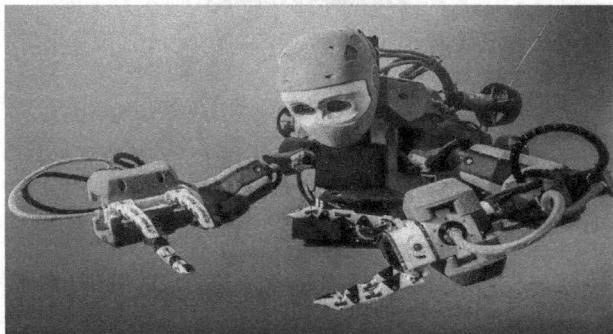

图 9-9 水下机器人

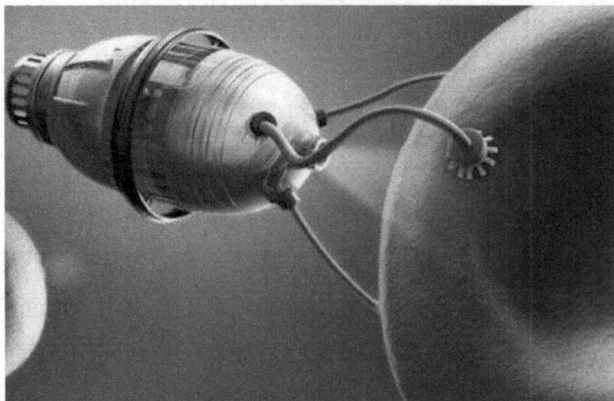

图 9-10　微型机器人

图 9-11　火星探测机器人

在国防领域中，军用智能机器人得到了前所未有的重视和发展，近年来，美、英等国研制出了第二代军用智能机器人，其特点是采用自主控制方式，能完成侦察、作战和后勤支援等任务，能够自动跟踪地形和选择道路，具有自动搜索、识别和消灭敌方目标的功能，如美国的 Navplab 自主导航车、SSV 自主地面战车等。在未来的军用智能机器人中，还会出现智能战斗机器人、智能侦察机器人、智能警戒机器人、智能工兵机器人、智能运输机器人等，成为了国防装备中新的亮点。图 9-12 所示为军用智能机器人。

图 9-12　军用智能机器人

在服务领域，世界各国都在致力于研究开发和广泛应用服务智能机器人，以清洁机器人为例，随着科学技术的进步和社会的发展，人们希望更多地从烦琐的日常事务中解脱出来，这就使得各场景下的清洁机器人被研发出来。家庭用的地面清扫机器人可沿墙壁从任何一个位置自动启动，利用不断旋转的刷子将废弃物扫入其自带容器中；车站地面擦洗机器人工作时一边将清洗液喷洒到地面上，一边用旋转刷不停地擦洗地面，并将脏水吸入所带的容器中；工厂的自动清扫机器人可用于各种工厂的清扫工作。美国的一款清洁机器人 Roomba 具有高度自主能力，可以游走于房间各家具缝隙间，灵巧地完成清扫工作；瑞典的一款机器人三叶虫表面光滑，呈圆形，内置搜索雷达，可以迅速地探测并避开桌腿、玻璃器皿、宠物或其他障碍物，它的微处理器可以识别出障碍物，并对整个房间做出重新判断与计算，重新选择路线，以保证房间的各个角落都被清扫到。图 9-13 所示为清洁机器人。

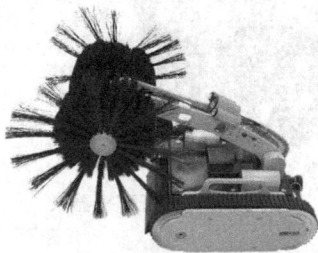

图 9-13　清洁机器人

此外，在体育比赛方面，智能机器人也得到了很大的发展。近年来，国际上迅速开展了机器人足球高技术对抗活动，国际上已成立相关的联盟——国际机器人足球联盟（Federation of International Robot-soccer Association，FIRA），许多地区也成立了地区协会，达到了比较正规的程度且有相当的规模和水平。机器人足球赛的目的是将足球撞入对方球门取胜。球场上空（2m）悬挂的摄像机将比赛情况传入计算机内，由预装的软件做出恰当的决策与对策，通过无线通信方式将指挥命令传给机器人。机器人协同作战、双方对抗，完成一场激烈的足球比赛。在比赛过程中，机器人可以随时更新位置，当它穿过地面线截面时，双方的教练员与系统开发人员不得进行干预。机器人足球融计算机视觉、模式识别、决策对策、无线数字通信、自动控制与最优控制、智能体设计与电力传动等技术于一体，是一个典型的智能机器人系统。图 9-14 所示为机器人足球比赛。

图 9-14　机器人足球比赛

现代智能机器人不仅在上述方面有广泛应用，还将渗透到生活的各个方面。例如，在矿业方面，考虑到社会上对煤炭需求量日益增长的趋势和煤炭开采的恶劣环境，将智能机器人应用于矿业势在必行；在建筑方面，有高层建筑抹灰机器人、预制件安装机器人、室内装修机器人、擦玻璃机器人、地面抛光机器人等；在核工业方面，主要研究机构灵巧、动作准确可靠、反应快、重量轻的机器人等。智能机器人的应用领域在日益扩大，人们期望智能机器人能在更多的领域为人类服务，代替人类完成更多、更复杂的工作。图 9-15 所示为开矿机器人，图 9-16 所示为擦玻璃机器人。

图 9-15　开矿机器人

图 9-16　擦玻璃机器人

9.4　小结

（1）机器人的组成部分与人类极为类似，一个典型的机器人有一套可移动的身体结构、一部类似于电动机的装置、一套传感系统、一个电源和一个用来控制这些要素的计算机"大脑"。从本质上讲，机器人是由人类制造的"动物"，它是模仿人类和动物行为的机器。

（2）智能机器人是第三代机器人，这种机器人带有多种传感器，能够对多种传感器得到的信息进行融合，能够有效地适应变化的环境，具有很强的自适应能力、学习能力和自治功能。

（3）随着人工智能技术的进步，我国服务机器人产业迎来了蓬勃发展，2019 年，我国服务机器人市场规模约为 22 亿美元。基于不同的应用场景，各领域衍生出了各类形态不一的服务机器人，如餐厅送餐机器人、商场导购机器人、银行柜台机器人等。

（4）智能机器人要想拥有高效的感知、识别等能力，离不开定位导航和人机交互这两大关键技术。

（5）早期智能机器人主要用于工业和军事领域，大多数是机械手和机器臂。如今，智能机器人的应用已经深入各行各业，在军事、制造业、医疗、服务等方面有着广泛应用。

9.5　习题

（1）简述机器人的组成。

（2）简述智能机器人的核心技术。

（3）简述智能机器人的应用场景。

第10章
人工智能的挑战与未来

10

【本章导读】

人工智能的兴起与快速演进，对教育与就业、隐私与安全、社会公平等各个方面产生了深远的影响，在为人们带来极大便利的同时也蕴藏着巨大的风险。本章主要介绍人工智能发展的现状、挑战与未来。

【本章要点】

① 人工智能的挑战
② 人工智能对社会的影响

③ 人工智能的未来

10.1　人工智能的挑战

人工智能技术与企业需求之间仍然存在鸿沟。企业用户的核心目标是利用人工智能技术实现业务增长，而人工智能技术本身无法直接完成业务增长，需要根据具体业务场景和目标，形成可规模化落地的产品和服务。在此过程中，人工智能在数据、算法模型可解释性、业务场景理解、服务方式、投入产出比等方面都面临着一系列的挑战。

10.1　人工智能的挑战与未来

10.1.1　数据

数据是人工智能应用的基础要素。在应用人工智能技术解决特定业务场景问题的过程中，与数据相关的流程主要包括数据获取、数据治理和数据标注。

在数据获取方面，数据质量是首先需要面对的问题。在图像识别、文本识别、语音识别等单点场景中，可以基于外部公开数据进行模型训练。但在解决具体业务问题时，不管是前期模型训练还是模型上线后的使用，都需要用到来自实际业务场景的数据，外部数据价值有限。而受限于业务信息化、在线化的水平不足，可能存在缺乏历史数据积累或者数据质量较差的问题，需要经历冷启动和数据治理的过程。此外，实际业务中很多数据来自人工填报，也会造成数据准确性较差，需要先进行数据核验，判断和剔除异常数据。例如，品牌商做销量预测时需要收集各个渠道的促销计划，而这些数据一般由渠道一线销售代表报送，很容易出现报送数据与实际执行状况不匹配的问题。

面对数据积累不足和质量不佳的挑战，需要从业务流程和算法上寻找解决方案。例如，对于有效样本数据不足的问题，可以尝试采用少样本学习的算法。对于数据采集质量差的风险，需要在采集和治理过程中结合业务经验，制定更加精细化的规则。

此外，数据使用合规的挑战日益突出。一方面，涉及个人隐私方面的数据保护政策趋严；另一方面，涉及数据的归属权问题时，出于数据安全的考虑，归属于不同主体的数据往往很难实现流动和融合。这些因素都会限制数据的可获得性。

面对数据使用合规的挑战，目前的应对策略之一是采用联邦学习等新技术，在底层数据不进行交换的前提下进行加密训练，可以在实现联合建模的同时保护数据隐私。

在数据治理方面，数据复杂度在提升。在落地产业深入实际业务场景的过程中，需要采集和分析的数据类型会变得更加复杂，往往涉及多源异构数据、时序数据、非结构化数据等，数据存储和治理的难度大幅提升。例如，工业场景中就涉及工业现场图像数据、工艺流程文本数据和设备运行的时序数据等各种类型的数据，给数据清洗和后续应用带来了很高的复杂度和很大的挑战。

面对数据治理的挑战，需要新的数据治理手段。目前，比较成熟的数据治理手段是使用数据湖的模式，能够同时兼顾结构化数据和非结构化数据的处理，并可以实现更低成本的存储，更好地支撑人工智能算法的数据调用。

在数据标注方面，随着建模不断深入垂直行业的细分业务场景，数据标注的复杂度在不断提升。首先，需要标注人员掌握更复杂的行业知识，进一步提升了数据标注的门槛和成本。例如，医疗领域对医疗影像和文本的标注需要具备医学专业知识的人员进行。从数据类型来看，文本类、3D 图像类数据不断增加，标注复杂度远高于早期的平面图像类数据。其次，对于垂直细分场景，需要根据建模需求，采集特定环境下、特定对象的精准"小数据"，这就需要更专业的数据采集手段。例如，对于微表情、假表情识别的场景，需要"群众演员"按要求配合表演，对于汽车碰撞场景，数据需要在实验室场景内采集。进一步讲，这些特定业务场景数据是数据拥有方的宝贵资产，需要保证数据标注过程中的安全性。

面对数据标注的挑战，在算法层面，半监督学习、无监督学习等迁移算法可以弱化对数据标注的需求。此外，在数据标注方面，可以看到一些第三方的数据标注平台正在兴起。对于第三方数据标注平台，一方面，其通过提供经过培训的专业团队和定制化的服务，来解决数据采集、数据标注的质量和成本问题；另一方面，其通过研发一些自动化的辅助工具，通过技术手段来提升数据标注流程的效率。

10.1.2 算法模型可解释性

在算法模型层面，人工智能在与业务系统结合的过程中面临的挑战是模型的可解释性问题。从回归算法、决策树等传统模型，到深度学习等新兴算法，人工智能的复杂性在不断增加，这使得算法决策机制越来越难以被人类所理解和描述。在原理上，大部分基于深度学习的算法是个"黑盒子"，模型不具备可解释性。然而，在落地金融、工业、医疗等行业时，出于对安全风险控制、监管合规等因素的考虑，直接应用到业务系统的模型需要具备符合业务逻辑的可解释性，让业务人员、决策者以及行业监管层能够理解，否则将难以落地。

例如，对于零售品牌商，通过人工智能销量预测模型预测出的未来一个月的产品销售量，将直接影响生产、库存、物流以及营销等一系列计划，涉及巨额资金的调配。因此，该预测结果需要在业务上具备可解释性，否则业务人员无法采用。

而在强监管的金融行业，监管机构在对技术的理解和掌握上难以和人工智能科技企业保持同步。因此，处于审慎的原则，为避免潜在风险以及监管漏洞，金融监管机构往往会对人工智能技术在金融业务场景的应用采取保守的监管措施，以确保风险可控。

正因如此，"可解释 AI"日益受到行业关注。"可解释 AI"的目的是向技术使用者和监管机构解释人工智能模型所做出的每一个决策背后的逻辑。"可解释 AI"与不可解释的黑盒算法相比，增加了深度神经网络的透明性，因此有助于通过向用户提供判断依据等额外信息，以增强其对人工智能的信任感、控制感和安全感，还可以为事后监管、问责和审计提供有力依据。

而在目前的实际落地中，也可以采用深度学习算法与经典统计类规则结合的方式来进行建模，以解决模型可解释性的问题。

10.1.3 业务场景理解

随着人工智能深入落地各垂直行业，要解决的业务问题从通用场景、单点问题，向特定场景、业务全流程演进，需要从感知智能进化到认识智能，从而具备分析决策能力。同时，业务场景的复杂度和门槛变得更高，对业务场景理解能力的要求也不断提升，给技术驱动的人工智能厂商带来了更大的挑战。

在这样的背景下，单纯依靠算法技术和经验积累，人工智能厂商难以满足对业务场景理解能力的需求。因此，人工智能算法需要与专家经验、业务规则融合，共同解决问题，知识图谱技术成为关键。借助知识图谱技术，可以将行业经验沉淀为行业知识图谱，在此基础上让算法更好地理解业务。

在实际落地过程中，先通过建立统一的知识图谱来实现知识融合，再进一步推进人工智能的快速落地应用，是解决业务场景理解问题的比较可行的方式。

10.1.4 服务方式

在人工智能落地过程中，还需要考虑服务方式的问题。

一方面，传统企业往往不具备很强的技术能力，无法直接应用技术。因此，标准化的人工智能技术输出或者 API 的调取服务方式，都无法满足企业业务人员的最终需求。人工智能厂商需要根据具体业务场景，基于服务对象的技术能力提供定制化的解决方案，并封装成可直接应用到业务系统的产品，即需要提供"AI+产品"的打包服务。

另一方面，企业用户的需求是达成最终的业务目标，需要保证业务系统的持续运营，才能让人工智能产品真正发挥价值，但企业自身的运营能力有限。因此，往往需要人工智能厂商提供持续的业务运营服务，以保证最终业务效果的达成，即需要提供"AI+服务"的打包服务。

而人工智能厂商面临的挑战是自身业务模式的问题，需要考虑如何避免过于定制化和重复服务。例如，可以通过中台化的方式赋能前端业务人员，共同为客户解决业务问题。中台层把各项通用能力中台化，基于中台支撑赋能前端人员去服务客户的业务运营，共同推动解决方案的落地和业务目标的达成。

10.1.5　投入产出比

目前，企业用户采用人工智能技术应用仍然会面临拥有成本过高的问题，导致投入产出比不高，进而影响企业对人工智能技术的采纳。

为了在业务中落地人工智能技术应用，企业的拥有成本至少包括以下项目：涉及芯片、算法平台等硬件在内的智能化产品；人工智能应用对专业人员的依赖非常大，需要引进算法工程师等人工智能专业人才。这些人工智能产品和人工智能人才的成本都比较高，这导致对于某些行业而言，投入产出比成为限制人工智能应用规模化落地的最大阻碍。

在成本方面，可以看到数据科学平台、机器学习平台等产品的涌现，正在提升人工智能建模的自动化程度。数据科学平台可以在数据准备、模型建立、决策部署、模型管理等方面实现自动化，降低整个业务流程对算法工程师的依赖，从而降低人工智能应用的总拥有成本。而机器学习平台可以使机器学习的工程落地，从而快速创造价值。

未来，随着算法的进步导致的对硬件要求的降低，以及人工智能芯片等硬件成本的下降，人工智能的投入产出比还会进一步提升。

10.2　人工智能对社会的影响

随着人工智能的充分发展，以及劳动生产率和生产力水平的提升，人们的生活体验将更加丰富多彩。人工智能可以更多地将人们从体力劳动，乃至常规性的脑力劳动中解放出来，更多地投入到创造性活动当中，使人类自身与社会得到更充分的发展。当前，人工智能技术的突飞猛进正不断改变着零售、农业、物流、教育、医疗、金融、商务等领域的发展模式，重构生产、分配、交换、消费等活动的各环节。根据 IDC 2017 年的数据显示，在未来 5 年内，人工智能技术应用到多个行业将极大地提高其运转效率，具体提升的效率为教育行业 82%、零售业 71%、制造业 64%、金融业 58%。

从技术专家到科幻作者，从商业精英到社会大众，均将人工智能视为人类迄今为止最具开放性、变革性的创新，它是可以深刻改变世界但同时难以准确预估后果的颠覆性技术。包括控制论提出者诺伯特·维纳、已故著名科学家斯蒂芬·霍金、《人类简史》作者尤瓦尔·赫拉利（Yuval Harari）以及特斯拉现任 CEO 埃隆·马斯克（Elon Musk）在内的一大批有识之士均指出：人工智能的兴起与快速演进，在为人们带来极大便利的同时也蕴藏着巨大的风险，会挑战既有的社会价值观，甚至挑战人类本身存在的价值，使得人们不得不重新思考人与机器之间的关系，乃至未来社会的前途。

10.2.1　人工智能对教育与就业的影响

发展人工智能的最终目的不是替代人类，而是使人类变得更加智慧，而教育将在这个过程中起到关键性作用。人工智能技术提升了经济活动中的产能，使得人们逐渐从机械的、重复性的或危险的劳动中抽离出来，从而增加了思考、欣赏等闲暇时间，更专注于创新能力、思考能力、审美与想象力的潜能开发与提升。从获取知识的角度来讲，当人们的必要劳动时间缩短，自由时间增加时，就会更多地去获取软性知识，这类知识与人类情感属性密切相关，并且不易转换为能被人工智能技术所识别的数据，因而更加难以被机器学习与掌握。

但从教育的内在本质来看，个性化是基本方向。不同时代对人才的需求有着非常巨大的差异，在人工智能时代，个性化自主学习与多维度交流协作将成为学习的主要方式，学生可获得量身定制的学习内容支持。目前，人工智能在教育领域的应用主要集中在个性化学习、虚拟导师、教育机器人、基于编程和机器人的科技教育、基于虚拟现实/增强现实的场景式教育等各个方面。用适合自己的方式去学习，不仅效率会提高，还会保持更长时间的学习兴趣。在教育领域深度发展人工智能的意义并不是取代教师，而是协助教师使其教学变得更加高效和有趣。另外，在人工智能技术所影响的教育体系中，对人才的信息输入与输出能力、自主学习能力等的要求骤然提高，创新能力的培养也成为重要方向。

随着技术的发展，人工智能逐步替代人类从事大部分烦琐的工作或体力劳动，在给人们带来福利的同时，也带来了前所未有的挑战。当今已经有越来越多的人担忧自己的工作是否会被人工智能技术所取代，或者能否在人工智能所留下的夹缝中生存。有专家对我国的就业岗位被人工智能取代的概率进行了估算，结果显示未来 20 年中，约占总就业人口的 76%的劳动力会受到人工智能技术的冲击，若只考虑非农业人口，这一比例为 65%。但同时人工智能技术对就业的创造效应已有所显现，调查显示我国科技公司目前人工智能团队规模扩张幅度为 20%，且这种需求还会增长。另外，国家工业和信息化部教育考试中心专家称，在未来几年内，我国对人工智能领域的人才需求可能增至 500 万。

可以判断，在人工智能重塑产业格局和消费需求的情境下，一部分工作岗位终将被历史淘汰，但是也会伴随着一系列新岗位的出现。此外，新型的人机关系正在构建，非程序化的认知类工作会变得越发难以替代，其对人的创新、思考与想象力提出了更新的要求。

机械化和智能化塑造着新的就业格局，但也要警惕新格局有可能带来的衍生问题，如由于失业率上升而引起的贫富差距和社会稳定问题。人工智能所带来的冲击是持续性的，对教育和就业的多重影响也是持续性的，因此需要不断积极探索与技术革命相匹配、相适应的教育与就业机制。

10.2.2　人工智能对隐私与安全的影响

当今世界，以人工智能、大数据为代表的现代信息技术与人类生产生活高度融合。全球数据量爆发增长，海量聚集，大数据发展日新月异，对经济社会发展产生了非常深远的影响。与此同时，以人工智能、大数据为代表的新型数据安全风险日益凸显，尤其是侵害消费者隐私、利益等事件，以及网络诈骗、网络黑产、网络灰产的存在，给公民的信息和财产安全造成了严重威胁。

今天，在许多生活消费场景中，人们对个性化体验的需求不断增加，个性化、场景化服务也逐渐成为人工智能驱动创新的主要方向。服务供应方在信息获取社交化、时间碎片化的情境下，着力建立更灵活、便捷的消费场景，给人们带来更加友好的用户体验。与此同时，随着语音识别、人脸识别、机器学习算法的发展和日趋成熟，企业可以通过分析客户画像真正理解客户，精准、差异化的服务使得客户满足感进一步增强。但是这种方式在蕴藏着巨大商业价值的同时，也对现有法律秩序与公共安全构成了一定的挑战。

网络空间的虚拟性使得数据更易于收集与分享，极大地便利了身份信息、健康状态、信用记录、位置活动踪迹等信息的存储、分析和交易，与此同时，人们很难追踪个人数据隐私的泄露途径与程度。例如，以人工智能技术为基础的智慧医疗，病人的电子病例、私人数据归属权如何界定，医院获得及使用私人数据的权限如何规范。又如，人工智能技术生成作品的著作权问题等。开放的产业生态使得监管机构难以确定监管对象，也令法律的边界变得越来越模糊。

人工智能的普遍使用使得人机关系发生了趋势性的改变，人机频繁互动，可以说已形成互为嵌入式的新型关系。时间与空间的界限被打破，虚拟与真实的界限也不再确定，这种趋势下的不可预测性与不可逆性很有可能会触发一系列潜在风险。与人们容易忽略的信息泄露不同，人工智能技术还可能被少数别有用心的人有目的地用于欺诈等犯罪行为。例如，基于不当手段获取的个人信息形成数据图像，并通过社交软件等冒充熟人进行诈骗。又如，使用人工智能技术进行学习与模拟，生成包括图像、视频、音频、生物特征在内的信息，突破了安防屏障。而从潜在风险来看，无人机、无人车、智能机器人等产品存在遭到非法侵入与控制，或造成财产损失或被用于犯罪的可能。

10.3　人工智能的未来

人工智能最近几年发展得如火如荼，学术界、工业界、投资界各方一起发力，硬件、算法与数据共同发展，大型互联网公司、大量创业公司以及传统行业的公司都开始涉足人工智能领域。从长远来看，人工智能在各行各业获得越来越广泛的应用一定是社会发展的趋势之一。

从人工智能基础设施来说，人工智能专用芯片的研发方兴未艾，英伟达、谷歌、阿里、百度、华为等巨头公司，以及大量创业公司，都在人工智能芯片方面加快布局。随着人工智能应用进一步渗透到物联网等方面，相信市场对专用芯片的需求会越来越强烈。而作为人工智能应用开发工具的各种开发框架，也在之前的百花齐放式发展中逐步收敛，目前形成了 PyTorch 主导学术界、TensorFlow 主导工业界的双雄局面。

从人工智能技术发展的角度来看，有几个明显的技术趋势已日益凸显。首先，随着以智能手机为代表的移动终端计算、存储能力的快速加强，端侧人工智能与边缘计算技术正在快速发展与普及，在应用效果尽可能好的前提下，让模型更小、更精、更快是这个发展方向的关键点。其次，传统机器学习严重依赖训练数据的规模与质量，制约了领域技术的快速发展，由最常见的监督学习转向半监督、自监督甚至无监督机器学习，用尽量少的有标签训练数据使机器自主学会更多的知识，是大有前景的发展方向。再次，自动机器学习正在快速地渗透到各个人工智能应用领域，从最早的图像领域，目前已经拓展到 NLP、推荐搜索、GAN 等多个领域，随着自动机器学习技术的逐渐成熟，搜索网络结构成本越来越低，更多领域的模型会由目前算法专家主导开发向机器自主设计模型发展。另外，随着 5G 等传输技术的快速发展，视频、图片类应用快速成为最主流的App 消费场景，让机器学习技术更好地融合文本、图片、视频、用户行为等各种不同模态的信息以达到更好的应用效果，也是一个重要的发展趋势。最后，在生成领域，即让机器生成高质量的图片、视频、文本等，最近两年也出现了大量有效新技术，如图像领域的 GAN 以及文本领域的GPT2 等模型，随着相关技术日益成熟，生成领域也将成为重要的发展方向。

从人工智能应用领域发展趋势来看，最主要的几个人工智能方向，如自然语言处理、图像视频处理及智能搜索推荐，近年来在应用领域的发展态势良好，且各自呈现出不同的发展格局。

人工智能作为新一轮产业变革的核心驱动力，正在释放历次科技革命和产业变革积蓄的巨大能量，持续探索新一代人工智能应用场景，将重构生产、分配、交换、消费等经济活动的各个环节，催生新技术、新产品、新产业的诞生。

10.3.1　人工智能未来的发展趋势

经过 60 多年的发展，人工智能在算法、算力（计算能力）和算料（数据）"三算"方面取得了重要突破，正处于从"不能用"到"可以用"的技术拐点，但是距离"很好用"还有很长的路要走。在可以预见的未来，人工智能的发展会呈现如下趋势与特征。

1. 从专用智能向通用智能发展

如何实现从专用人工智能向通用人工智能的跨越式发展，既是下一代人工智能发展的必然趋势，又是研究与应用领域的重大挑战。2016 年 10 月，美国国家科学技术委员会发布《国家人工智能研究与发展战略计划》，提出在美国的人工智能中长期发展策略中要着重研究通用人工智能。AlphaGo 开发团队创始人戴密斯·哈萨比斯（Demis Hassabis）提出朝着"创造解决世界上一切问题的通用人工智能"这一目标前进。微软在 2017 年成立了通用人工智能实验室，众多感知、学习、推理、自然语言理解等方面的科学家参与其中。

2. 从人工智能向人机混合智能发展

借鉴脑科学和认知科学的研究成果是人工智能的一个重要研究方向。人机混合智能旨在将人的作用或认知模型引入到人工智能系统中，提升人工智能系统的性能，使人工智能成为人类智能的自然延伸和拓展，通过人机协同更加高效地解决复杂问题。在我国新一代人工智能规划和美国"脑计划"中，人机混合智能都是重要的研发方向。

3. 从"人工+智能"向自主智能系统发展

当前人工智能领域的大量研究集中在深度学习，但是深度学习的局限是需要大量人工干预，例如，人工设计深度神经网络模型、人工设定应用场景、人工采集和标注大量训练数据、用户需要人工适配智能系统等，非常费时费力。因此，科研人员开始关注减少人工干预的自主智能方法，提高机器智能对环境的自主学习能力。例如，AlphaGo 的后续版本 Alpha Zero 从零开始，通过自我对弈强化学习实现围棋、国际象棋、日本将棋的"通用棋类人工智能"。在人工智能系统的自动化设计方面，2017 年谷歌提出的自动化学习系统（AutoML）试图通过自动创建机器学习系统降低人员成本。

4. 加速与其他学科领域的交叉渗透

人工智能本身是一门综合性的前沿学科和高度交叉的复合型学科，研究范畴广泛而又异常复杂，其发展需要与计算机科学、数学、认知科学、神经科学和社会科学等学科深度融合。随着超分辨率光学成像、光遗传学调控、透明脑、体细胞克隆等技术的突破，脑科学与认知科学的发展开启了新时代，能够大规模、更精细地解析智力的神经环路基础和机制。人工智能将进入生物启发的智能阶段，依赖于生物学、脑科学、生命科学和心理学等学科的发现，将机理变为可计算的模型，同时，人工智能会促进脑科学、认知科学、生命科学甚至化学、物理学、天文学等传统科学的发展。

5. 推动人类进入普惠型智能社会

"人工智能+X"的创新模式将随着技术和产业的发展日趋成熟，对生产力和产业结构产生革命性影响，并推动人类进入普惠型智能社会。2017 年，国际数据公司在《信息流引领人工智能新时代》白皮书中指出，未来 5 年，人工智能将提升各行业的运转效率。我国经济社会的转型升级对人工智能有巨大需求，在消费场景和行业应用的需求牵引下，需要打破人工智能的感知瓶颈、交互瓶颈和决策瓶颈，促进人工智能技术与社会各行各业的融合，建设若干标杆性的应用场景创新，实现低成本、高效益、广范围的普惠型智能社会。

10.3.2 人工智能未来的技术发展方向

1. 机器视觉

机器视觉就是用机器代替人眼来做测量和判断。机器视觉系统会通过机器视觉产品（即图像摄取装置，分为 CMOS 和 CCD 两种）将被摄取目标转换成图像信号，并传送给专用的图像处理系统，根据像素分布、亮度、颜色等信息转换成数字信号，图像处理系统再对这些信号进行各种运算来抽取目标的特征，进而根据判别的结果来控制现场的设备动作。人工智能能使机器担任一些需要人工处理的工作，而这些工作需要做一定的决策，这就要求机器能够自行根据当时的环境做出相对较好的决策。因此，其需要计算机不仅能够计算，还要拥有一定的智能；而为了对周边的环境进行分析，就要求机器能够看到周围的环境，并能够对环境做出判断，就像人类做的那样。所以机器视觉是人工智能中非常重要的一个发展方向。

机器视觉在许多人类视觉无法胜任的场合发挥着重要作用，如危险场景感知、不可见物体感知等，此时更能突出机器视觉的优越性。现在机器视觉已在一些更加实用的领域开始应用，如零件识别与定位、产品检验、移动机器人导航、监视与跟踪、国防系统等，机器视觉与这些领域的发展起着相互促进的作用。

2. 指纹识别

指纹识别技术把一个人同其指纹对应起来，通过将个人的指纹和预先保存的指纹进行比较，就可以验证一个人的真实身份。每个人的皮肤纹路在图案、断点和交叉点上各不相同，也就是说，指纹是唯一的，并且终生不变。依靠这种唯一性和稳定性，人们才能创造指纹识别技术。

指纹识别主要根据人体指纹的纹路、细节特征等信息进行身份鉴定，得益于现代电子集成制造技术和快速而可靠的算法研究，指纹识别技术已经走入人们的日常生活，成为目前生物检测学中研究最深入、应用最广泛、发展最成熟的技术。

指纹识别系统应用了人工智能技术中的模式识别技术。模式识别是指对表征事物或现象的各种形式的（数值的、文字的和逻辑关系的）信息进行处理和分析，以对事物或现象进行描述、辨认、分类和解释的过程。很显然，指纹识别属于模式识别范畴。

3. 掌纹识别

掌纹识别是近几年提出的一种较新的生物特征识别技术。掌纹是指手指末端到手腕的手掌图像。其中很多特征可以用来进行身份识别，如主线、皱纹、细小的纹理、脊末梢、分叉点等。掌纹中所包含的信息远比一枚指纹包含的信息丰富，利用掌纹的纹线特征、点特征、纹理特征、几何特征可以完全确定一个人的身份。因此，从理论上讲，掌纹具有比指纹更好的分辨能力和更高的鉴别能力。

掌纹中最重要的特征是纹线特征，且其中最清晰的几条纹线基本上是伴随人的一生而不发生变化的，在低分辨率和低质量的图像中仍能够被清晰辨认。掌纹识别是一种非侵犯性的识别方法，比较容易被用户接受，且对采集设备要求不高。

4. 人脸识别

人脸识别，特指利用分析比较人脸视觉特征信息进行身份鉴别的计算机技术。人脸识别是一项热门的计算机技术研究领域，其研究项目包括人脸追踪侦测、自动调整影像放大、夜间红外侦测、自动调整曝光强度。

人脸识别技术会基于人的脸部特征，对输入的人脸图像或者视频流进行判断。首先，判断其是否存在人脸，如果存在人脸，则进一步识别每张脸的位置、大小和各个主要面部器官的位置信息；其次，依据这些信息，进一步提取每张人脸中所蕴含的身份特征，并将其与已知的人脸进行对比，从而识别每张人脸的身份。

人脸识别系统，尤其是人脸大数据系统，无论是在日常生活中，还是在商业运作上都是最重要的系统之一，它能够对个人大数据实现更大化地整合，甚至重建信用体系规则。

5. 虹膜识别

人类的眼睛结构由巩膜、虹膜、瞳孔 3 部分构成。虹膜是位于黑色瞳孔和白色巩膜之间的圆环状部分，其中包含很多相互交错的斑点、细丝、冠状、条纹、隐窝等的细节特征。这些特征决定了虹膜特征的唯一性，能够用于身份识别。虹膜的形成由基因决定，人体基因表达决定了虹膜的形态、生理、颜色和总的外观。人类发育到 8 个月左右，虹膜就基本上发育成熟了，进入了相对稳定的时期，除了极少见的反常状况、身体或精神上大的创伤可能造成虹膜外观上的改变外，虹膜特征可以保持数十年没有变化。此外，虹膜是外部可见的，但同时属于内部组织，位于角膜后面，要改变虹膜外观，需要非常精细的外科手术，而且要冒着视力损伤的危险。虹膜的高度独特性、稳定性及不可更改的特点，是虹膜可用作身份鉴别的基础。

在包括指纹在内的所有生物识别技术中，虹膜识别是当前应用最为方便和精确的一种。虹膜识别技术被广泛认为是 21 世纪最具有发展前途的生物识别技术，未来的安防、国防、电子商务等多个领域的应用，也必然会以虹膜识别技术为发展重点。这种趋势已经在全球各地的各种应用中逐渐开始显现出来，市场应用前景非常广阔。

6. 智能信息检索技术

数据库系统是存储某个学科大量事实的计算机系统，随着应用的进一步发展，存储的信息量越来越大，因此解决智能检索的问题便具有实际意义。智能信息检索系统应具有如下功能。

（1）能理解自然语言，允许用自然语言提出各种询问。

（2）具有推理能力，能根据存储的事实，演绎出所需的答案。

（3）具有一定的常识性知识，以补充学科范围的专业知识。系统会根据这些常识演绎出更易理解的答案。

实现这些功能要应用人工智能的方法。据此前公布的信息显示，百度已经建成全球规模最大的深度神经网络，这一称为百度大脑的智能系统，目前可以理解分析 200 亿个参数，达到了两三岁儿童的智力水平。随着硬件成本的降低和技术的进步，在不远的未来，使用计算机模拟一个 10～20 岁人类的智力是一定可以实现的事情。

7. 智能控制

智能控制是在无人干预的情况下能自主地驱动智能机器，实现控制目标的自动控制技术。控制理论发展至今已有 100 多年的历史，经历了经典控制理论和现代控制理论的发展阶段，已进入大系统理论和智能控制理论阶段。智能控制理论的研究和应用是现代控制理论在深度和广度上的拓展。20 世纪 80 年代以来，信息技术、计算技术的快速发展及其他相关学科的发展，也推动了控制科学与工程研究的不断深入，控制系统向智能控制系统的发展已成为一种趋势。

对于许多复杂的系统而言，难以建立有效的数学模型，可用常规的控制理论去进行定量计算和分析，而必须采用定量方法与定性方法相结合的控制方式。定量方法与定性方法相结合的目的是，要由机器用类似于人类的智慧和经验来引导求解过程。因此，在研究和设计智能系统时，研究重点不是放在数学公式的表达、计算和处理方面，而是放在对任务和现实模型的描述、符号和环境的识别以及知识库和推理机的开发上，即智能控制的关键问题不是设计常规控制器，而是研制智能机器的模型。

此外，智能控制的核心在于高层控制，即组织控制。高层控制指对实际环境或过程进行组织、决策和规划，以实现问题求解。为了完成这些任务，需要采用符号信息处理、启发式程序设计、知识表示、自动推理和决策等有关技术。这些问题求解过程与人脑的思维过程有一定的相似性，即具有一定程度的智能。

随着人工智能和计算机技术的发展，已经有可能把自动控制和人工智能以及系统科学中一些有关学科分支（如系统工程、系统学、运筹学、信息论）结合起来，建立一种适用于复杂系统的控制理论和技术。智能控制正是在这种条件下产生的，它是自动控制技术的最新发展阶段，也是用计算机模拟人类智能进行控制的研究领域。

10.3.3　人工智能未来的应用趋势

人工智能未来的几大应用趋势是基础设施的升级、人机协同的技术演进以及应用场景的延伸。

1. 基础设施升级，拓展人工智能应用场景

2019 年，我国正式进入 5G 商用元年。作为具备高带宽、低时延、广连接等特性的新一代通信技术，5G 正在成为产业变革、万物互联的新基础设施。

首先，5G 可以支撑大量设备实时在线和海量数据的传输，使得企业可获得的数据量、数据实时性大幅度提升，为更多人工智能应用提供了可能。其次，随着 5G 部署范围的拓展，基于 5G 的超高清视频等应用将迎来增长，人工智能在其中大有用武之地。

例如，大量的工业生产现场不具备建设高带宽有线网络的条件，传统的 Wi-Fi 等无线网络也无法满足带宽要求，无法通过高清视频监控实现对产线故障、人员违规、安全风险等异常状况的实时监控和识别预警。而 5G 网络提供了新的解决方案，基于 5G 网络还可以结合虚拟现实/增强现实技术，对设备故障进行远程专家诊断和运维。

此外，边缘计算也是 5G 时代的重要特征。边缘端大量智能终端设备的爆发，使得传统的以云端为核心的集中式数据处理方式无法满足需求，导致边缘计算兴起。随着数据更多地在终端进行处理和应用，人工智能将广泛落地在边缘侧，将会带来边缘智能（Edge Intelligence）的崛起。

2. 人机协同的技术演进，带来全新业务模式

按照人工智能解决问题的能力划分，从识别—理解—分析—决策—行动的链条来看，人工智能的发展可以分为 3 个阶段：感知智能—认知智能—行动智能。

人工智能技术的目标是，让机器在整个从识别到行动的链条上模拟甚至超越人的能力，但在很多复杂场景下，让机器完全替代人去解决问题并不现实。考虑到能力范围、工作效率、成本优化等因素，把人和机器作为整体部署的人机协同模式将成为未来的主流。

人机协同是通过人机交互实现人类智能与机器智能的结合。具体而言，人机协同的模式会以知识图谱为支撑进行推理、推荐，并进行人和机器资源的合理配置，解决复杂问题。根据场景需求的不同，具体的人机交互方式包括冗余、互补和混合 3 种方式。

人机协同已在多个行业中开始渗透和落地。例如，在智慧餐厅场景中，可以运用人和机器的交互来提高客户满意度。机器人可以和服务员共同配合，共同完成迎宾、领位、点餐、送餐、收餐等服务环节。又如，在智慧公安场景中，知识图谱中有 16 亿实体，数据量巨大，要想从中挖掘隐性关系和潜在线索，如果仅依靠机器进行全景搜索将耗费大量时间，此时，可以采用人机协同的模式，结合刑侦专家的经验和洞察力，判断出重点可疑方向，并由机器进行深入搜索，这可以大幅度提升效率。

现阶段，人机协同的进展还是以人为主，由人来判断场景需求，与机器的能力进行匹配。其未来的方向是实现机器自主判断场景、调度资源，并与人类相互协同。

3. 应用场景的延伸，引领产业智能互连

随着企业数字化转型和产业互联网的不断推进，产业智能互连的数据基础设施不断完善。产业互连实现了产业链各环节的数据打通，在此基础上，人工智能的应用将从企业内部智能化延伸到产业智能化，实现采购、制造、流通等环节的智能协同，进一步发挥产业互联网的价值，提升产业整体效率。

例如，以滴滴出行为代表的网约车平台就是一个简化版的产业智能互连样本。每个网约车司机都是一个小经营者，通过滴滴出行的智能调度平台建立与终端用户的连接，平台的人工智能预测、推荐、调度等算法实现了用车需求与运力的高效匹配，这是单个司机所无法做到的。

又如，在零售行业，"双十一"是典型的产业智能互连的应用，千万商家和数亿消费者参与其中，在制造、电商、物流、金融等产业互连基础设施的支撑下，结合人工智能等技术，高效完成了海量的线上交易和履约。例如，商家可以参考电商平台的销量趋势预测数据提前进行备货，并结合库存调度系统和物流服务网络，将订单智能分配到配送路径最短的仓库和线下门店进行发货。

随着基础设施的成熟和技术渗透，未来将有更多的行业走向产业智能互连。

10.4 小结

（1）人工智能未来的技术发展方向主要包括机器视觉、指纹识别、掌纹识别、人脸识别、虹膜识别、智能信息检索技术以及智能控制等。

（2）人工智能在数据、算法模型可解释性、业务场景理解、服务方式、投入产出比等方面都面临着一系列的挑战。

（3）人工智能的兴起与快速演进，对教育与就业、隐私与安全、社会公平等各个方面产生了深远的影响，在为人们带来极大便利的同时蕴藏着巨大的风险，将挑战既有的社会价值观，甚至挑战人类本身存在的价值。

（4）人工智能未来的几大应用趋势是基础设施的升级、人机协同的技术演进以及应用场景的延伸。

10.5 习题

（1）简述人工智能未来的技术发展方向。

（2）简述人工智能面临的挑战。

（3）简述人工智能未来的几大应用趋势。

参考文献

[1] 李航. 统计学习方法[M]. 北京：清华大学出版社，2012.

[2] 彭博. 深度卷积网络：原理与实践[M]. 北京：机械工业出版社，2018.

[3] 刘鹏，张燕，付雯，等. 大数据导论[M]. 北京：清华大学出版社，2018.

[4] 孙元强，罗继秋. 人工智能基础教程[M]. 济南：山东大学出版社，2019.

[5] 黄源，董明，刘江苏. 大数据技术与应用[M]. 北京：机械工业出版社，2020.